气候系统监测诊断年报

(2009 年)

中国气象局国家气候中心

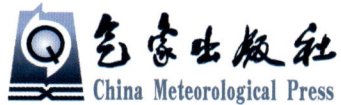

内 容 简 介

气候系统监测诊断年报是中国气象局国家气候中心的重要业务产品之一。全书分为5章。第一章描述2009年全球气候概况;第二章分析年内大气环流变化的主要特点及亚洲季风的活动特征;第三章提供热带海洋的演变特征及热带气旋的活动监测;第四章给出北半球的积雪和南北极海冰的监测;第五章对2009年一些重要天气气候事件的成因进行诊断分析。本年报给出多种气象要素的月、季、年的特征分布图,可供从事气象、农业、水文、地质、生态等行业的业务、科研和教学人员参考。

图书在版编目(CIP)数据

气候系统监测诊断年报.2009年/中国气象局国家气候中心编.
北京:气象出版社,2010.9
ISBN 978-7-5029-5041-5

Ⅰ.①气… Ⅱ.①中… Ⅲ.①气候-预测-中国-2009-年报
②气候变化-分析-中国-2009-年报 Ⅳ.①P467

中国版本图书馆 CIP 数据核字(2010)第 178164 号

出版发行:气象出版社			
地 址:北京市海淀区中关村南大街46号		邮政编码:100081	
总 编 室:010-68407112		发 行 部:010-68409198	
网 址:http://www.cmp.cma.gov.cn		E-mail:qxcbs@263.net	
责任编辑:陈 红		终 审:黄润恒	
封面设计:王 伟		责任技编:吴庭芳	
责任校对:石 仁			
印 刷:北京朝阳印刷厂有限责任公司			
开 本:889 mm×1194 mm 1/16		印 张:12	
字 数:364 千字			
版 次:2010 年 10 月第 1 版		印 次:2010 年 10 月第 1 次印刷	
定 价:88.00 元			

本书如存在文字不清、漏印以及缺页、倒页、脱页等,请与本社发行部联系调换

编委会名单

主　　编：宋连春

编　　委：（以姓氏拼音字母为序）

丁一汇　董　敏　封国林　贾小龙　李维京　刘海波
李清泉　李晓燕　任福民　赵振国　张　强　张祖强
翟盘茂

副 主 编：朱艳峰　邹旭恺

编写人员：（以姓氏拼音字母为序）

艾婉秀　陈丽娟　高　荣　高　辉　廖要明　廉　毅
龚志强　郭艳君　顾　薇　李　威　李尚锋　梁　萍
刘长征　刘芸芸　柳艳菊　孙　力　孙丞虎　沈柏竹
王启袆　王遵娅　王小玲　颜京辉　邹旭恺　周　兵
朱艳峰

序

　　气候问题是国际社会广泛关注的焦点之一。它与当今世界面临的人口膨胀、资源短缺和环境恶化密切相关。因此,加强气候系统的监测与研究,对于促进社会与经济的持续发展,具有十分重要的现实意义。为此,世界气象组织(WMO)和国际科联(ICSU)早在1979年就共同制定了世界气候研究计划,并组织各成员国实施气候资料(包括气候系统监测)、气候应用、气候影响研究、气候变化研究等各子计划。

　　在世界气候计划的指导下,WMO在1984年就实施了"气候系统监测(CSM)"项目,并发布了"CSM月公报"、"特别咨询"、"CSM年度摘要"等。这些出版物的发布,向WMO各成员提供了全球气候系统的重大波动或异常方面的综合情报,对各国开展气候和气候变化研究起到了促进作用。

　　我国于1990年在国家气候委员会的支持下建立了月尺度的气候监测业务系统,并发布"月气候监测公报",并于1996年开始发布"年气候监测公报"。随着气候监测内容的不断扩展,2004年"月气候监测公报"和"年气候监测公报"合并更名为"气候系统监测公报",公报有纸质和电子两种形式,产品每月更新。多年来该公报向国内外用户提供了较为及时、可信的全球气候监测诊断信息,为促进短期气候预测能力提高和气候变化研究,也为防灾减灾做出了贡献。

　　2009年年底,国家气候中心决定整编"气候系统监测诊断年报",同时停发每月出版的"气候系统监测公报"纸质产品而保留其电子产品。经过近一年的努力,年报终于问世,其内容包括年内全球气候异常特征分析、大气环流和亚洲季风监测、海洋和热带气旋监测、冰雪监测及年内部分主要天气气候事件成因的诊断分析等。随着气候监测诊断业务系统的不断完善,以后将陆续增加对陆面状况及植被等的监测。

　　由于资料来源不足,也由于水平有限,该年报尚有不尽人意之处,恳切欢迎同行专家批评指正。

国家气候中心主任
宋连春
2010年8月

摘　要

2009年，全球年及四季平均气温均以偏暖为主；中国年平均气温为1951年以来历史第四高，四季气温均偏高。全球年降水量总体较常年偏多，年和四季降水量区域分布差异较大；中国年降水量为1951年以来历史第四少，除春季降水量接近常年同期外，冬、夏、秋三季均偏少。极端事件监测指标显示，2009年，全球极端偏暖事件的站点数明显多于极端偏冷事件的站点数，极端偏暖事件主要出现在欧洲西部、亚洲中部和南部等地，极端偏冷事件主要出现在欧洲西部和东部、北亚中部和东部、东亚中东部、南美南部等地；欧洲西部、东亚中南部及日本和韩国等地出现了极端强降水事件。2009年夏季，中国发生极端强降水、极端连续降水日数和极端高温事件的站点多；2008年12月底及2009年1月中旬和下旬中国东部的部分地区发生极端低温事件；2009年11月中旬中国中北部地区出现大范围极端降温事件。与常年比较，极端强降水事件和极端低温事件偏少，而极端连续降水日数，极端高温，极端连续高温日数和极端降温事件偏多，其中极端降温事件为历史第四多。

2009年，南海和西北太平洋共有23个热带气旋生成，较多年平均值(27个)明显偏少。其中11个达到台风级别，较多年平均值(14个)偏少。2009年南海和西北太平洋生成的热带气旋有10个在我国登陆，较常年平均(7个)偏多3个，生成与登陆我国的比率达43.5%，较常年平均(31%)显著偏高。热带气旋初次登陆中国的时间为6月21日，接近常年平均的6月29日，末台登陆时间为10月12日，接近常年平均结束时间10月10日。

2008/2009年东亚冬季风活动以偏弱为主，但在2008年12月下旬至2009年1月中旬，东亚冬季风出现阶段性偏强的波动。2009年南海夏季风于5月第6候全面爆发，10月第3候结束，其爆发和结束时间均较多年平均时间偏晚。2009年南海夏季风强度指数为-0.35，属于正常年。

2009年赤道太平洋海温变化起伏较大。1—3月，赤道中东太平洋大部区域海表温度距平低于$-0.5℃$，进入4月份后，赤道中东太平洋海温距平迅速上升，6月Nino Z指数达到0.7℃。厄尔尼诺事件于6月份开始形成，12月达到峰值，Nino Z指数峰值为1.82℃，在1951年以来历次厄尔尼诺事件的峰值排序中排名第4位。

积雪监测显示，北半球、欧亚和中国积雪面积冬、春、夏季均较常年同期略偏小，秋季较常年同期偏大。海冰密集度监测显示，北极大部地区海冰密集度四季均偏低或接近常年，南极地区海冰密集度四季区域分布差异大。

目 录

序
摘要
资料及指标说明 ……………………………………………………………………… (1)

第一章　2009 年气候概况 …………………………………………………………… (7)
1.1　全球气候 ……………………………………………………………………… (7)
1.2　中国气候 ……………………………………………………………………… (44)

第二章　大气环流与亚洲季风 ……………………………………………………… (61)
2.1　环流特征 ……………………………………………………………………… (61)
2.2　亚洲季风 ……………………………………………………………………… (121)

第三章　海洋和热带气旋监测 ……………………………………………………… (128)
3.1　海洋监测 ……………………………………………………………………… (128)
3.2　热带气旋监测 ………………………………………………………………… (141)

第四章　冰雪监测 …………………………………………………………………… (144)
4.1　北半球积雪监测 ……………………………………………………………… (144)
4.2　海冰监测 ……………………………………………………………………… (152)

第五章　2009 年主要气候事件成因分析 …………………………………………… (164)
5.1　引言 …………………………………………………………………………… (164)
5.2　资料和方法 …………………………………………………………………… (164)
5.3　极端干旱事件成因分析 ……………………………………………………… (164)
5.4　2009 年江淮梅雨异常的可能机理 …………………………………………… (170)
5.5　东北初夏持续异常低温成因分析 …………………………………………… (176)
5.6　El Niño 事件对秋季降水异常分布的可能影响 ……………………………… (177)
5.7　结论与讨论 …………………………………………………………………… (181)

参考文献 ……………………………………………………………………………… (182)

资料及指标说明

一、资料

- 全球地面逐月平均气温、降水量资料来自中国国家气象信息中心和美国国家气候资料中心,共 3285 个观测站,气候标准期取 1971—2000 年。

- 全球逐日最低气温、最高气温和降水量资料,来自中国国家气象信息中心和美国国家气候资料中心,温度选取了 2362 个观测站,降水选取了 3776 个观测站。

- 中国地面逐月平均气温、降水量资料来自中国国家气象信息中心,共 723 个观测站,气候标准期取 1971—2000 年。

- 中国极端事件指标监测使用的逐日资料来自国家气象信息中心,从全国 2415 个气象站中选取时间序列至少有 40 年、分布较为均匀的 2000 个站点,观测要素包括平均气温、最高气温、最低气温及日降水量,起止时间为 1951 年 1 月 1 日至 2009 年 12 月 31 日。

- 全球高空实时资料来自国家气象中心 12Z 客观分析资料,保存资料网格点距为 2.5°×2.5°。

- 全球高空历史资料来自美国国家环境预测中心(NCEP),多年平均基准为 1971—2000 年,网格点距为 2.5°×2.5°。

- OLR 资料取自美国国家环境预测中心(NCEP),多年平均基准为 1979—2001 年,网格点距为 2.5°×2.5°。

- 太阳黑子相对数来自比利时太阳影响资料分析中心(SIDC)。

- 海表温度(SST)实时和历史资料来自美国国家环境预测中心(NCEP),多年平均基准为 1971—2000 年,网格点距为 1°×1°。

- 次表层海温实时和历史资料来自美国国家环境预测中心(NCEP),多年平均基准为 1980—1997 年。

- 北半球积雪资料来自美国国家海洋大气局(NOAA)北半球逐周积雪分布资料,为极射赤面投影,北半球分为 89×89 个网格,资料定义 1 为有雪,0 为无雪。

- 南北极海冰资料来自 NOAA 最优插值海表温度分析资料(the OI. v2 Monthly SST Analysis)中和海冰密集度,分辨率为 1°×1°,气候标准值采用 1982—2004 年平均。

二、候、季节和年度的划分说明

候的划分为,每月 6 候,1 年 72 候。

季节划分以北半球为准,冬季为上年 12 月至本年 2 月,春季为 3—5 月,夏季为 6—8 月,秋季为 9—11 月。

年为 1—12 月。

三、指标与方法

1. 极端天气气候事件监测指标

全球极端天气气候事件监测指标采用世界气象组织(WMO)世界气候研究计划(WCRP)的气候变率和预测研究项目(CLIVAR)中气候变化检测、监测和指数专家组(ETCCDMI)推荐使用的极端天气气候事件监测指标中的暖昼、暖夜、冷昼、冷夜、降水强度、极端强降水量、极端强降水日数(http://cccma.seos.uvic.ca/ETCCDI/)(Peterson, 2005),具体的指标定义见表 1。

表 1　极端天气气候指标定义及含义

代码	名称	定义	单位
TN10p	冷夜日数	日最低气温<第 10 个百分位数的日数	d
TX10p	冷昼日数	日最高气温<第 10 个百分位数的日数	d
TN90p	暖夜日数	日最低气温>第 90 个百分位数的日数	d
TX90p	暖昼日数	日最高气温>第 90 个百分位数的日数	d
SDII	降水强度	湿日(日降水量≥1.0mm)降水总量/湿日日数	mm/d
R95p	极端强降水量	日降水量>第 95 个百分位数的降水总量	mm
R95d	特湿日数	日降水量>第 95 个百分位数的日数	d

中国极端天气气候事件监测使用历史极值、百分位阈值等方法定义的指标进行监测,具体指标定义方法说明如下。

历史极值:某指标历史序列的极大或极小值,要求该历史序列从建站到统计截止时间至少有 30 年。

极端事件:对某指标的样本序列从小到大进行排位,定义超过该序列第 95 百分位值为极端多事件,低(少)于第 5 百分位值为极端少事件。样本序列由该指标在气候标准 30 年(1971—2000 年)内每年的极大值和次大值共 60 个样本组成。

极端强降水事件:某日降水量大于日降水量样本序列的第 95 百分位值。

极端连续降水日数事件:某连续降水日数大于连续降水日数样本序列的第 95 百分位值。

极端高温事件:某日最高气温大于日最高气温样本序列第 95 百分位值。

极端连续高温日数事件:某连续高温日数大于连续高温日数样本序列第 95 百分位值。

极端低温事件:某日最低气温小于日最低气温样本序列第 5 百分位值,且该日最低气温≤4℃。

极端降温事件:某降温过程的降温幅度大于过程降温幅度样本序列第 95 百分位值,且该降温过程中日最低气温的极小值≤4℃。

2. 全国平均降水量、平均气温演变图

根据各省(区、市)的平均降水量、平均气温进行面积加权平均后绘制。

3. 北半球 500hPa 环流指数的计算区域和方法

亚欧地区和亚洲地区环流指数,计算区域分别为 45°~60°N,0°~150°E 和 45°~60°N,60°~150°E。计算方法参见文献(李小泉,许乃猷,1965)。

极涡面积指数,亚洲区域为 60°~150°E,太平洋区域为 150°E~120°W,北半球区域为 0°~360°。计算方法参见文献(极涡与气温长期预报课题协作组,1990)。

北半球和西北太平洋副热带高压面积指数,分别为 0°~360° 和 110°E~180°E 范围内 ≥588 dgpm 的格点数。强度指数,指上述格点高度值减去 587 dgpm 后的累计值。

青藏高原指数,指确定区域内各格点高度值减去 500 dgpm 后的累计值。其中指数 A 区域为 25°~35°N,80°~100°E;B 区域为 30°~40°N,75°~105°E。图 2.19 的青藏高原指数为 B 区指数。

印缅槽指数,指 15°~20°N,80°~100°E 区域内各格点高度值减去 580 dgpm 的累计值。

4. 北半球中高纬阻塞高压指数

对每个经度,南 500 hPa 高度梯度(GHGS)和北 500 hPa 高度梯度(GHGN)计算如下:

$$\text{GHGS} = \frac{Z(\varphi_0) - Z(\varphi_s)}{\varphi_0 - \varphi_s}$$

$$\text{GHGN} = \frac{Z(\varphi_n) - Z(\varphi_0)}{\varphi_n - \varphi_0}$$

$\varphi_n = 80°N + \delta$,$\varphi_0 = 60°N + \delta$,$\varphi_s = 40°N + \delta$,$\delta = -5°, 0°, 5°$。

对某时某经度任意一个 δ 值,如果条件满足:

(1)GHGS > 0

(2)GHGN < -10m / 纬度

则诊断为该时该经度有阻塞,阻塞指数为 GHGS。当有两个以上的 δ 值同时满足(1)和(2)两个条件时,则取 GHGS 值大者为阻塞指数。因为阻高有一段持续的时间,在计算 GHGS 和 GHNS 之前,先对 500 hPa 高度场做 5 天的滑动平均,以便把有充分持续时间的阻高分离出来。

分别定义关键区:50°~60°N、120°~150°E 区域代表鄂霍次克海阻塞高压区,50°~60°N、80°~110°E 区域代表贝加尔湖阻塞高压区,50°~60°N、40°~70°E 代表乌拉尔山阻塞高压区。中高北纬地区的 500 hPa 位势高度沿着每个纬度带在这三个经度跨度范围内的平均值就代表了鄂霍次克海地区、贝加尔湖地区和乌拉尔地区在相应纬度带的平均高度场。

在这三个关键区的各自经度跨度内,将每个格点上的 GHGS 相加后再除以格点数所得的值则为这三个区的平均阻高指数。

阻塞高压的定义和计算方法参见文献(Tibaldis, et al,1990)。

5. 北极涛动(AO)指数和南极涛动(AAO)指数

该指数来自于美国 CPC。http://www.cpc.noaa.gov/products/precip/CWlink/

6. 南半球环流监测量和越赤道气流

马斯克林高压指数:(35°~25°S,40°~90°E)的 SLP 面积加权平均的 SLP。

澳大利亚高压指数:(35°~25°S,120°~150°E)面积加权平均的 SLP。

索马里越赤道气流:(5°S~5°N,40°~50°E)面积加权平均的 925 hPa 经向风。

孟加拉湾越赤道气流:(5°S~5°N,80°~90°E)面积加权平均的 925 hPa 经向风。

南海越赤道气流:(5°S~5°N,100°~110°E)面积加权平均的 925 hPa 经向风。

菲律宾越赤道气流:(5°S~5°N,120°~130°E)面积加权平均的 925 hPa 经向风。

新几内亚越赤道气流:(5°S~5°N,145°~155°E)面积加权平均的 925 hPa 经向风。

7. 南海季风监测指标

南海季风监测区选为 10°~20°N,110°~120°E。

南海夏季风起止时间的判定指标:以南海季风监测区内平均纬向风和假相当位温为监测指标,同时参考 200 hPa 和 850 hPa、500 hPa 位势高度场的演变。监测区内平均纬向风由东风稳定转为西风以及假相当位温稳定地大于 340 K 的时间为南海夏季风爆发时间。

南海夏季风强度逐候变化:以南海季风监测区内平均纬向风逐候变化和同时段气候平均值比较,考察南海夏季风强度的逐候变化。

年南海夏季风强度指数:南海夏季风爆发到结束期间纬向风强度累积值的标准化距平值为当年南海夏季风强度指数(气候标准值为 1971—2000 年平均)。

南海夏季风监测指标参见文献(朱艳峰,2005)。

8. 海-陆气压差夏季风指数

该指数是根据郭其蕴(1983),赵汉光等(1996)的定义计算而得。定义为 10°~50°N 范围内,每 10 度纬圈上用 110°E 减 160°E 之间的气压差值≤-5hPa 的所有数值之和与气候平均值(1971—2000 年)求比值,得到的数值作为夏季风强度指数。

9. 东亚冬季风监测指标

根据气象行业标准"东亚冬季风指数"建议,国家气候中心选取西伯利亚高压强度和东亚-太平洋海陆气压差强度指数为冬季风监测指标,其中前者代表冬季风在源地的强弱,后者则反映了冬季风向南的扩展程度。计算方法如下:

西伯利亚高压强度指数:选取西伯利亚高压气候平均位置(40°~60°N,80°~120°E),计算该区域冬季平均海平面气压值,并进行标准化,即得到西伯利亚高压强度指数。

东亚-太平洋海陆气压差强度指数:选取 10°~50°N 范围内,每 10 个纬度上 110°E 和 160°E 的海平面气压差,将大于或等于 5 hPa 的气压差累加,并进行标准化,即得到东亚-太平洋海陆气压差强度指数。

等级标准:以上两个指标的强度划分见表 2。

表 2 强度等级划分

强度等级	指数
弱	$I < -1.28$
较弱	$-1.28 \leqslant I < -0.52$
正常	$-0.52 \leqslant I < 0.52$
较强	$0.52 \leqslant I < 1.28$
强	$I \geqslant 1.28$

10. 长江中下游梅雨指标

梅雨主要监测指标说明参见文献(徐群,1965)。

11. 积雪监测指标

月、季积雪日数及距平:将周资料转化为积雪日数,如某周某网格为1(或0),则视为这一周该网格积雪日天数为7(或0),并将极射赤面投影的89×89网格分布转化为2°×2°分布,并计算研究时段(月或季)每个网格的积雪日数及距平,气候场选用1973—2002年平均。参见文献(郭艳君,李成等,2004)。

区域积雪面积(Snow Cover Area)指数:表征研究区域某一时段内积雪覆盖范围的变化,其表达式为:$SA = \sum_{i=1}^{n} \frac{Ds}{Dt} \times area_i$,其中 Ds 表示研究时段的积雪日数,Dt 表示研究时段的总天数,n 表示研究区域内网格总数,$area_i$ 表示第 i 个网格的面积。

区域范围定义如下:北半球(0°~360°,0°~90°N),欧亚地区(0°~180°,0°~90°N);中国(国界以内),青藏高原(74°~104°E,26°~40°N)、新疆北部(74°~96°E,40°~50°N)和东北地区(114°~134°E,40°~54°N)。

12. 海温指数

指确定海区的海温平均和距平值。其中 Nino 综合区(Nino Z 区)海温指数为 Nino 1+2 区、Nino 3 区和 Nino 4 区海温指数的面积加权平均参见文献(李晓燕,2000)。

13. 暖池强度指数

指确定海区内月平均海温大于28℃的格点温度值减去28℃后的累计值序列的标准化值。其中,西太平洋暖池范围为30°N~30°S,120°E~180°,印度洋暖池范围为30°N~8°S,41°~98°E 与 8°S~30°S,41°~120°E。

14. 南方涛动指数(SOI)

标准化的塔希提与达尔文站月平均海平面气压之差的序列的标准化值。

15. 海温监测关键区分布

海温监测关键区分布如图1所示。

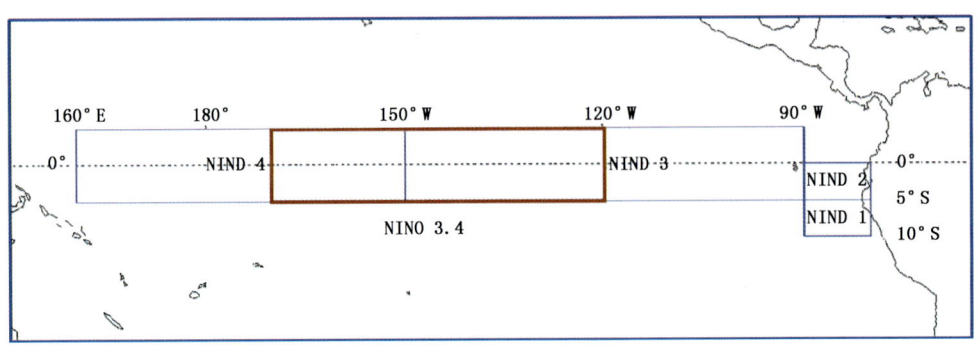

图 1 海温监测关键区

第一章 2009年气候概况

1.1 全球气候

1.1.1 全球气温和降水概况

2009年年平均气温,除中国东北、俄罗斯西部、美国中北部等地偏低外,全球其余大部地区气温较常年偏高;年降水量区域差异大,其中欧洲东部、东亚中北部和南部、北美西部、南美南部、澳大利亚等地年降水量较常年偏少,全球其余大部地区降水以偏多为主。

1.1.1.1 气温

2009年,年平均气温在全球范围内总体较常年偏暖。中国大部、日本大部、南亚和西亚部分地区、澳大利亚东南部和中部、欧洲南部和西部、非洲北部和西部、美国南部、南美洲北部和南部地区气温较常年偏高0.5℃以上,部分地区气温偏高2℃以上;东南亚北部、中国东北大部、俄罗斯中西部、美国中北部和东北部等地区气温偏低0.5℃以上,东南亚北部地区较常年偏低2℃以上(图1.1)。

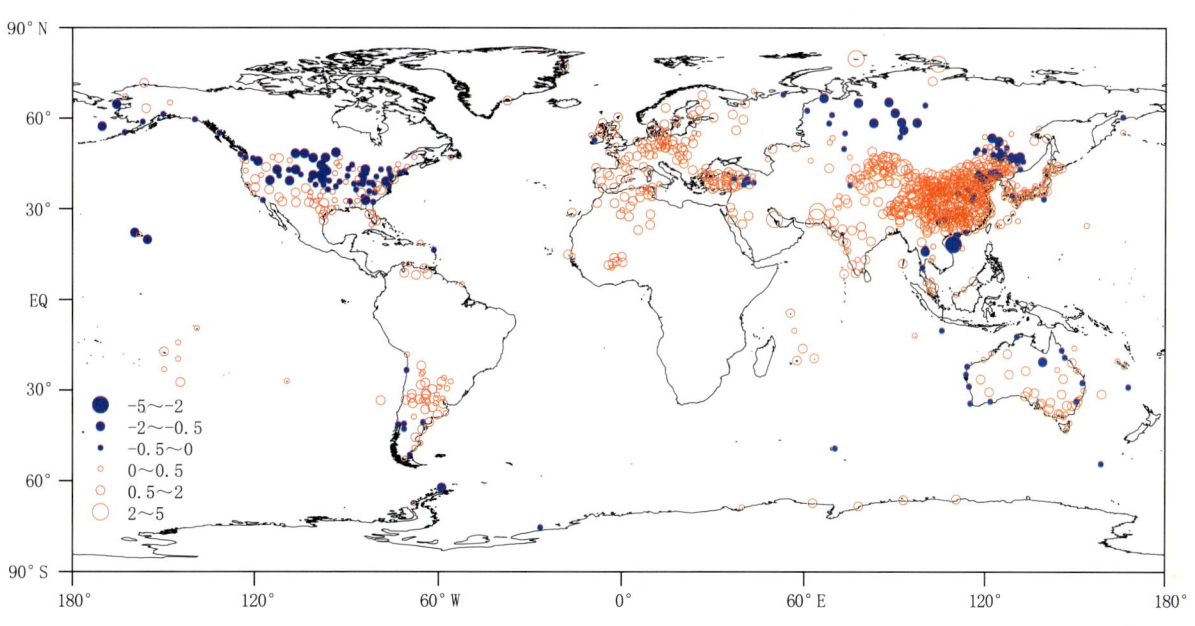

图1.1 2009年全球年平均气温距平分布图(单位:℃)

四季平均气温全球总体以偏暖为主,但局部地区较常年同期偏低,其中冬季西伯利亚中部和东部、北美洲北部等地较常年同期偏低1~4℃(图1.2);春季北美洲北部部分地区较常年同期偏低1~4℃(图1.3);夏季亚洲西北大部、俄罗斯东南部和北美洲北部等地区偏低1~4℃(图1.4);秋季西亚北部、蒙古国大部、美国中部和阿根廷南部等较常年同期偏低1~2℃(图1.5)。

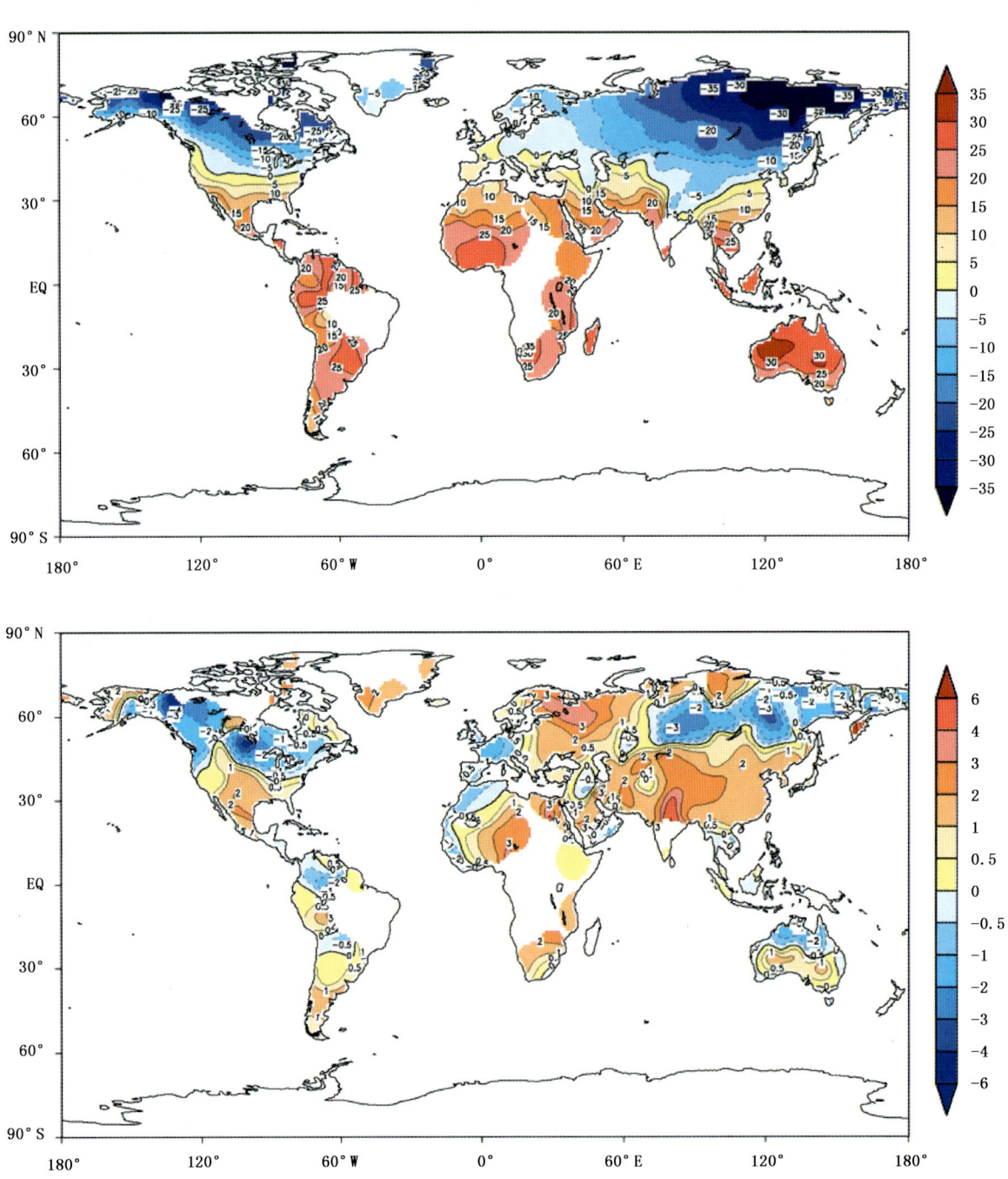

图1.2 2009年全球冬季气温(上)及距平(下)分布图(单位:℃)

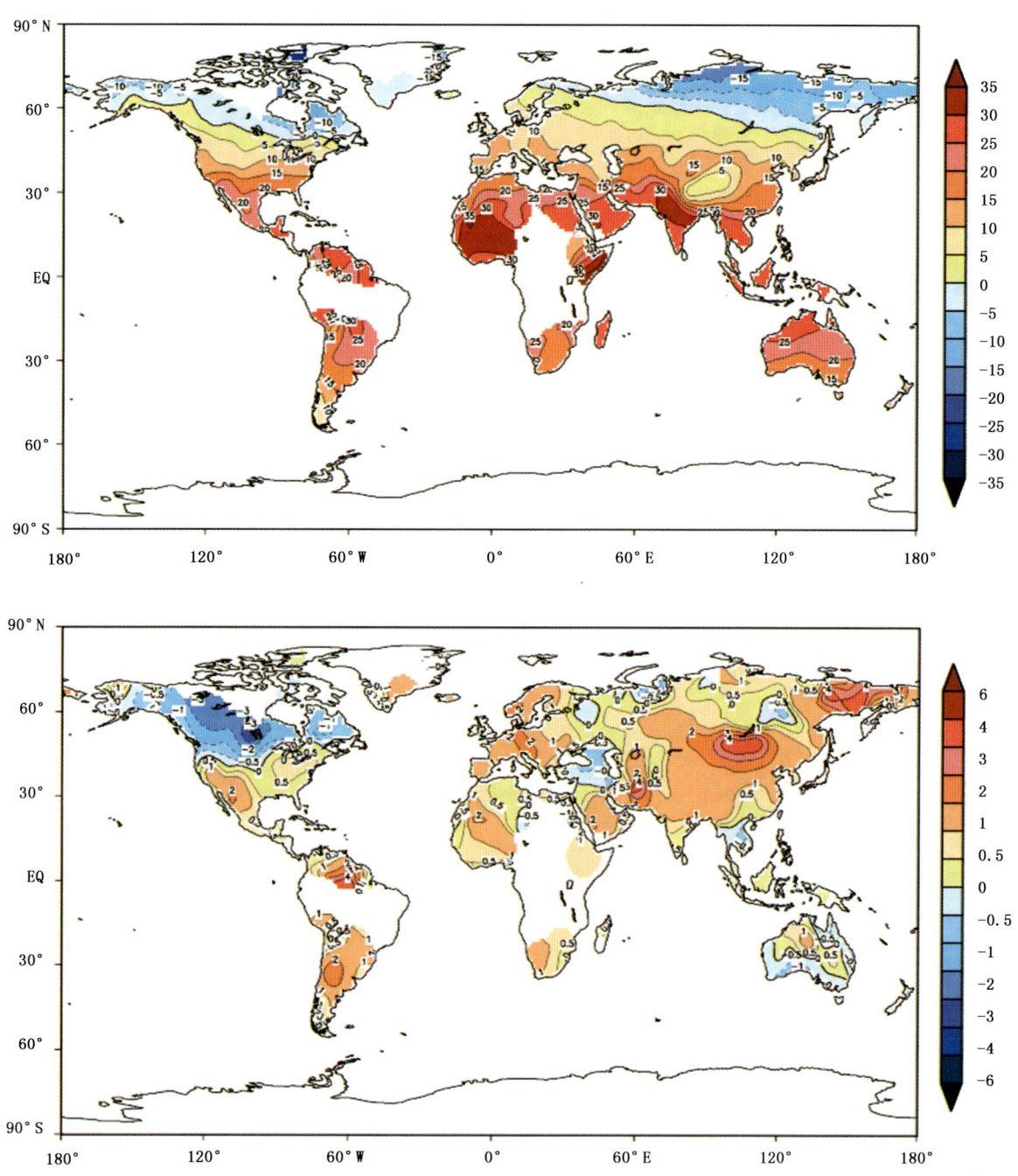

图 1.3　2009 年全球春季气温（上）及距平（下）分布图（单位：℃）

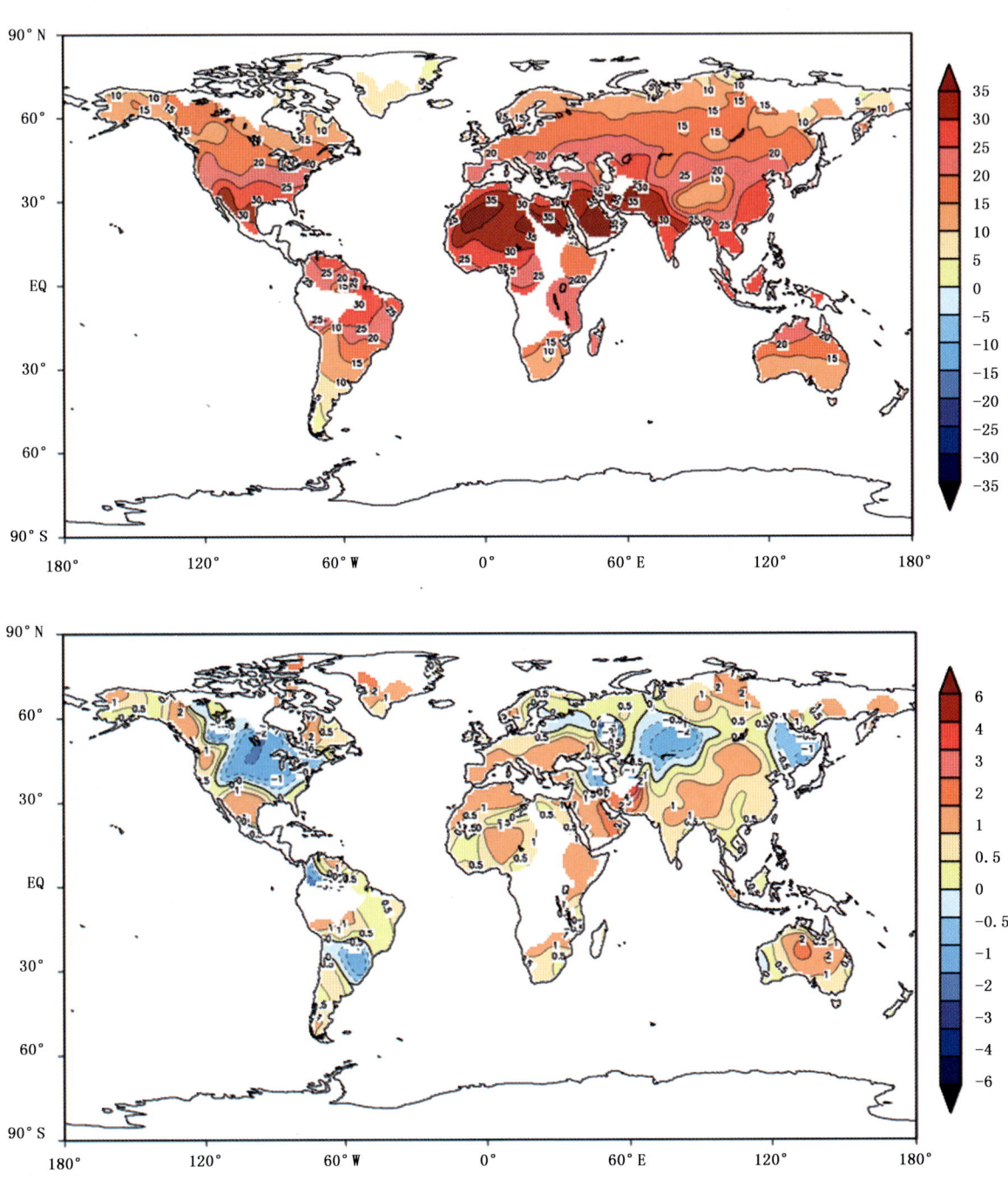

图1.4 2009年全球夏季气温(上)及距平(下)分布图(单位:℃)

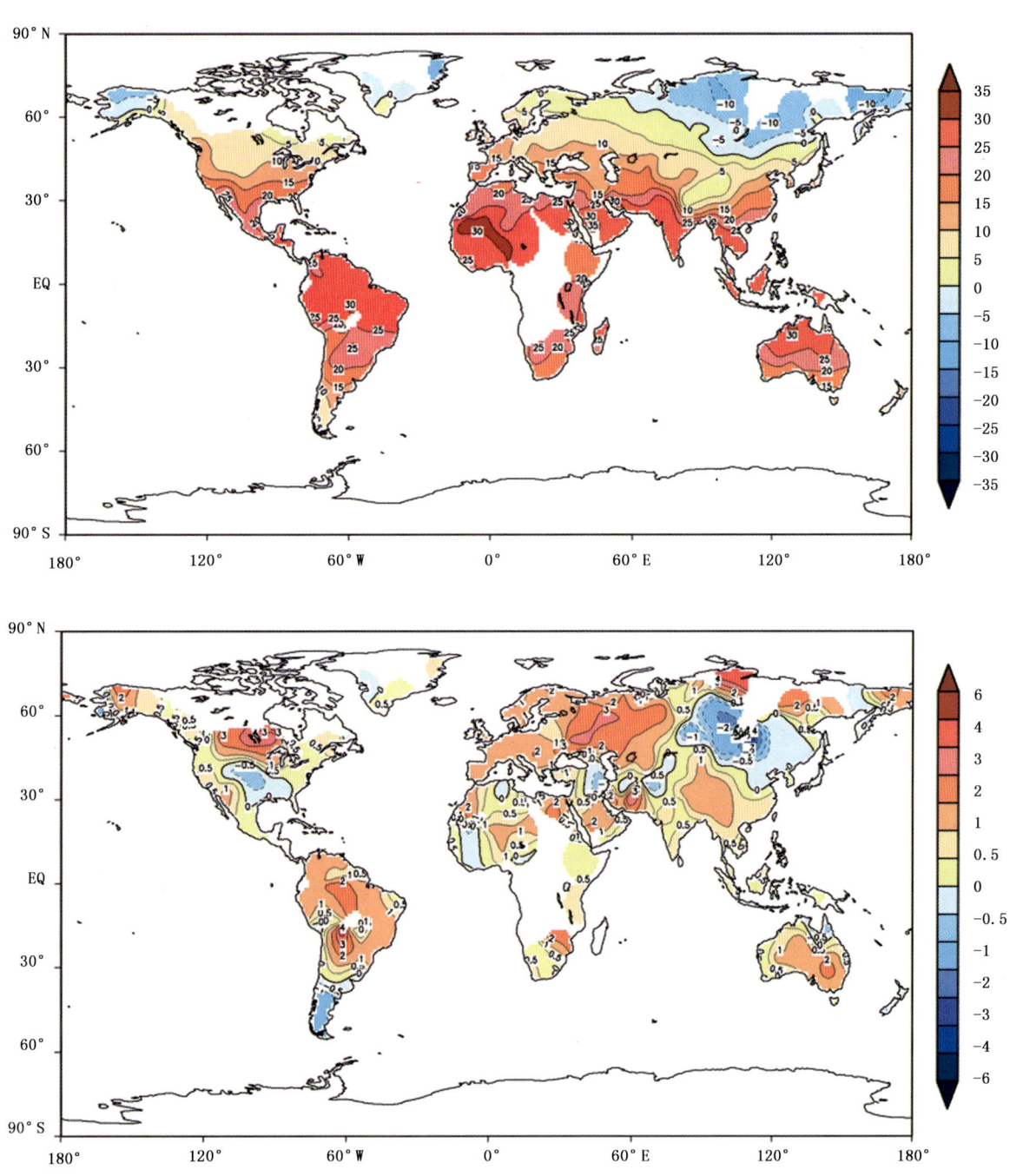

图1.5 2009年全球秋季气温(上)及距平(下)分布图(单位:℃)

1.1.1.2 降水

2009年,年降水量在全球范围内总体较常年偏多。西伯利亚东南部、日本中部和北部、中国东北北部及华北至西北东部和新疆北部、东南亚北部和南亚部分地区、澳大利亚东北部、欧洲南部和西部、美国中部和东南部等地年降水量较常年偏多2成以上,部分地区偏多5成以上;中国大部、澳大利亚大部、俄罗斯西部、非洲东北部、美国西部和南部、南美洲南部等地年降水量偏少2成以上,部分地区较常年偏少5成以上(图1.6)。

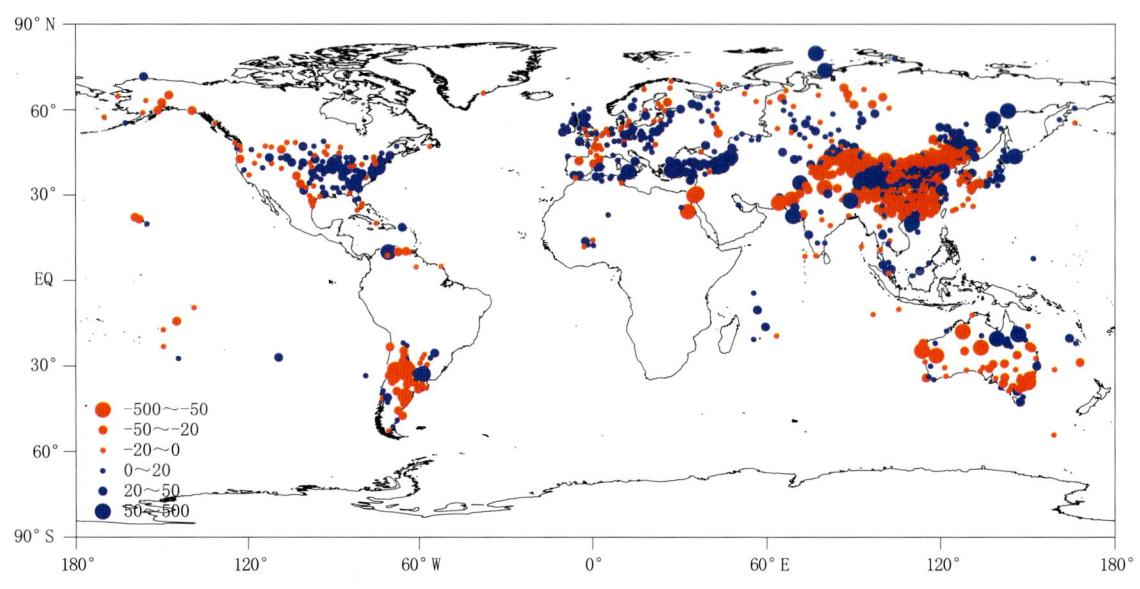

图1.6 2009年全球年降水量距平百分率分布图(单位:%)

与常年同期相比,欧亚大陆西部和东部、北美洲北部和非洲北部等地冬季降水量以偏多为主,部分地区偏多1倍以上,其余地区降水以偏少为主,部分地区偏少3成以上(图1.7);欧亚大陆大部、非洲西部和北美洲东部等地春季降水量以偏多为主,部分地区偏多2倍以上,其余地区降水以偏少为主,部分地区偏少5成以上(图1.8);欧洲中北部、非洲西部和南非、北美洲大部地区、南美洲中部等地夏季降水量偏多3成以上,部分地区超过2倍,其余地区降水以偏少为主,部分地区偏少5成以上(图1.9);亚欧大陆南部和西部、非洲大部、南美洲和北美洲东部等地秋季降水量偏多5成以上,部分地区偏多2倍以上,其余地区降水以偏少为主,部分地区偏少5成以上(图1.10)。

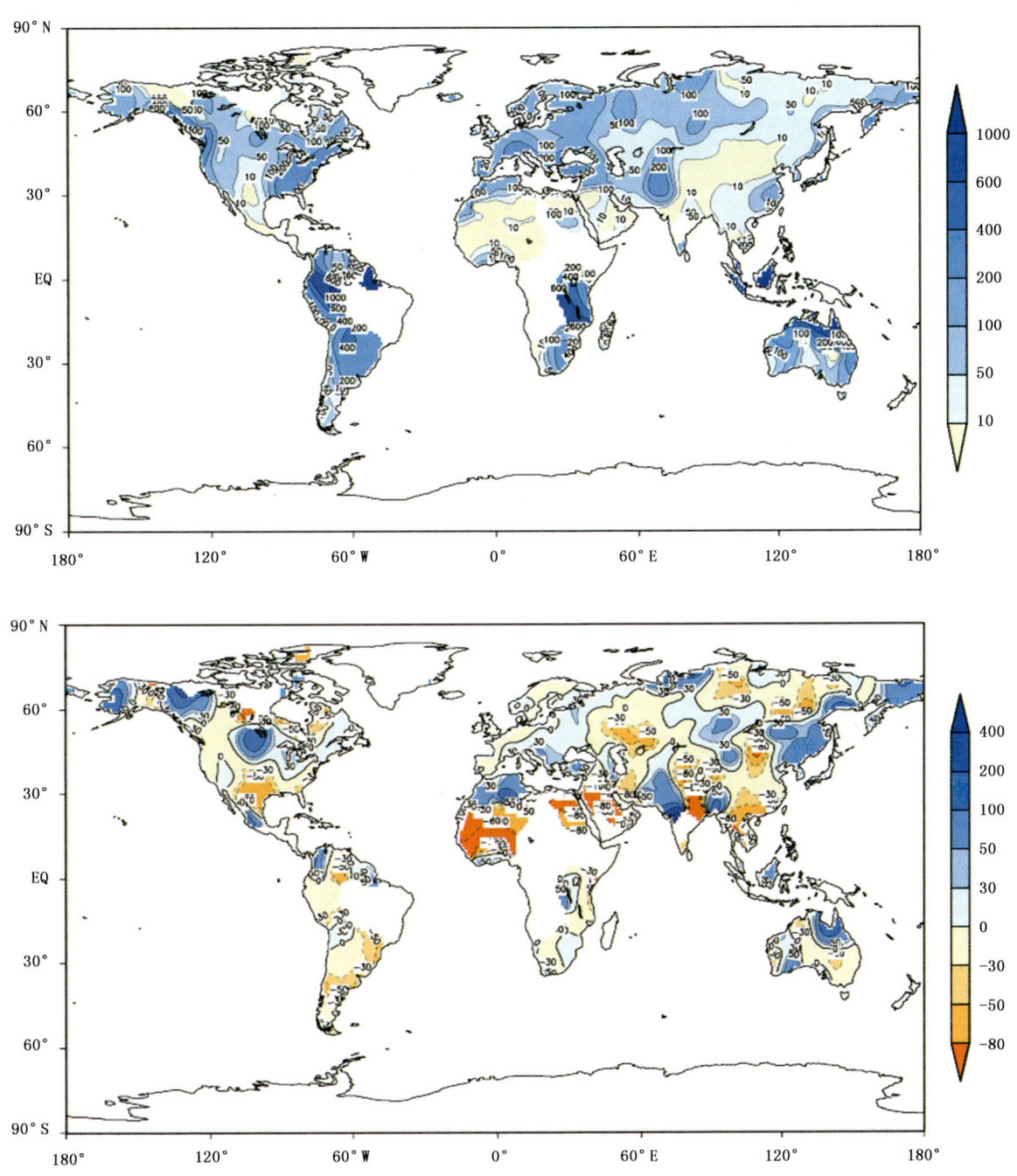

图 1.7 2009 年全球冬季降水量（上，单位：mm）及距平百分率（下，单位：%）分布图

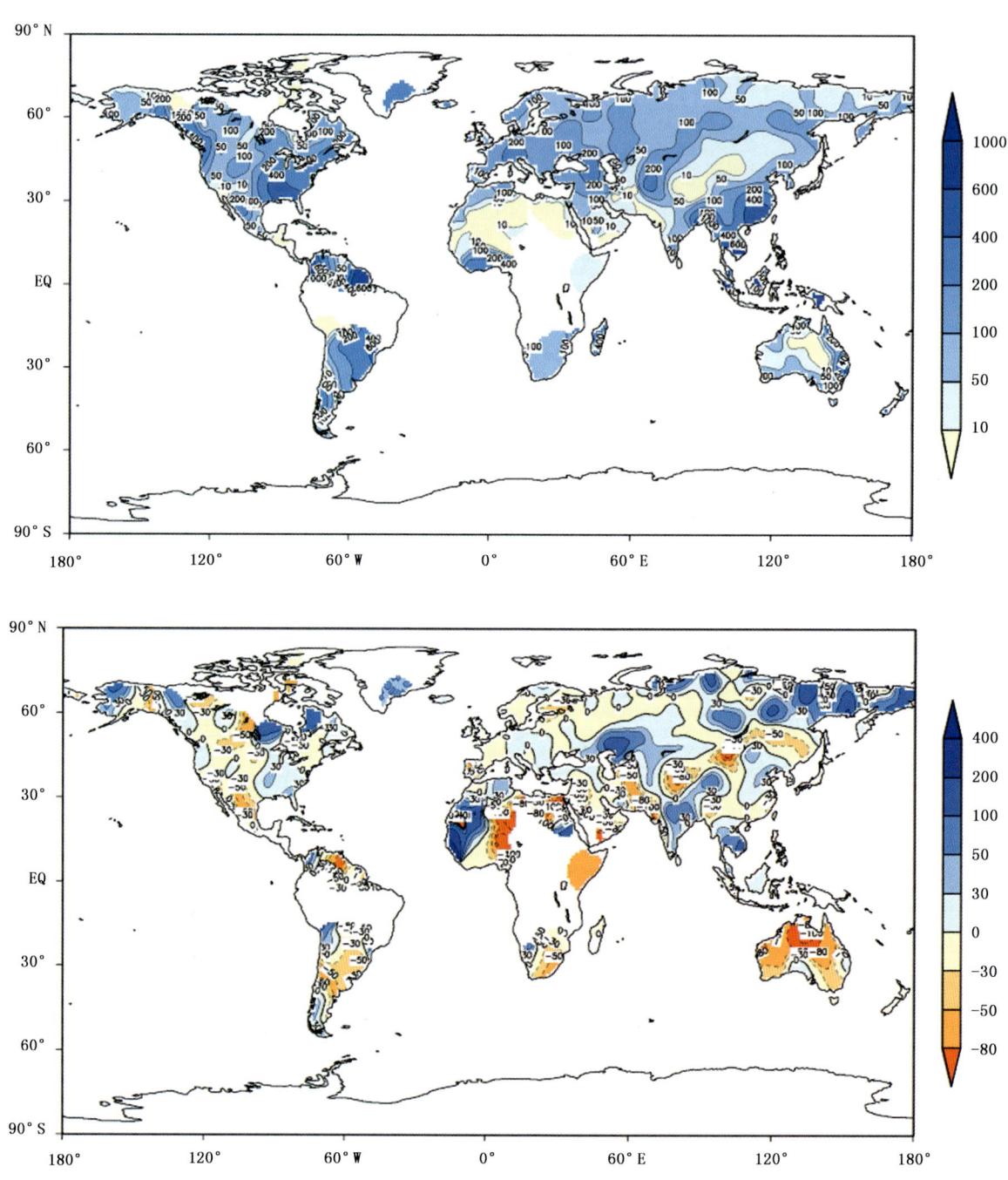

图1.8 2009年全球春季降水量(上,单位:mm)及距平百分率(下,单位:%)分布图

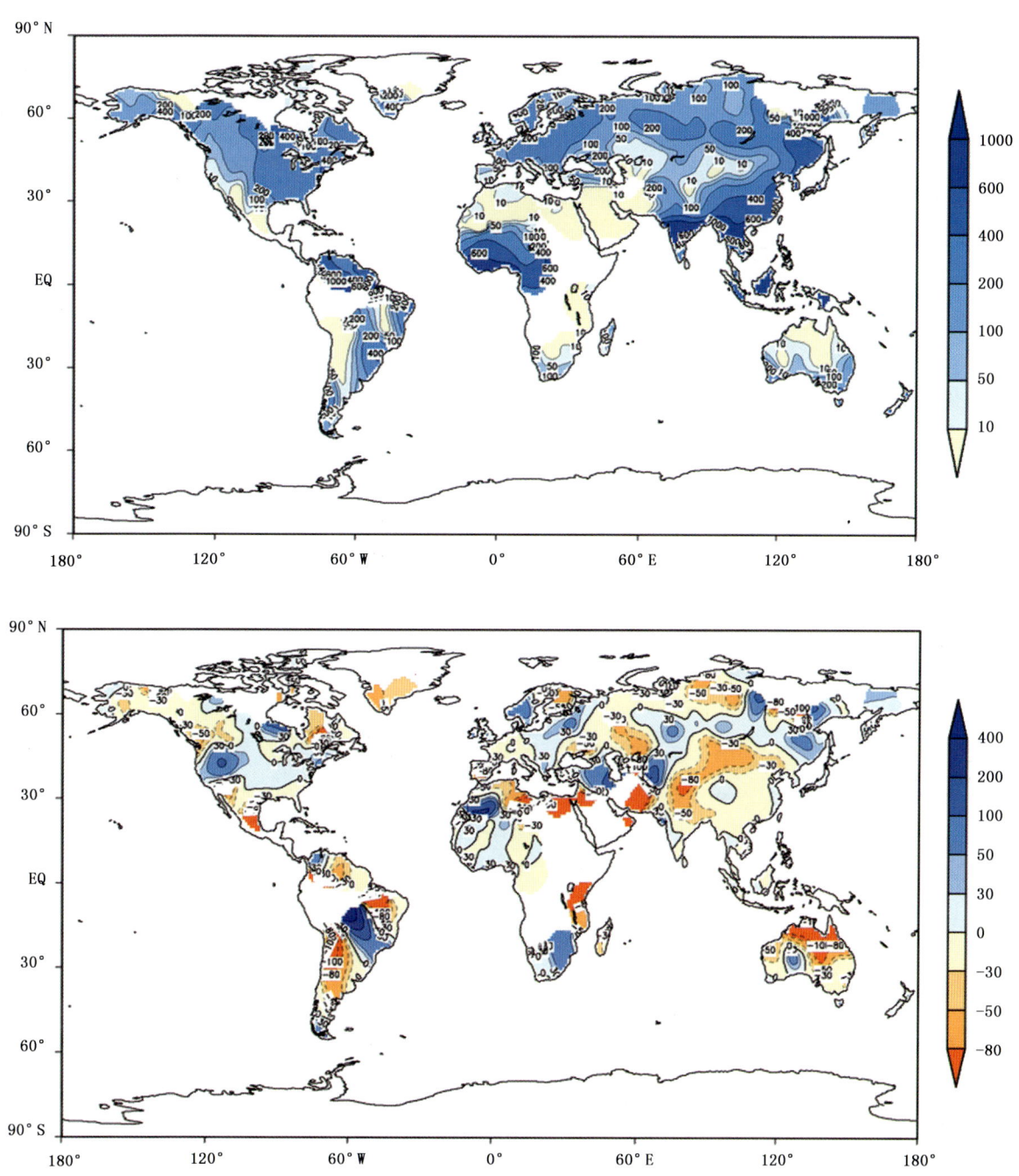

图1.9 2009年全球夏季降水量(上,单位:mm)及距平百分率(下,单位:%)分布图

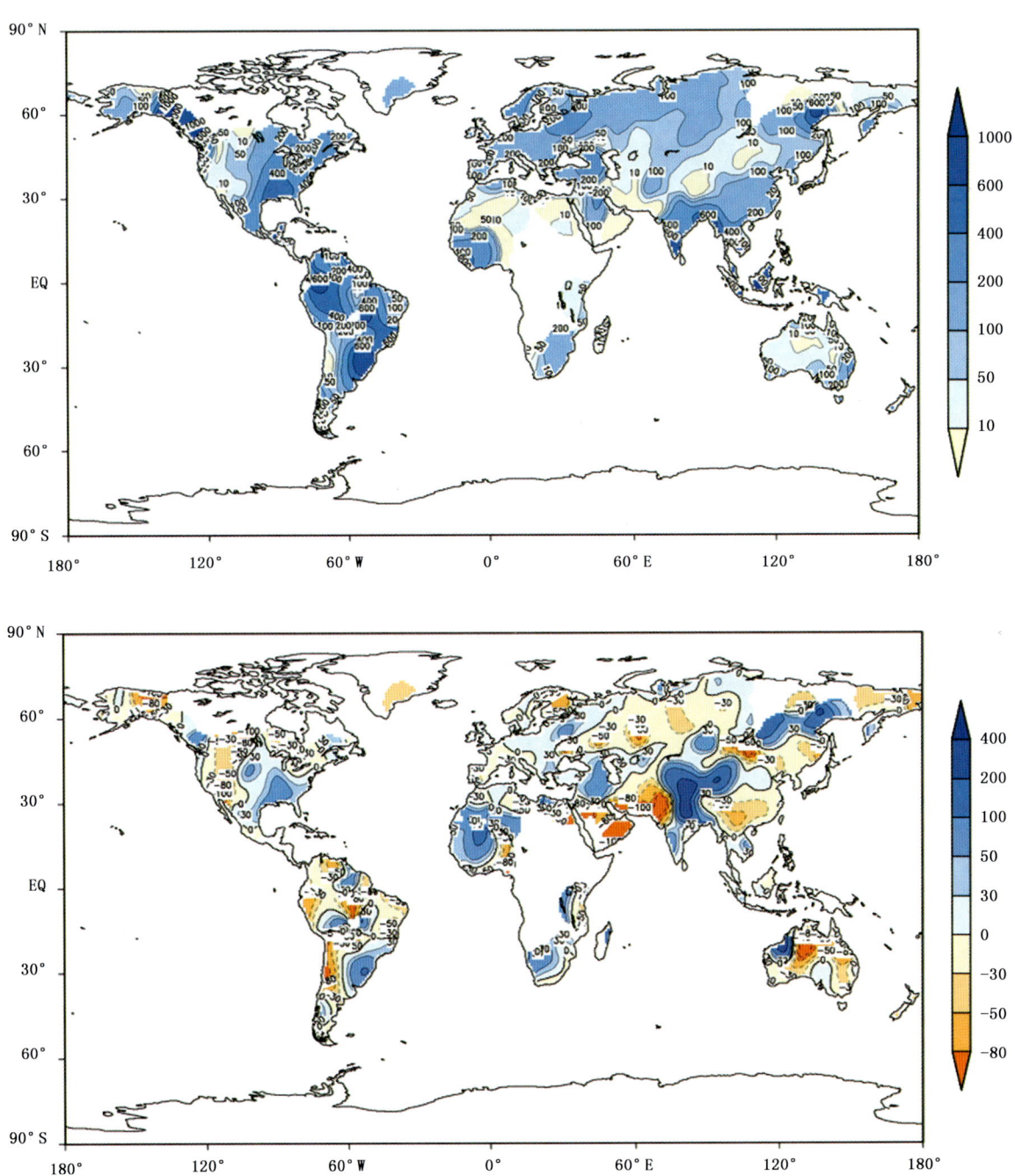

图1.10 2009年全球秋季降水量(上,单位:mm)及距平百分率(下,单位:%)分布图

2009年1—12月全球各月平均气温及距平见图1.11，各月降水量及距平百分率见图1.12。

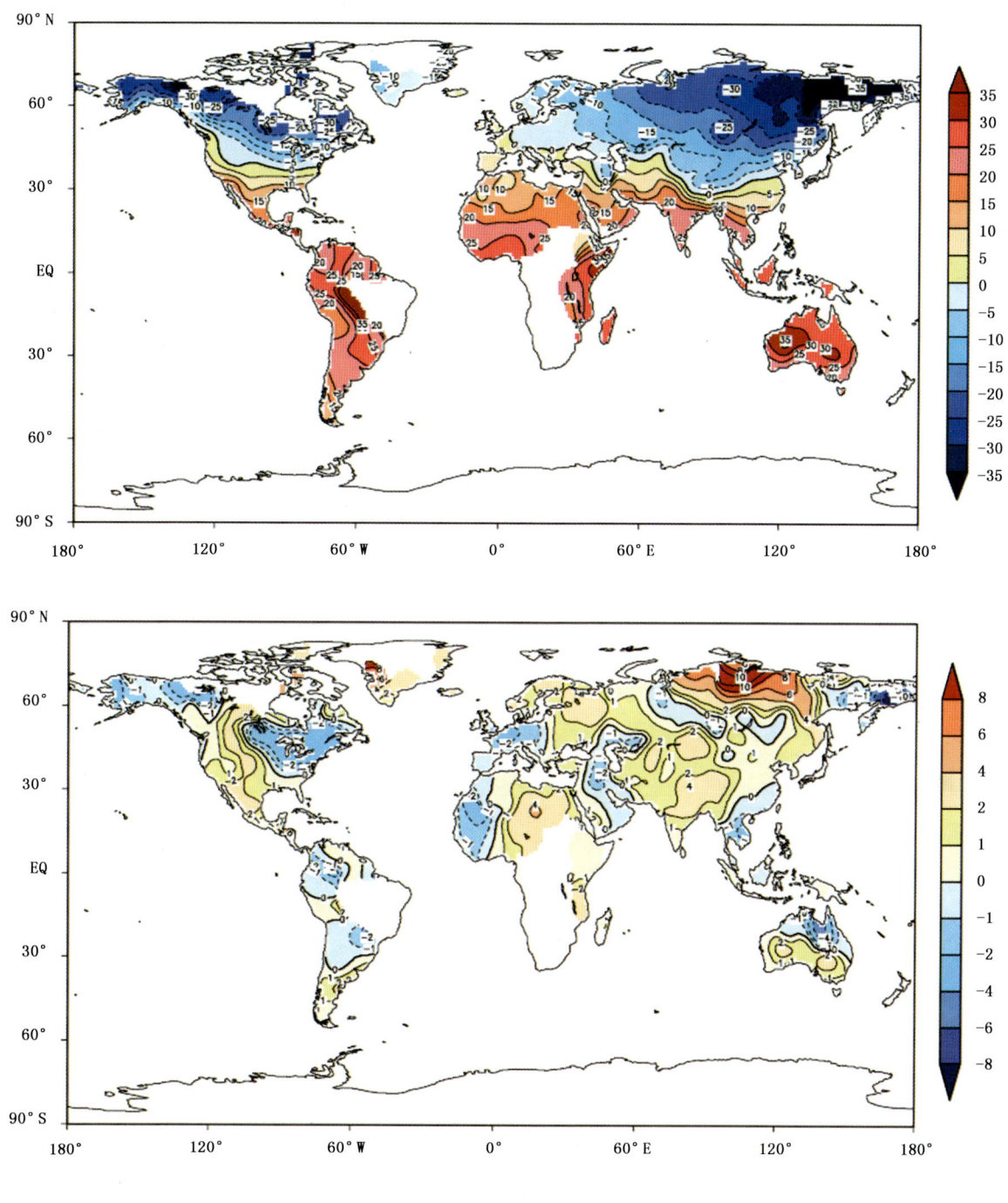

(a) 2009年1月

图1.11 2009年全球月平均气温（上）及距平（下）分布图（单位：℃）

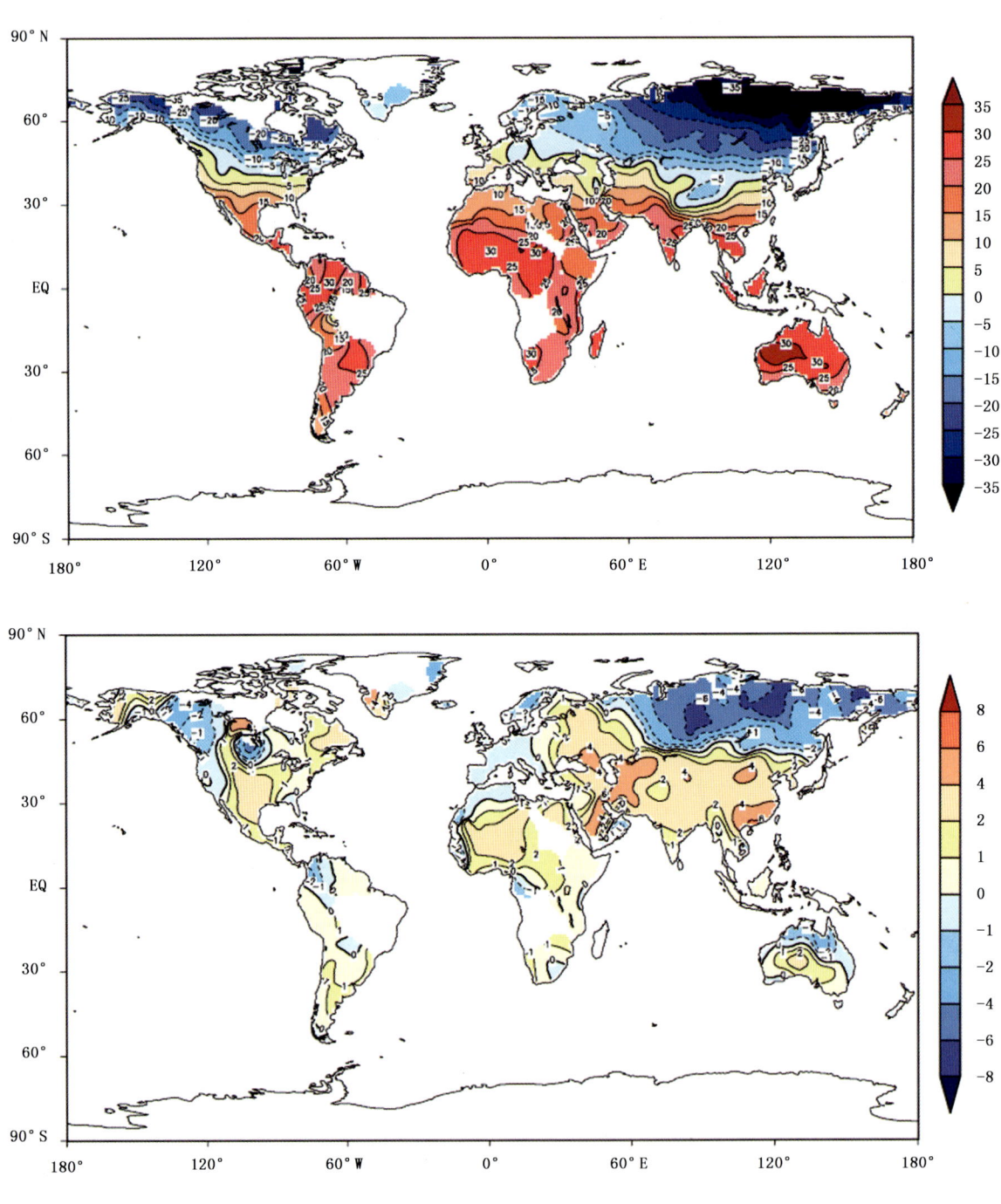

(b) 2009 年 2 月
图 1.11 （续）

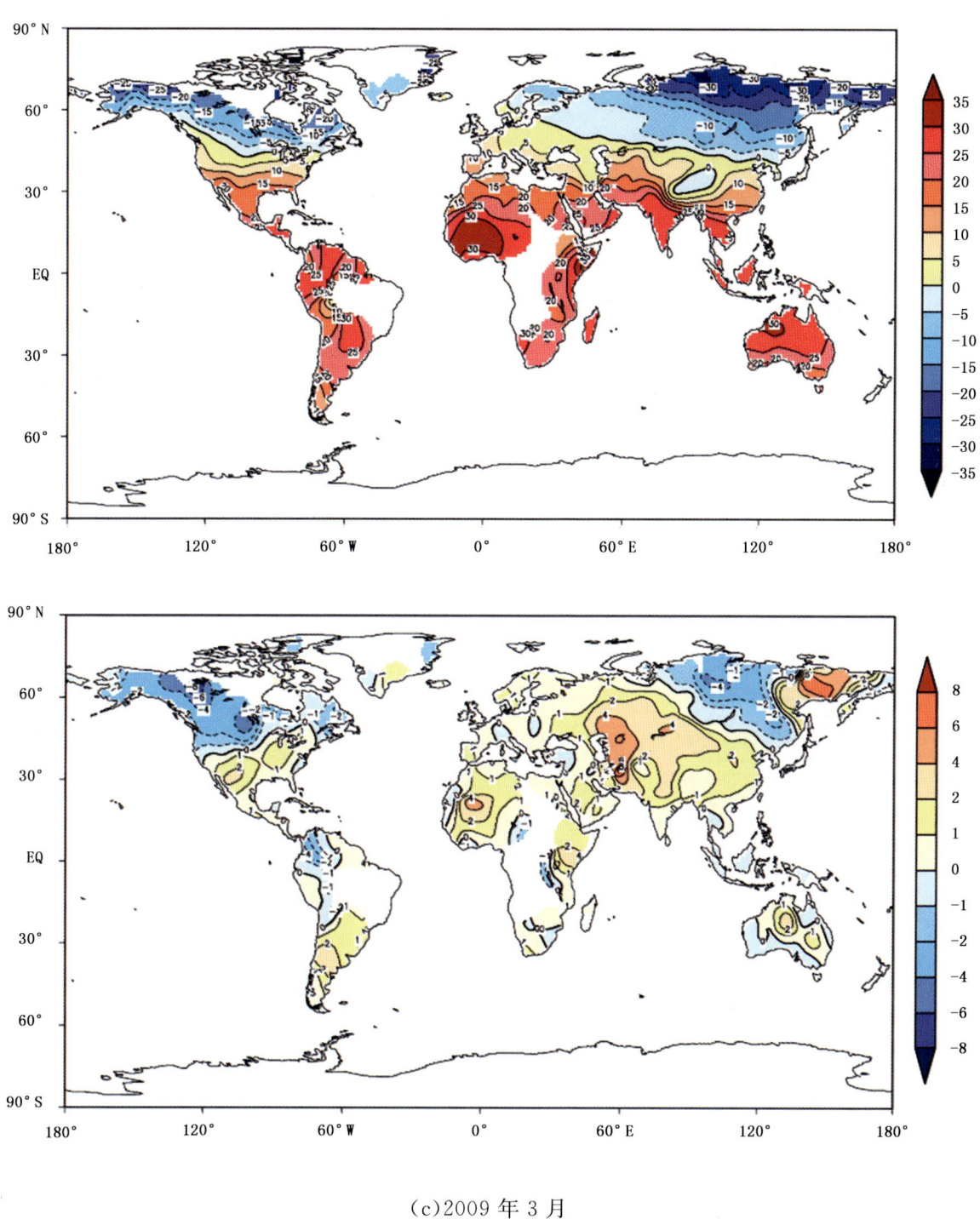

(c) 2009年3月

图 1.11 （续）

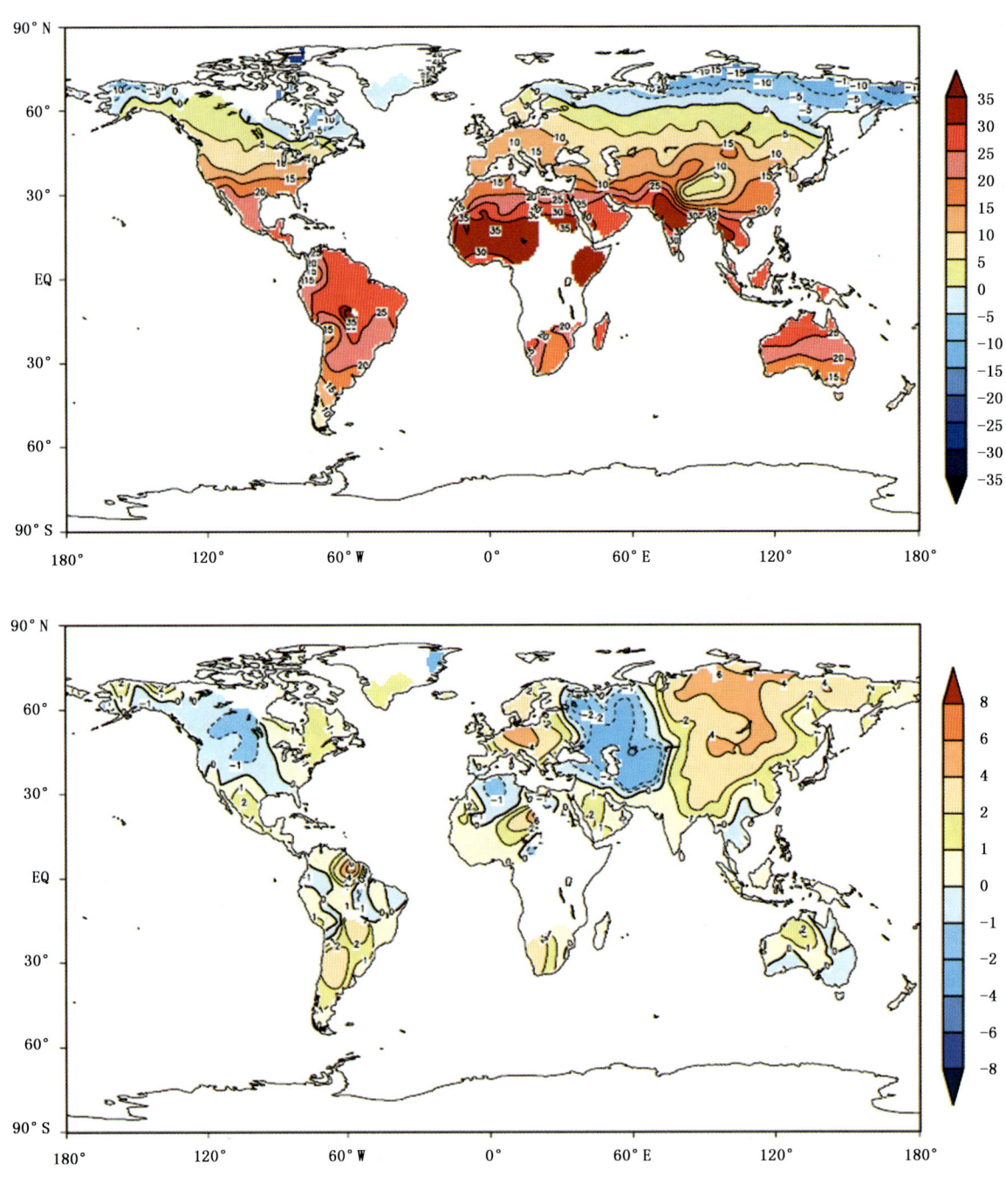

(d) 2009 年 4 月

图 1.11 （续）

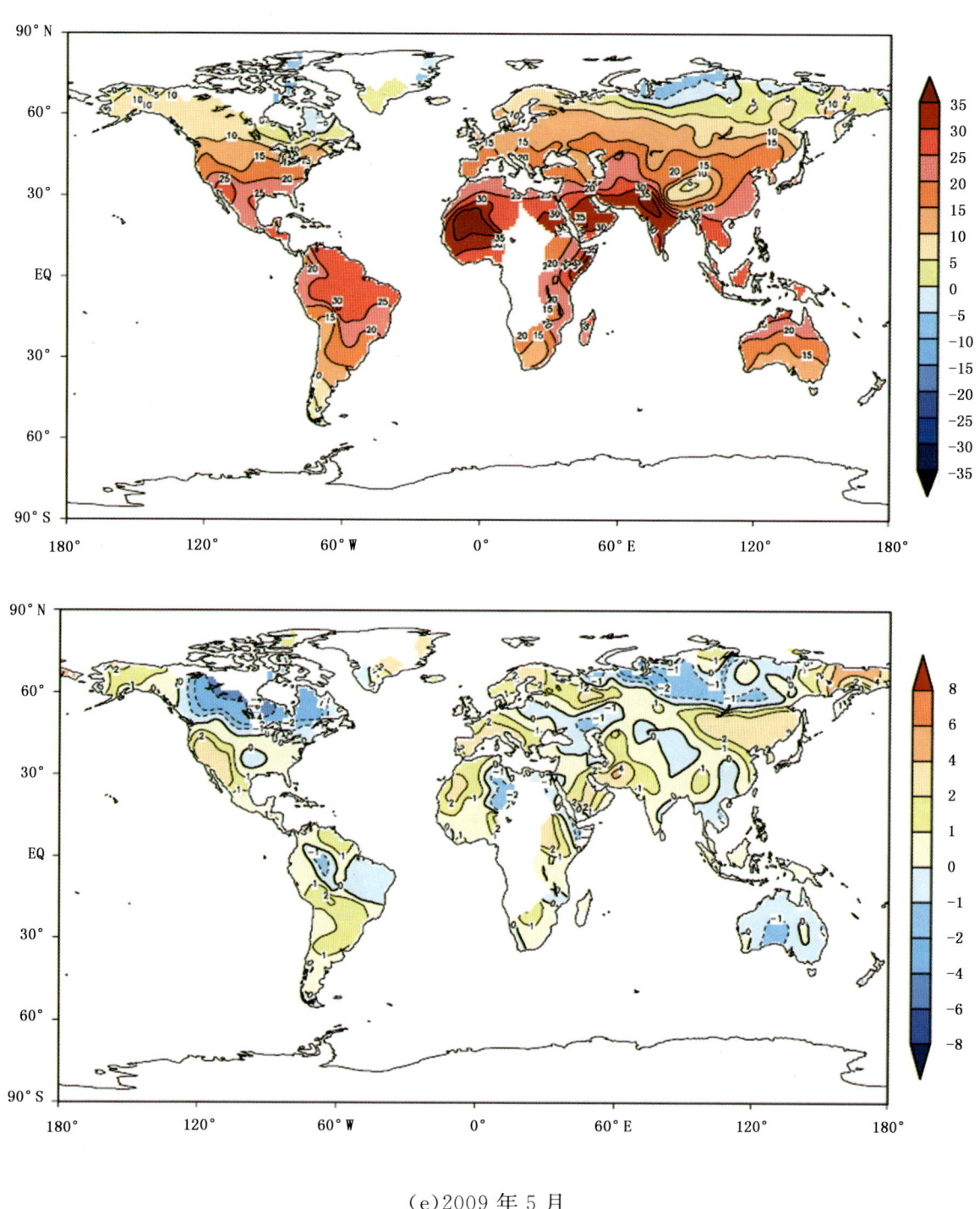

(e) 2009年5月

图 1.11 （续）

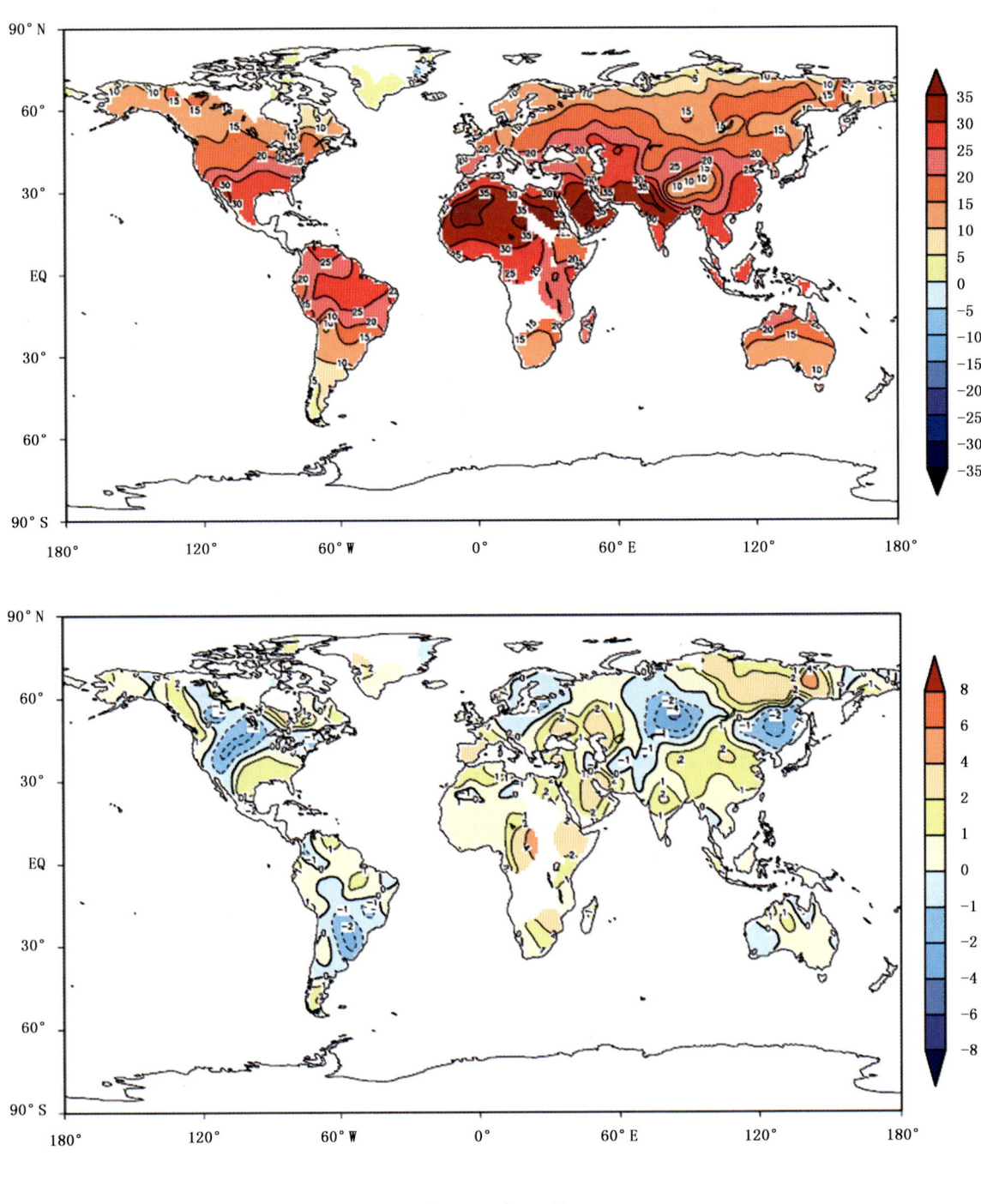

(f) 2009年6月

图1.11 （续）

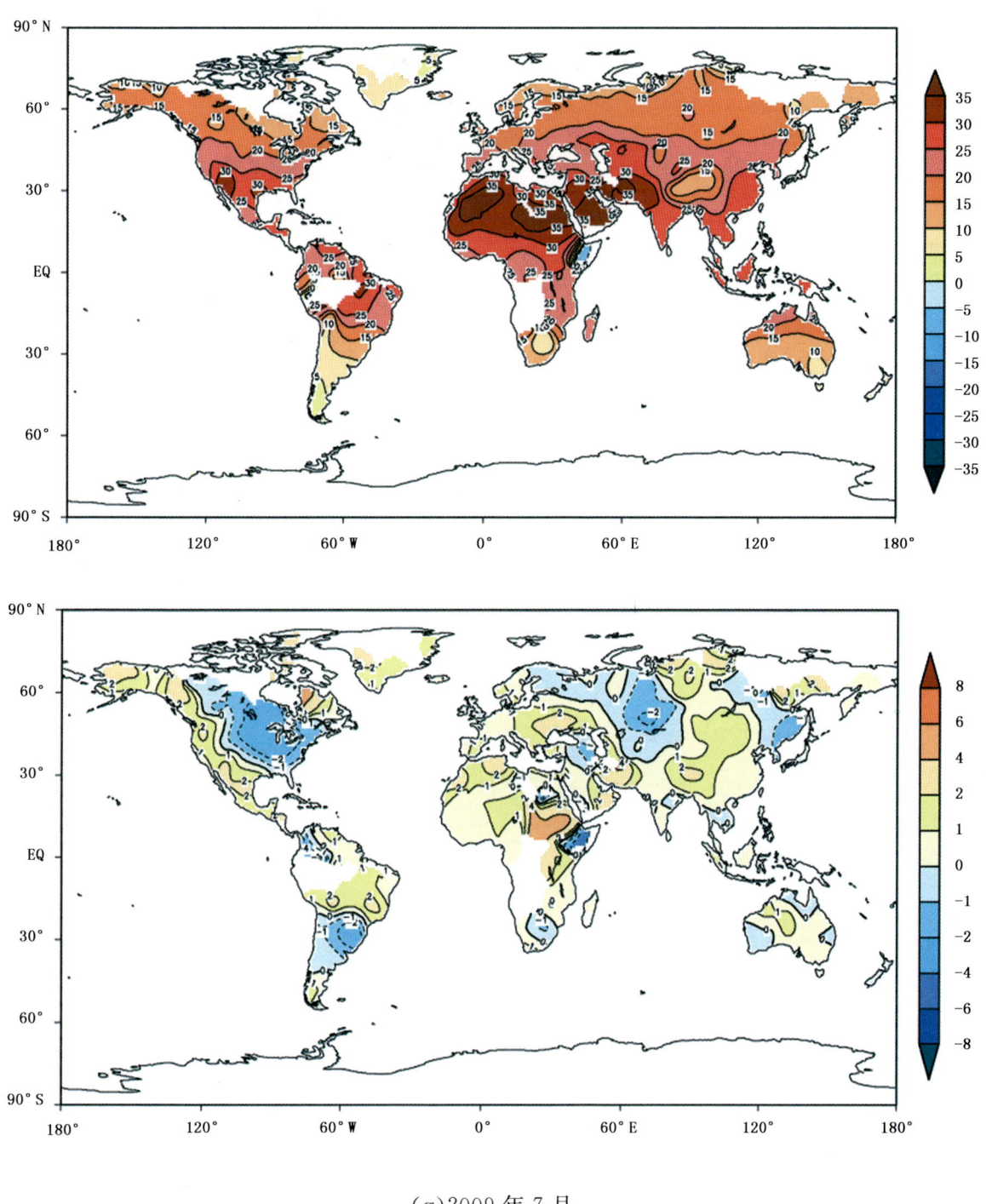

(g) 2009 年 7 月

图 1.11 （续）

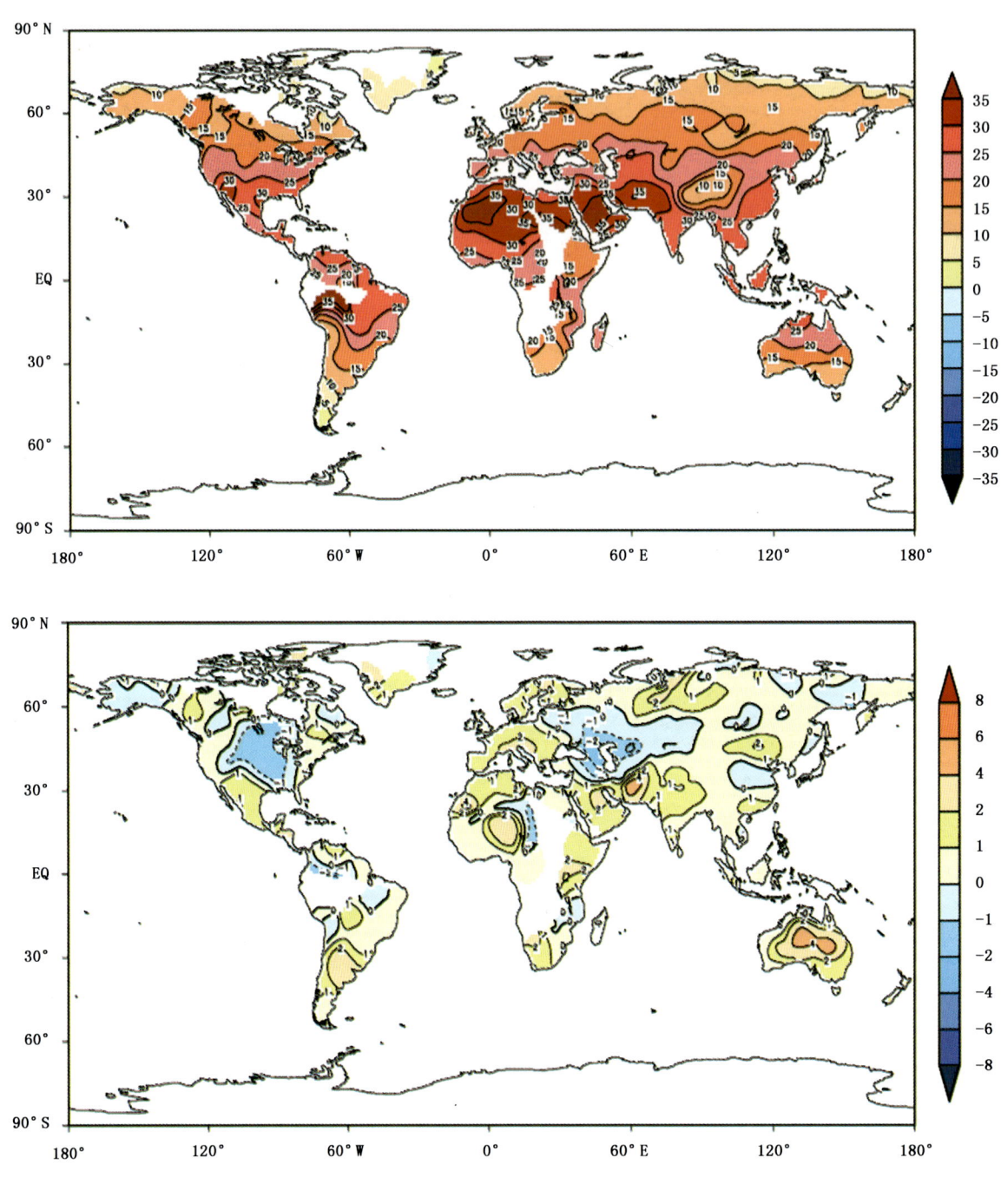

(h) 2009 年 8 月

图 1.11 （续）

2009年气候概况

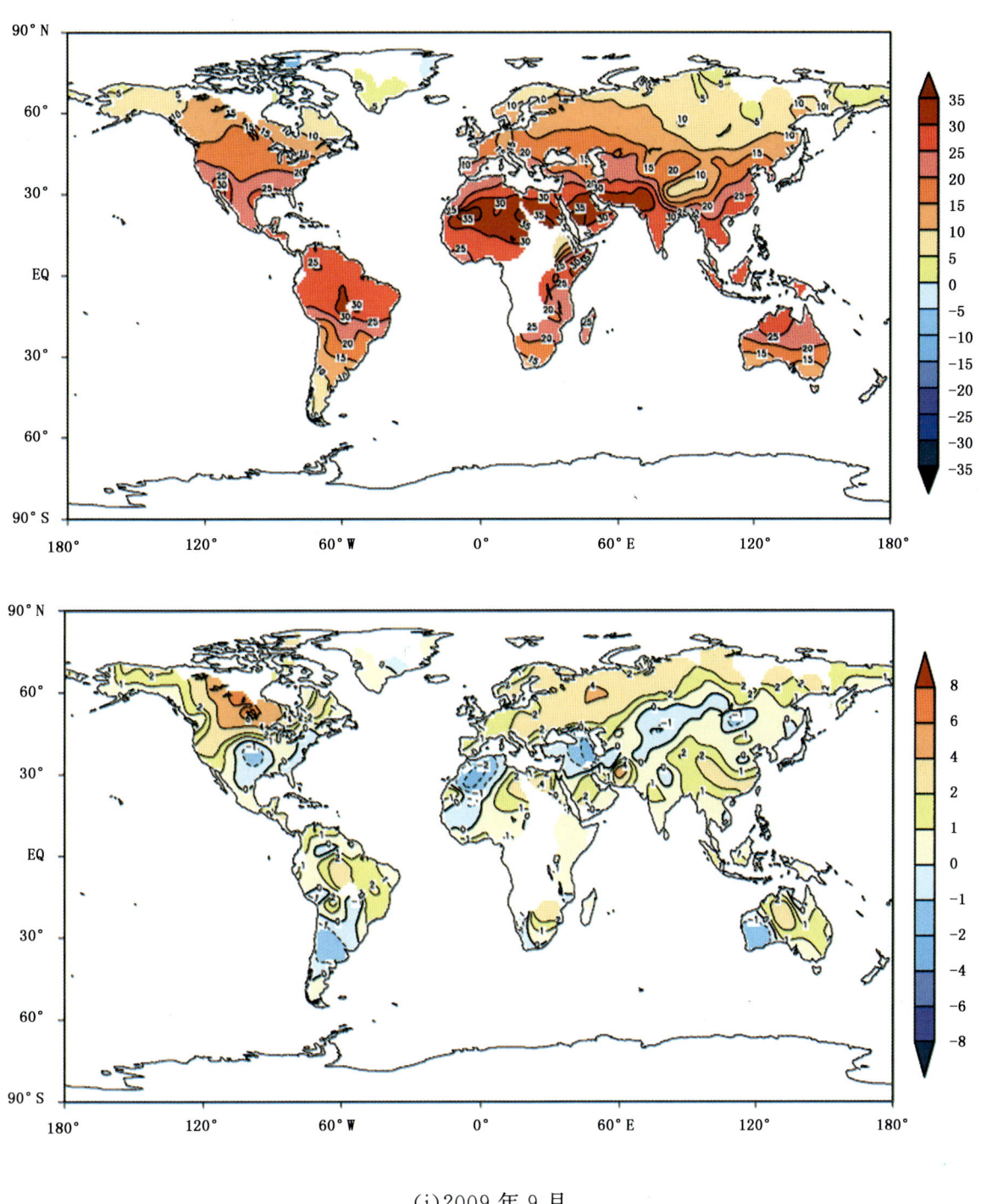

(i) 2009年9月

图 1.11 (续)

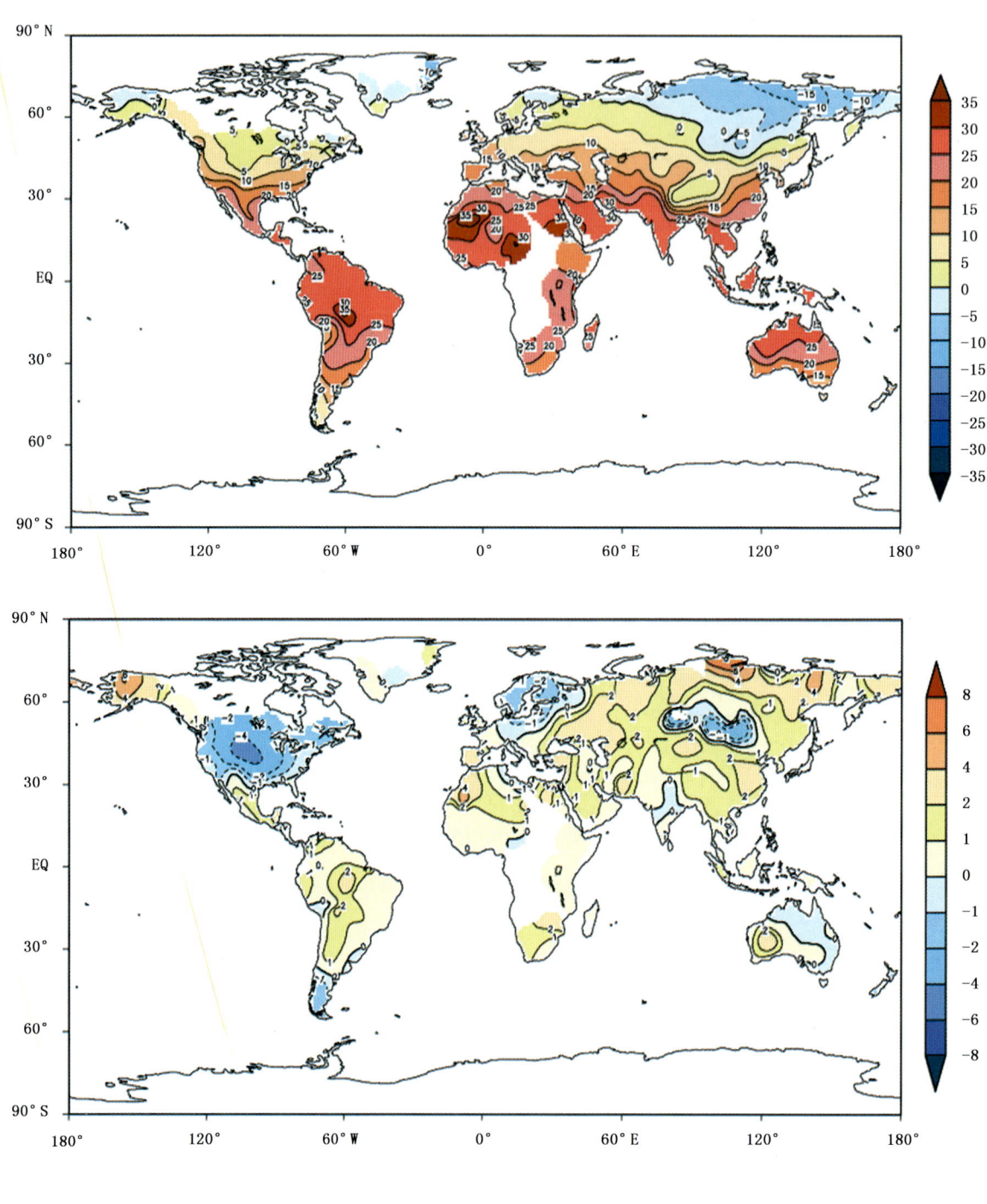

(j) 2009年10月

图1.11 （续）

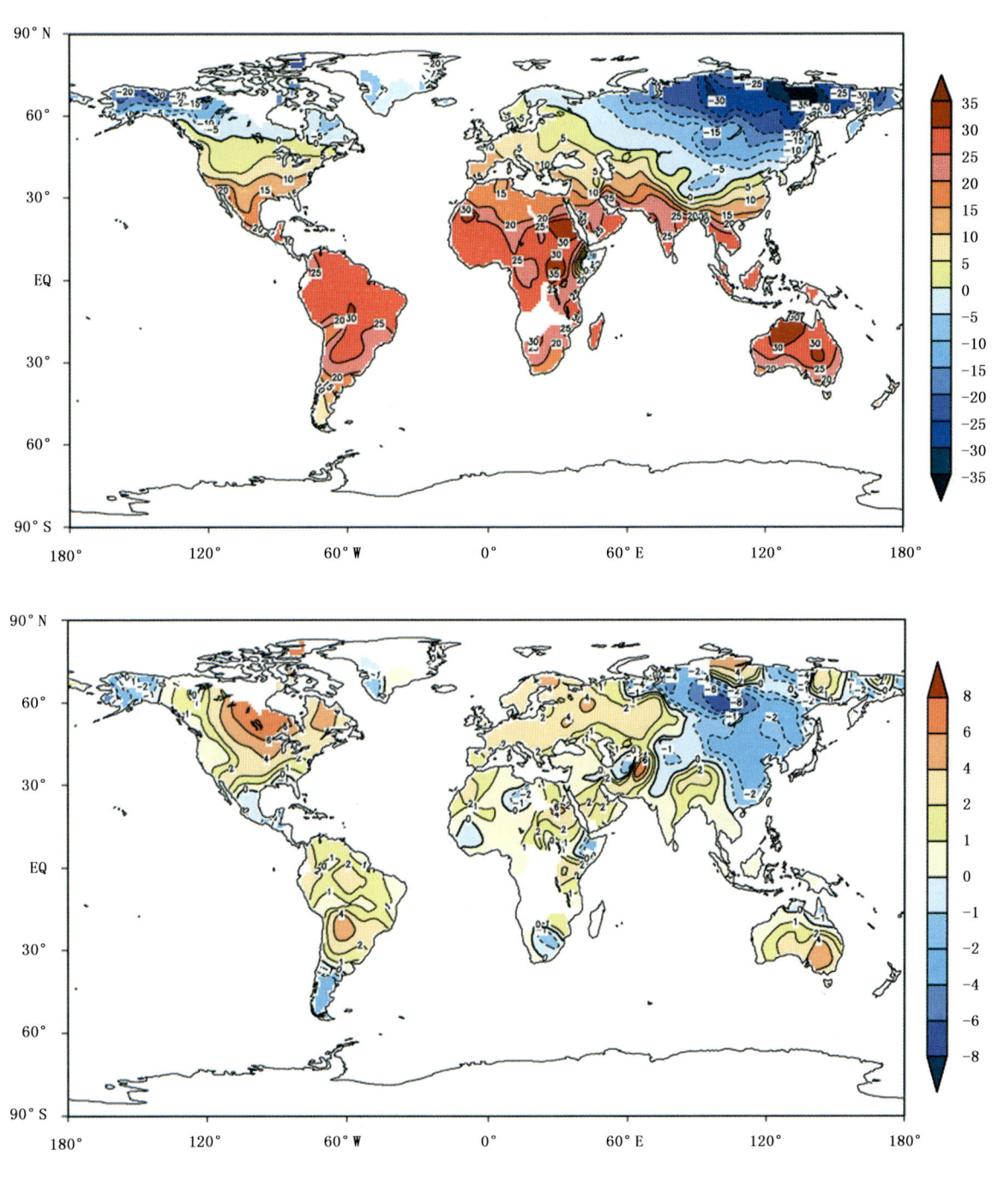

(k)2009 年 11 月

图 1.11 （续）

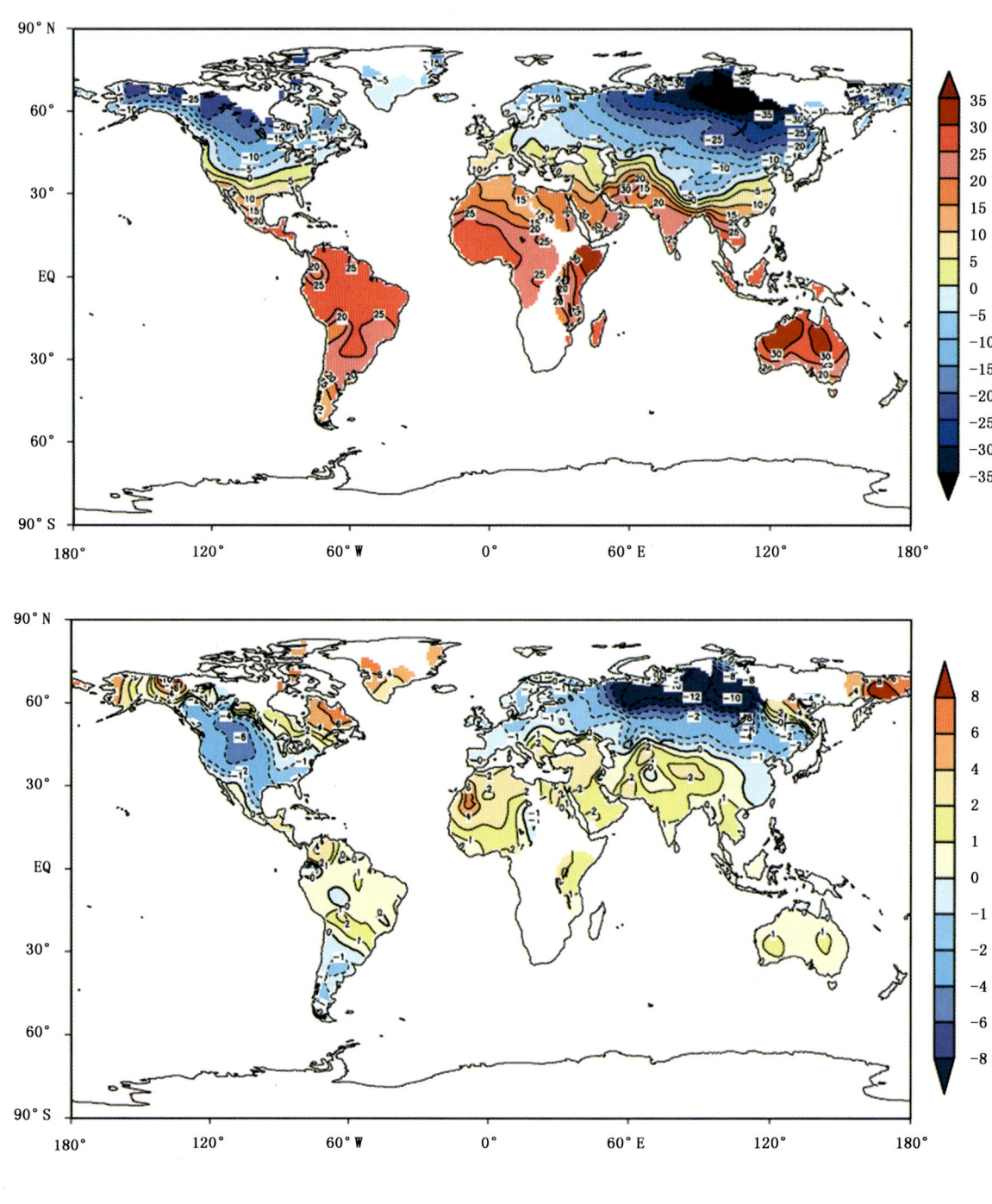

(l)2009年12月

图1.11 （续）

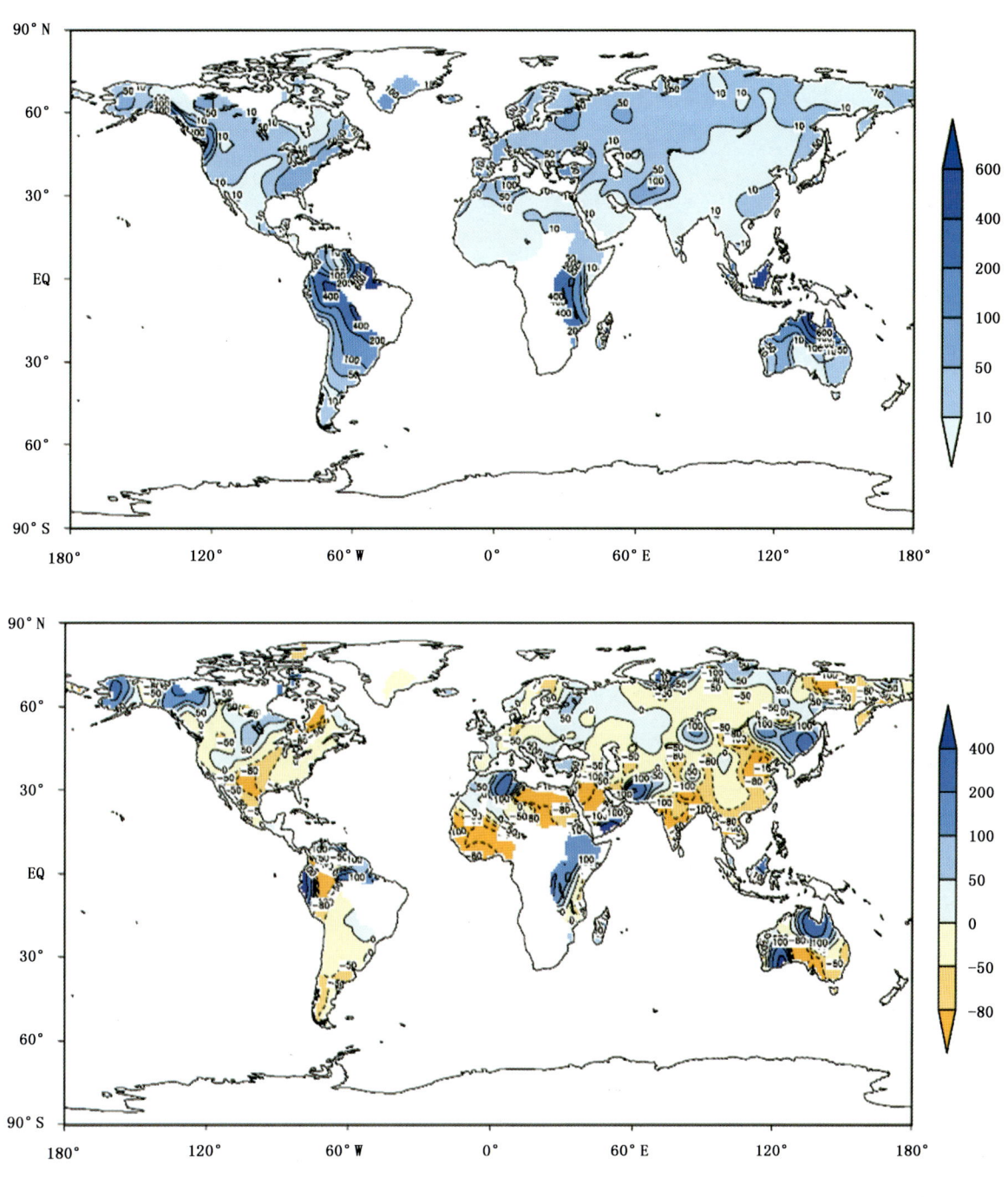

(a) 2009 年 1 月

图 1.12　2009 年全球月降水量（上，单位：mm）及距平百分率（下，单位：％）分布图

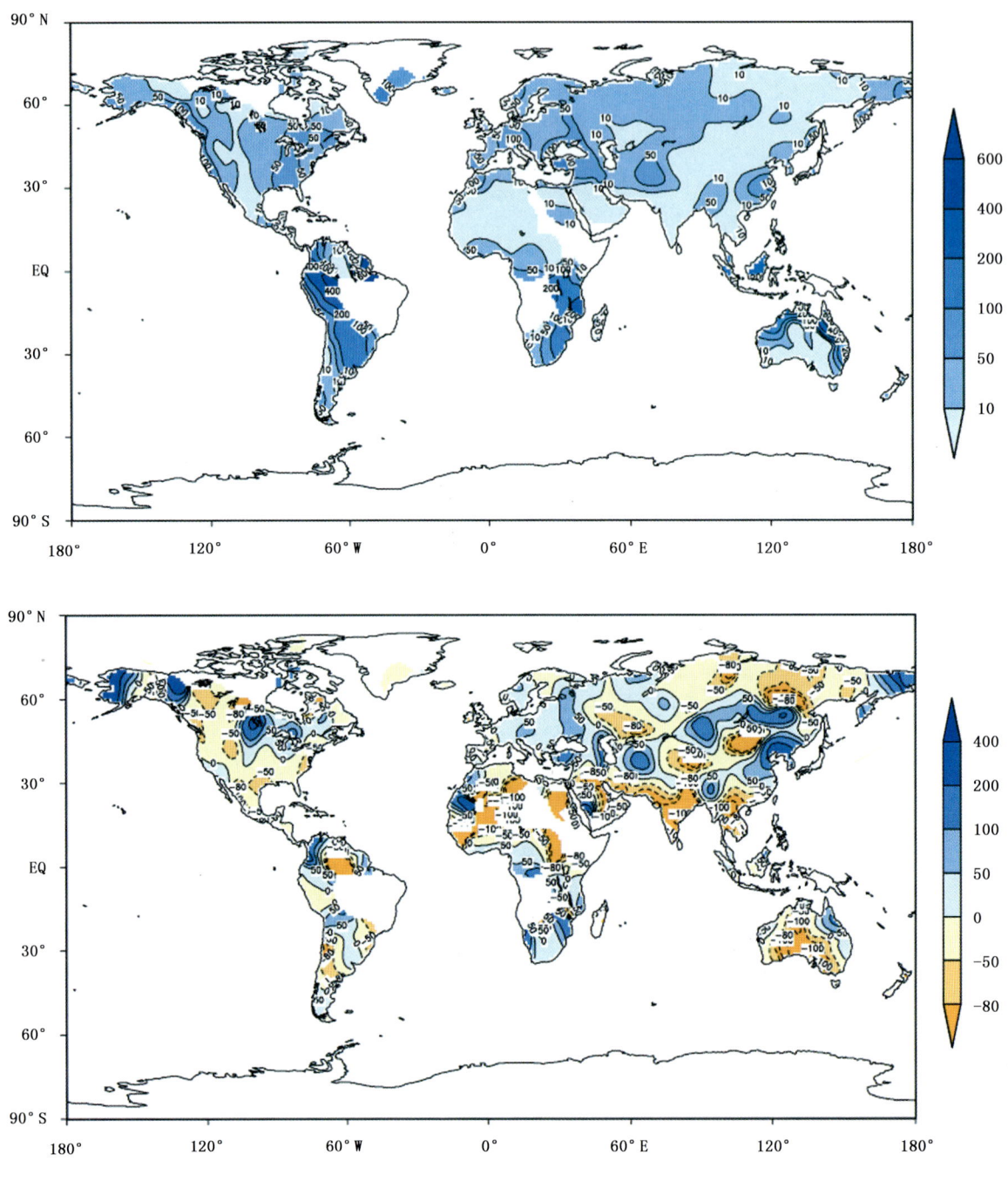

(b) 2009 年 2 月

图 1.12 （续）

第一章 2009 年气候概况

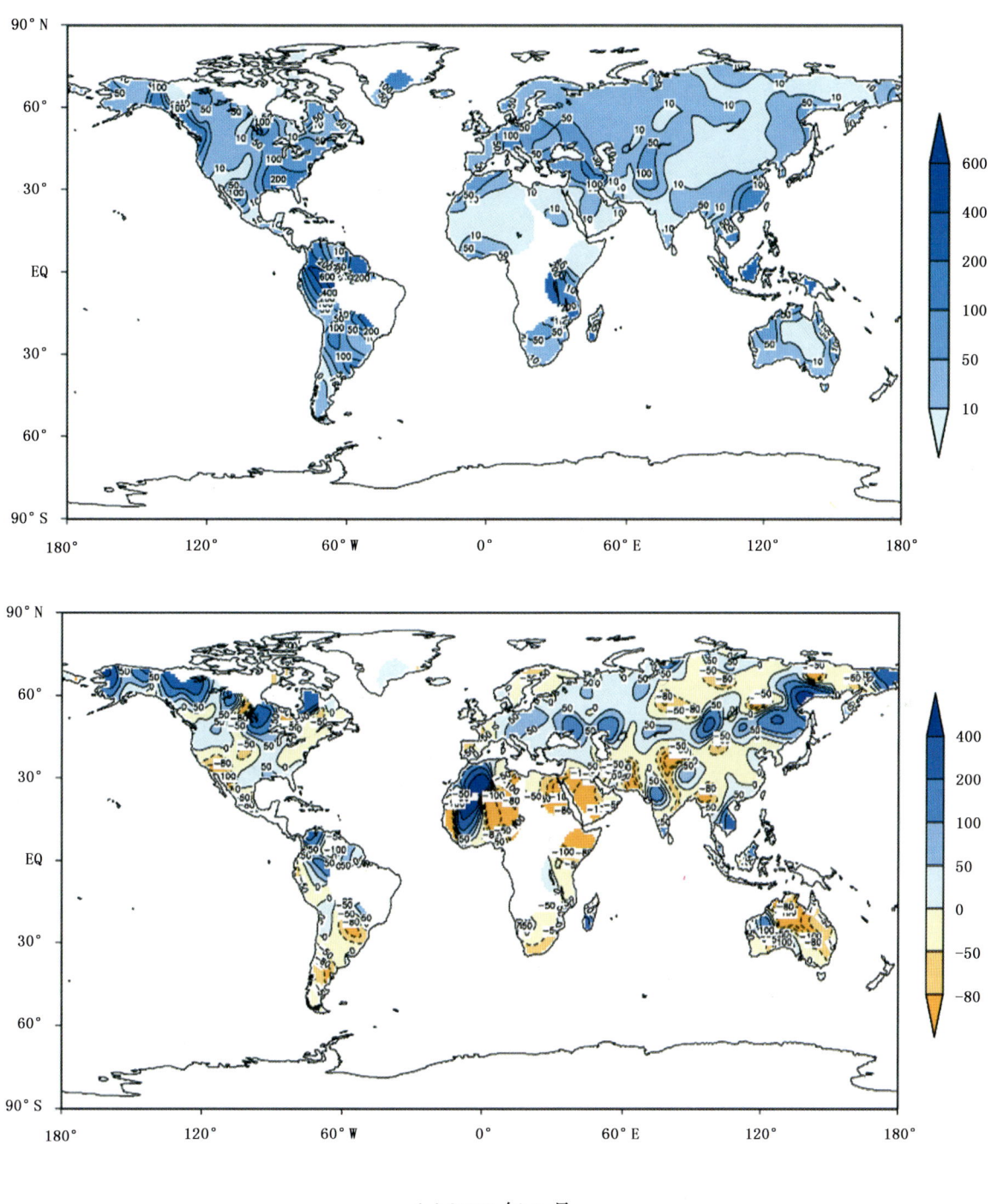

（c）2009 年 3 月

图 1.12 （续）

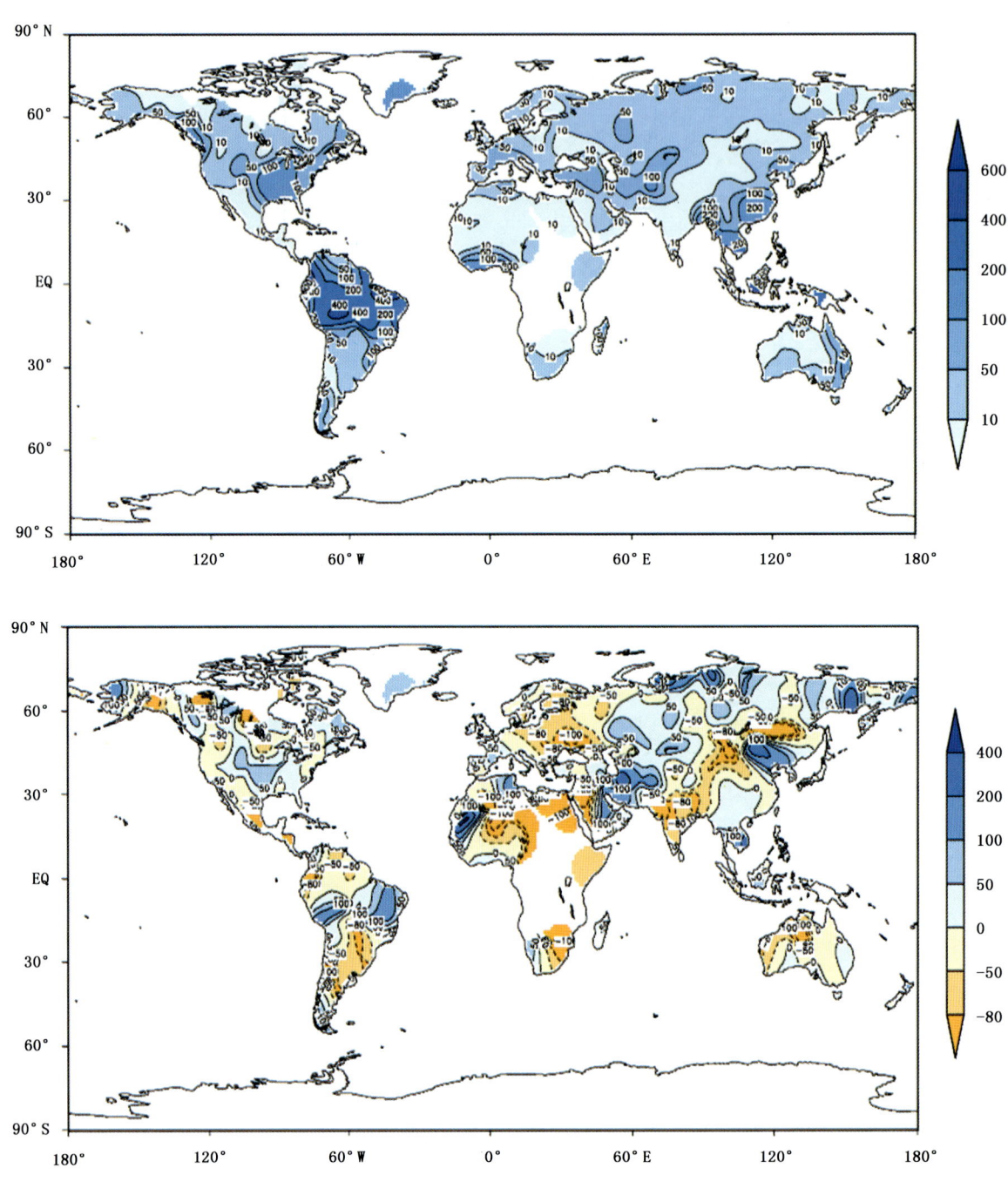

(d) 2009 年 4 月

图 1.12 (续)

2009年气候概况

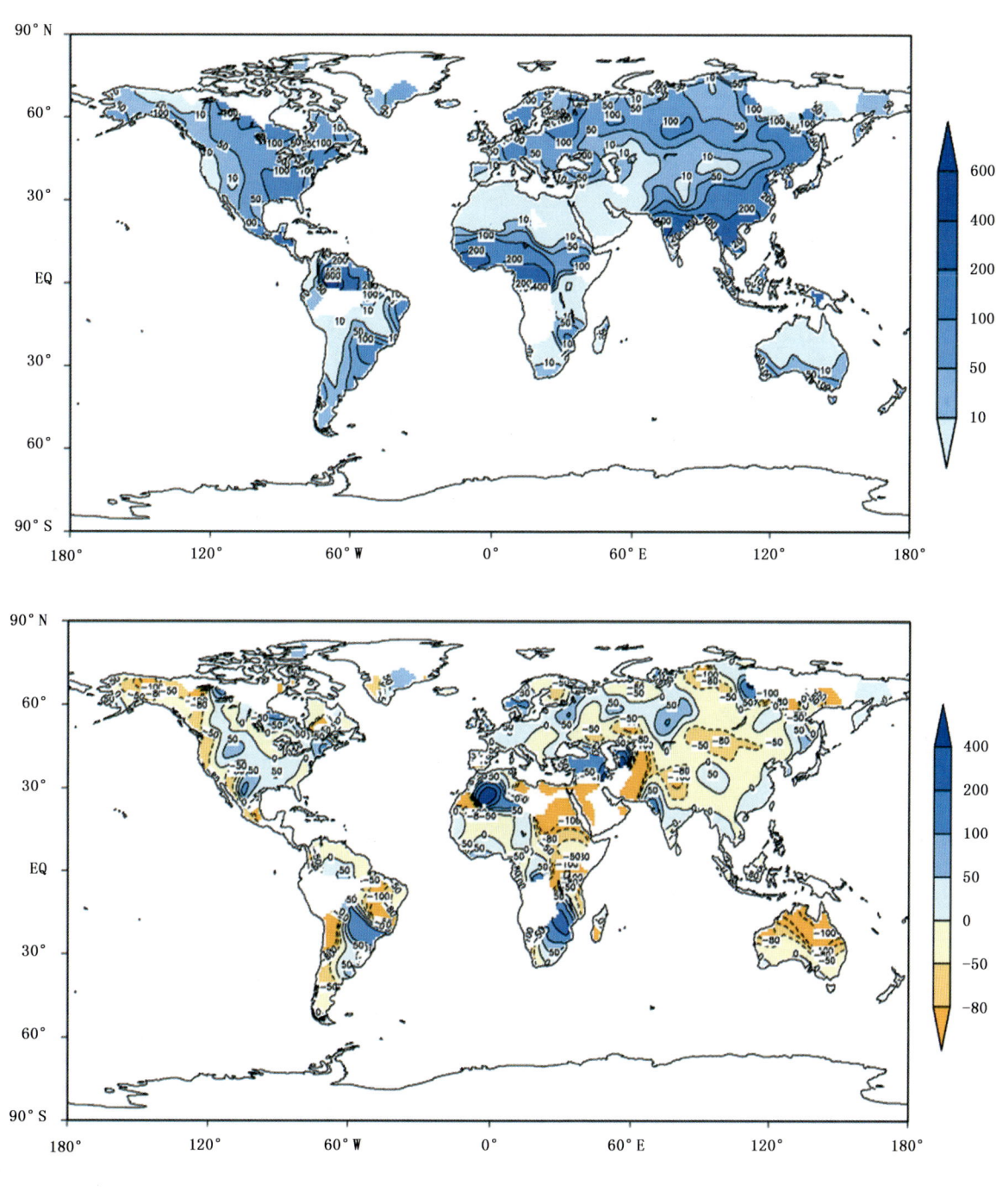

(g) 2009年7月

图1.12 (续)

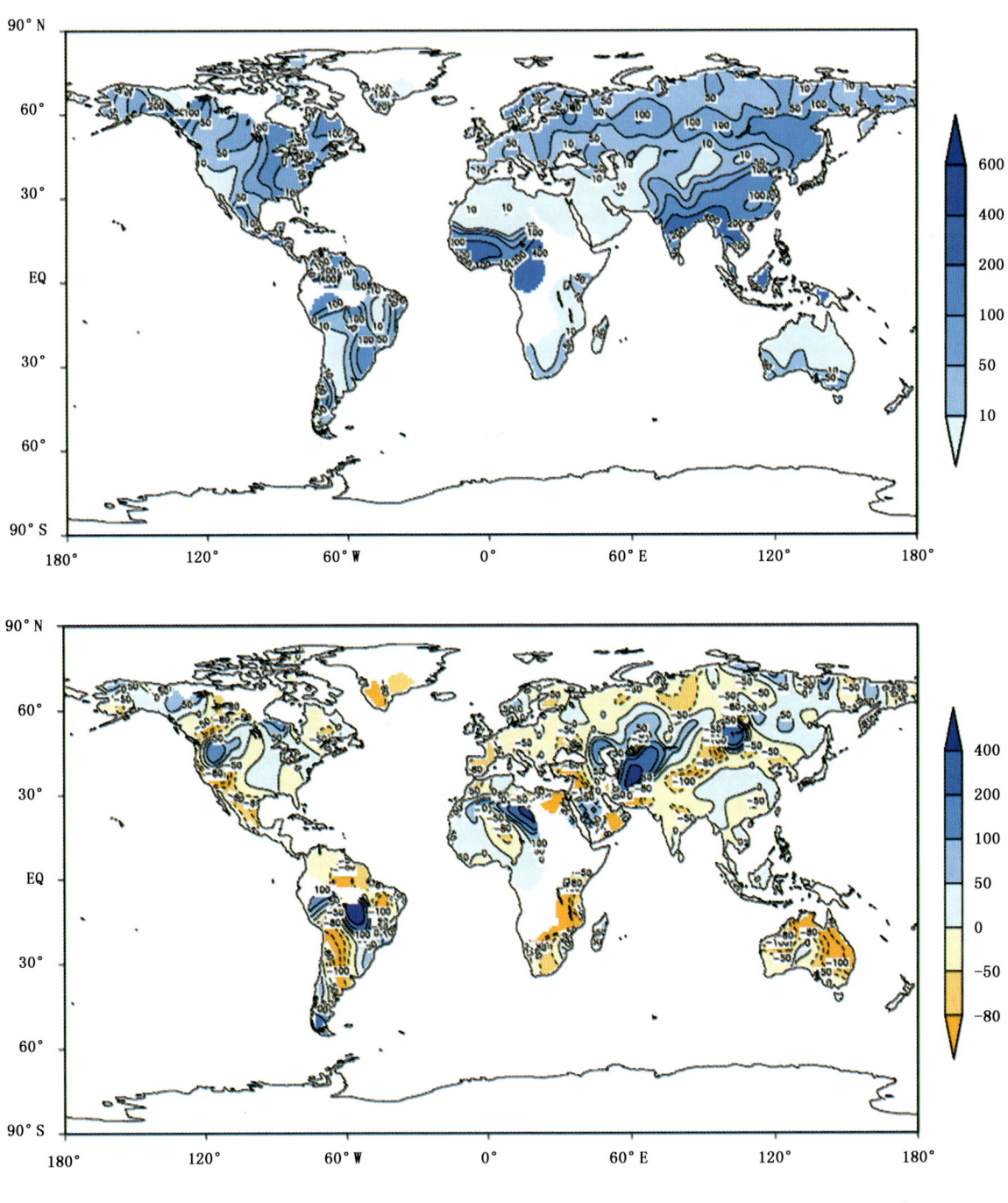

(h)2009年8月

图1.12 （续）

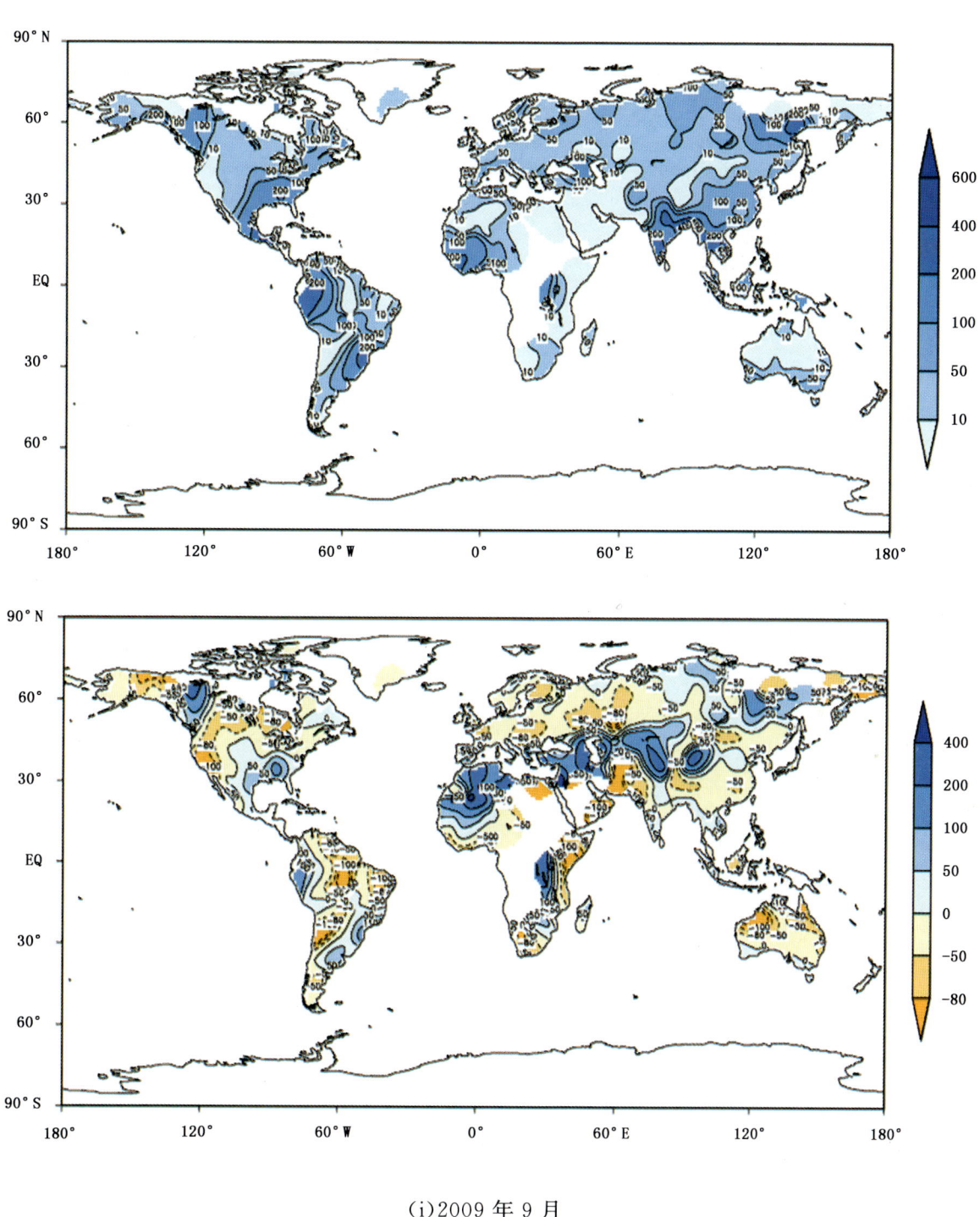

(i)2009年9月

图1.12 (续)

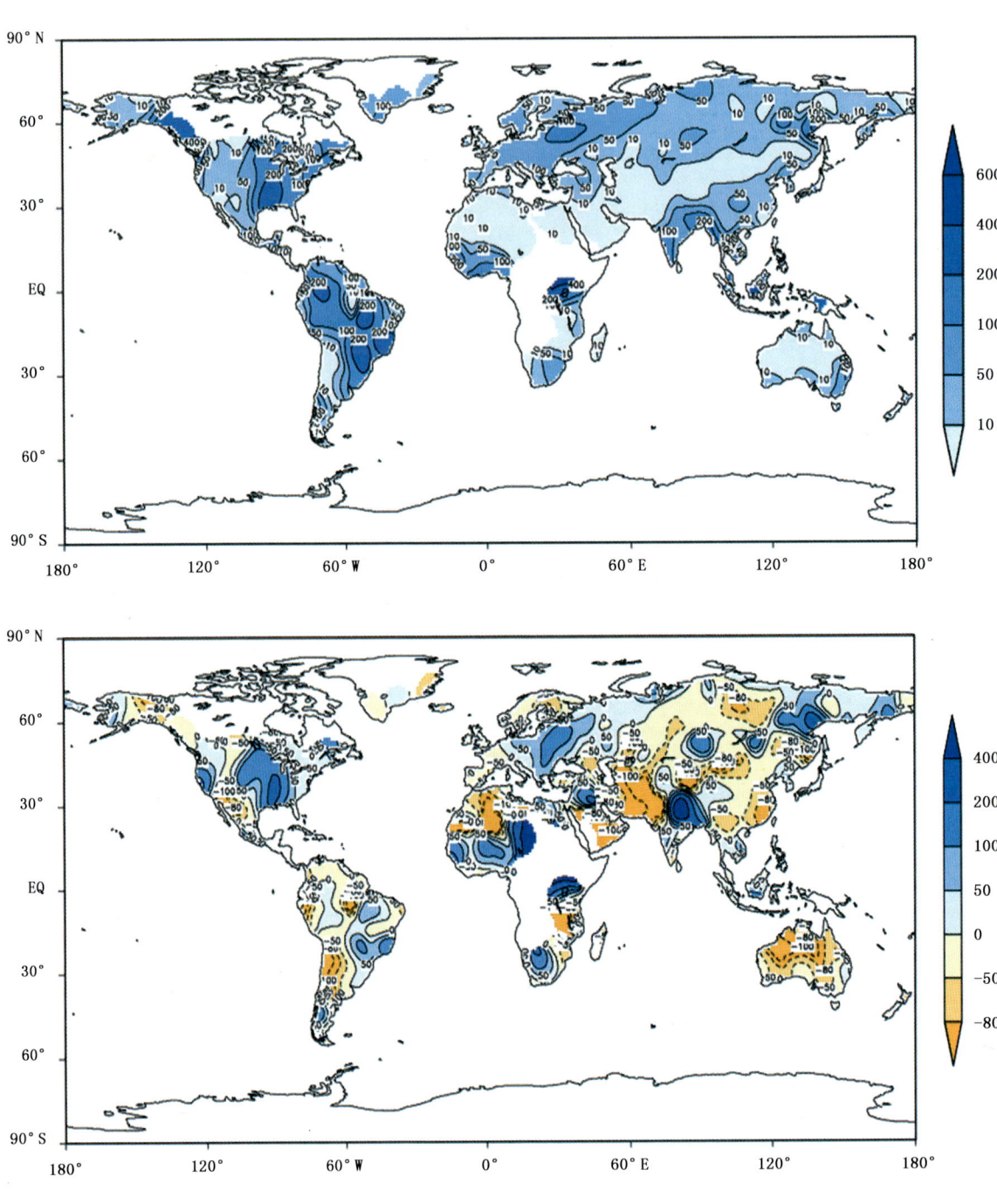

(j) 2009年10月

图1.12 （续）

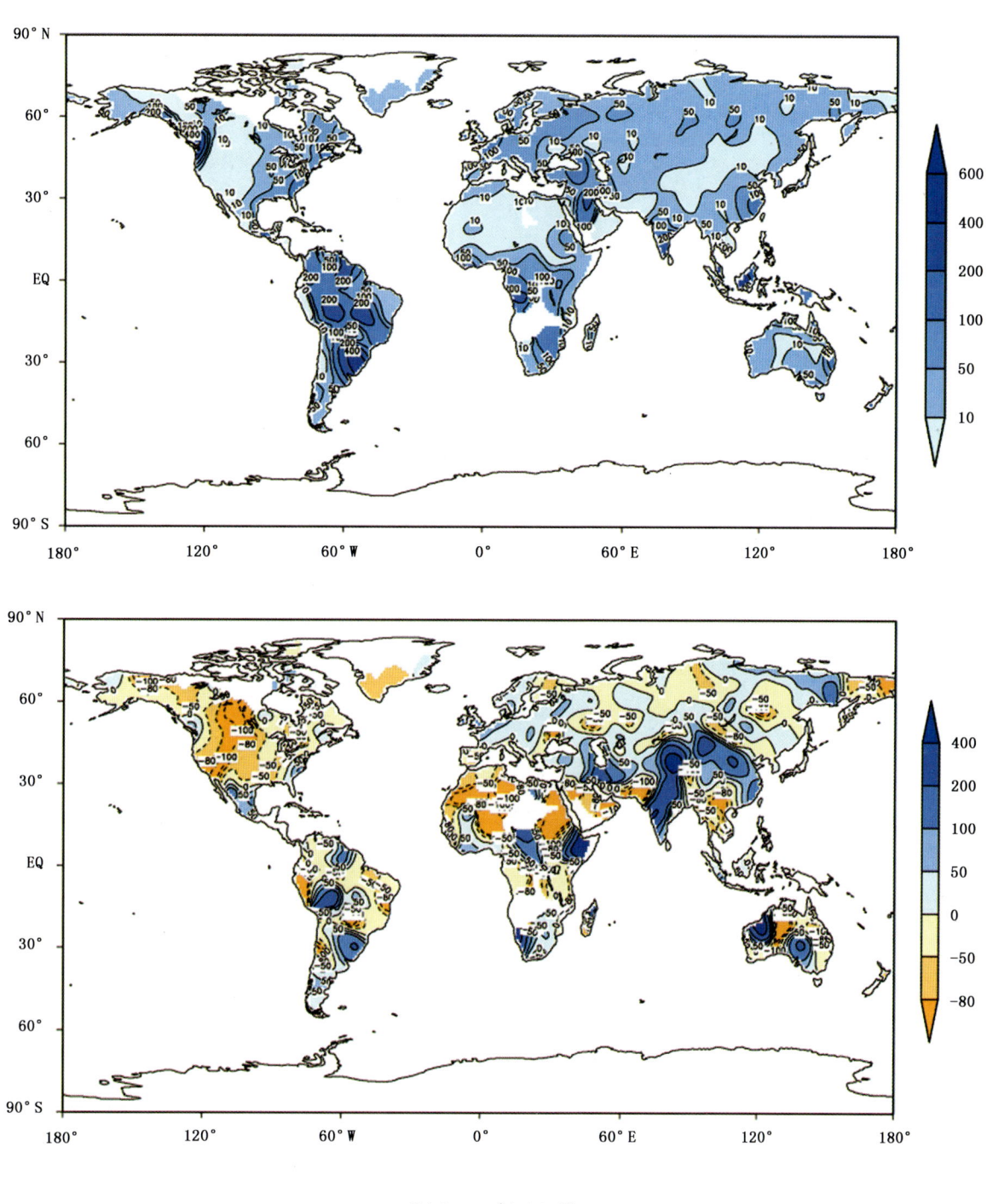

(k) 2009年11月

图1.12 （续）

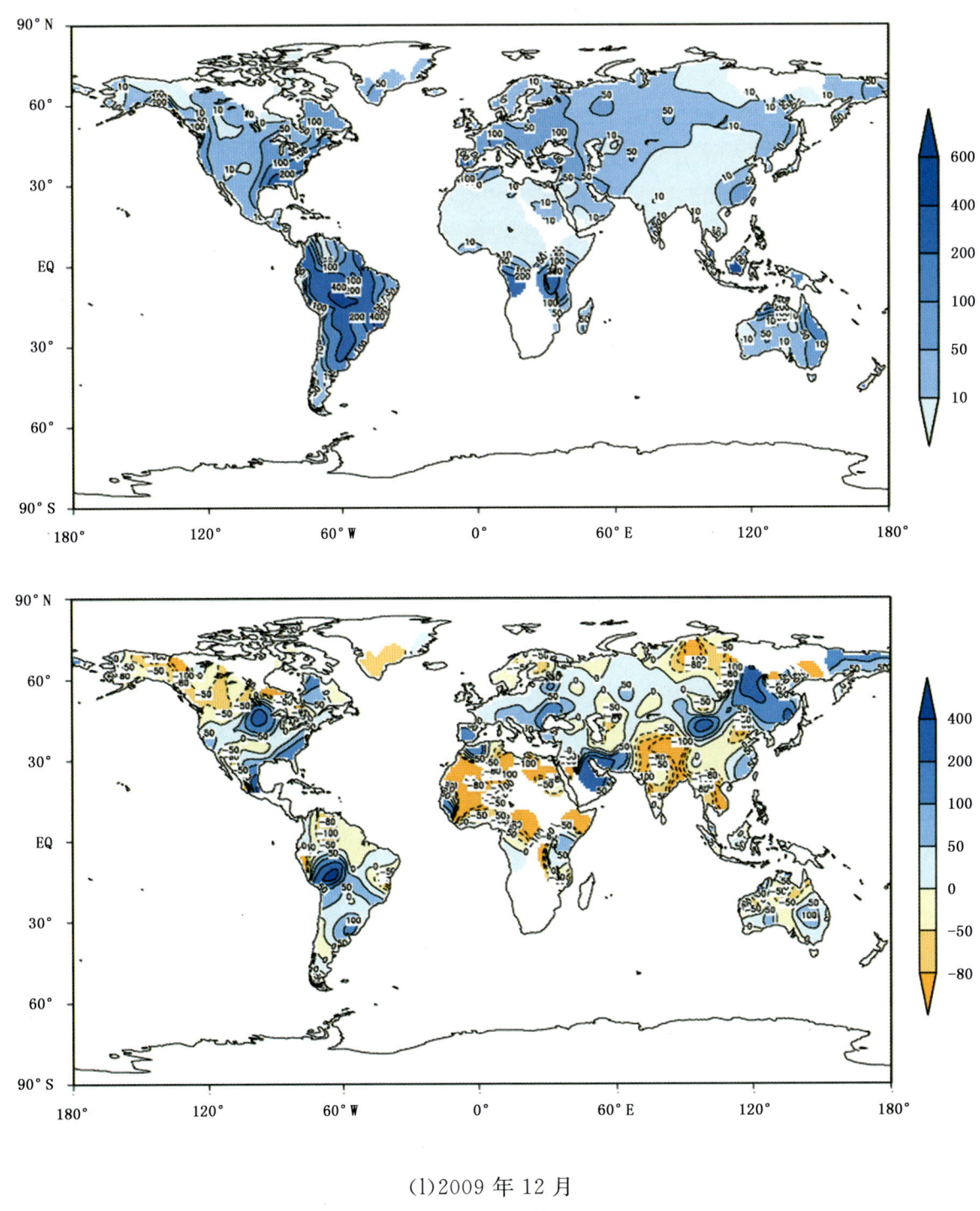

(l) 2009年12月

图1.12 （续）

1.1.2 全球极端天气气候事件指标监测

2009年，极端温度和降水事件监测指标显示，出现极端偏暖事件的站点数明显多于极端偏冷事件的站点数。极端偏暖事件主要出现在欧洲西部、亚洲中部和南部等地，极端偏冷事件主要出现在欧洲西部和东部、北亚中部和东部、东亚中东部、南美南部等地；欧洲西部、东亚中南部及日本和韩国等地出现了极端强降水事件。

从温度暖指标暖昼（TX90p）、暖夜（TN90p）的监测结果看，欧洲西部、亚洲中部和南部、北美西部、南美中南部、非洲西部、澳大利亚部分地区2009年白天温度极端偏高的暖昼日数一般在10 d以上，其中东亚南部和西南部、南亚南部、东南亚西部、欧洲西部、南美南部、澳大利亚东部的部分地区暖昼日数超过20 d（图1.13）；夜间温度极端偏高的暖夜日数在欧洲西部、东亚中部和南部、南亚部分地区、东南亚西部、南美中南部、非洲西部等地有10 d以上，其中东亚南部和西南部、欧洲西部的部分地区超过20 d（图1.14）。澳大利亚东南部在1月底至2月初遭遇高温热浪袭击，部分地区日最高气温持续多日达到或超过43℃；中国东部、南亚、欧洲多国、美国西海岸夏季遭受高温热浪袭击。

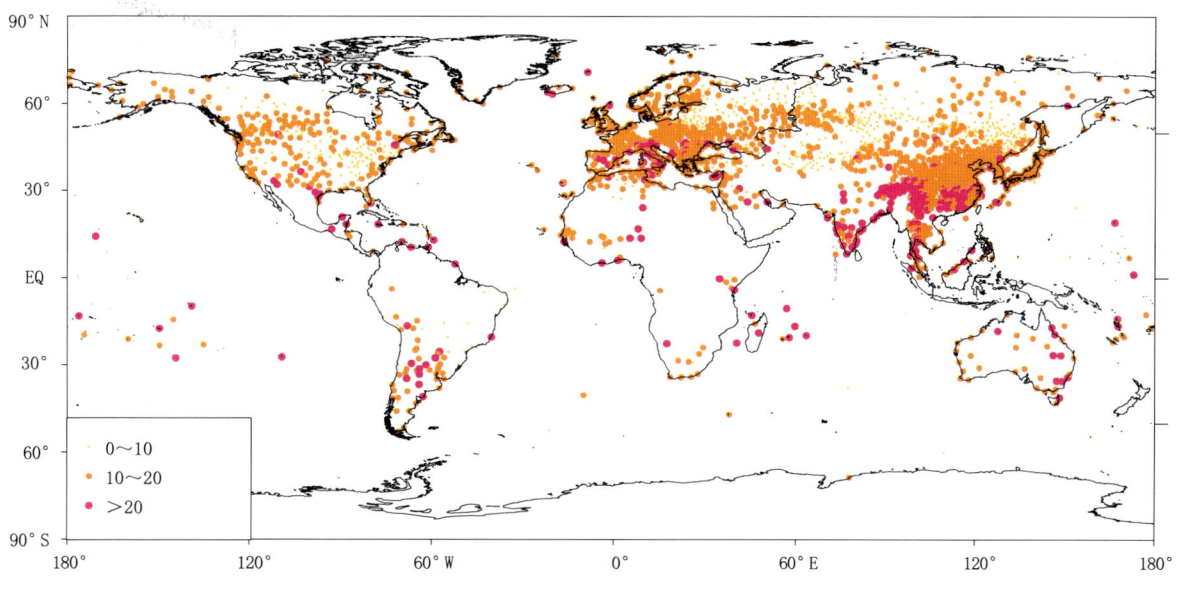

图1.13　2009年全球暖昼日数分布图（单位：d）

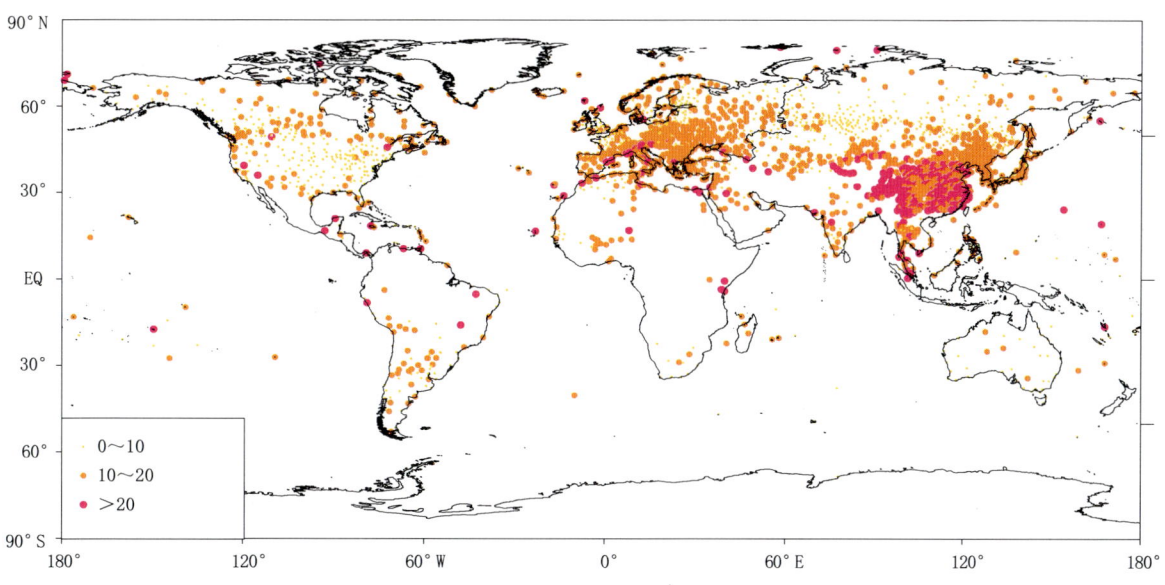

图1.14　2009年全球暖夜日数分布图（单位：d）

从温度冷指标冷昼（TX10p）、冷夜（TN10p）的监测结果看,白天温度极端偏冷的冷昼日数在北亚中部和东部、东亚东部有10～20 d(图1.15);夜间温度极端偏冷的冷夜日数在欧洲西北部、欧洲东部、北亚中部、东亚中部、东南亚西部、北美中部和西部、南美中南部、非洲西部等地有10 d以上,其中欧洲西部超过20 d(图1.16)。2009年初,暴风雪、低温和寒潮天气席卷欧洲大部,北美也频繁遭受暴风雪的袭击。

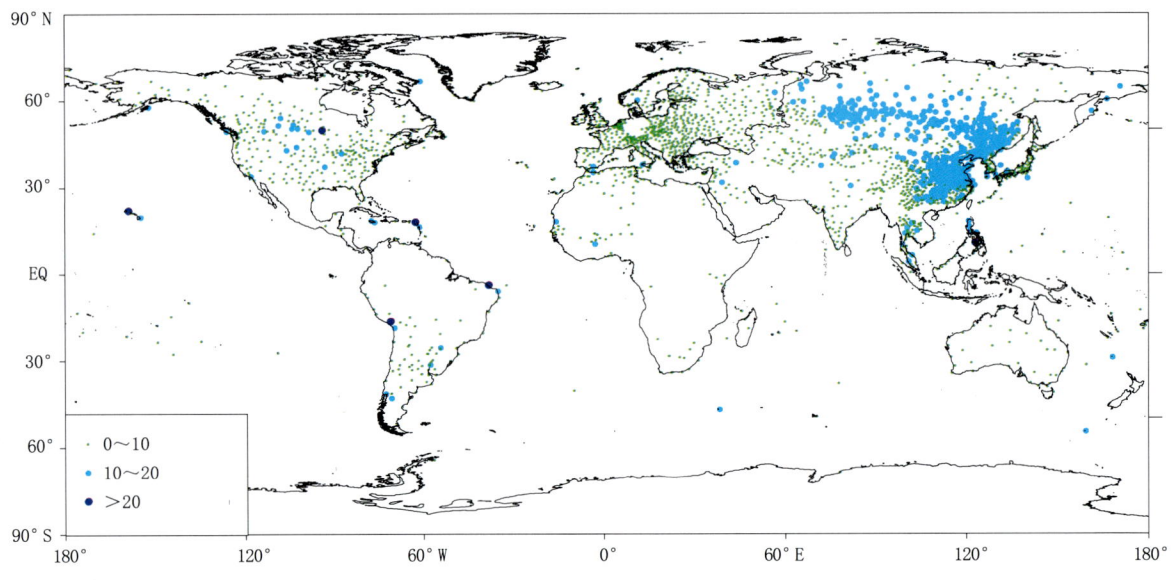

图1.15 2009年全球冷昼日数分布图(单位:d)

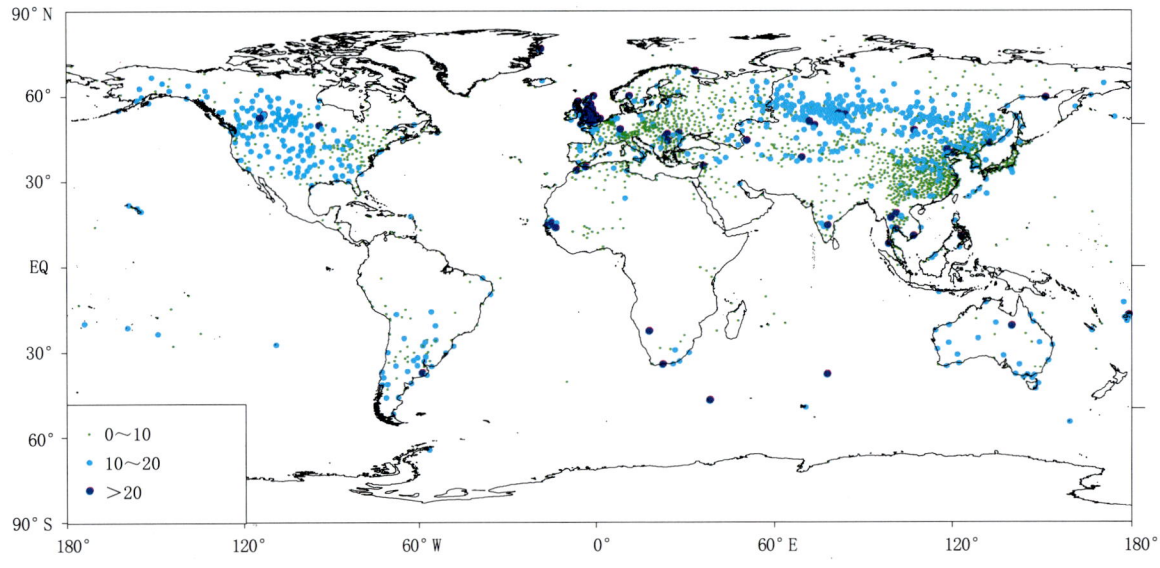

图1.16 2009年全球冷夜日数分布图(单位:d)

极端强降水量（R95p）和极端强降水日数（R95d）的监测结果显示,2009年,在欧洲西部、日本和韩国、东南亚的部分地区、北美东部、南美中南部等地出现了极端强降水事件(图1.17和图1.18)。上述大部地区的年平均降水强度（SDII）均超过了10 mm/d,局部地区超过20 mm/d(图1.19)。7月上中旬,韩国普降暴雨;下旬,日本西部暴雨成灾。5月初及8月初,菲律宾频遭热带风暴袭击,遭受严重暴雨洪水灾害。

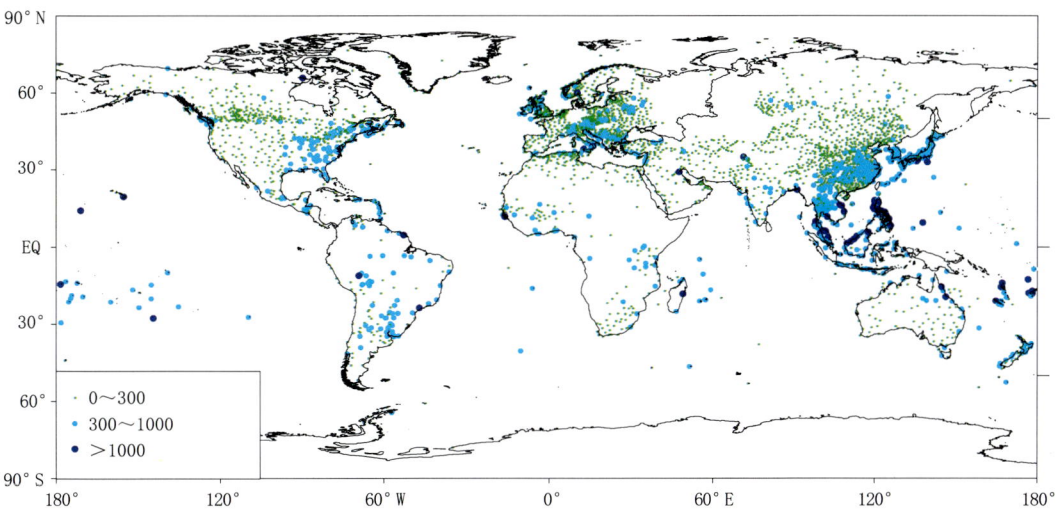

图 1.17 2009 年全球极端强降水量分布图（单位：mm）

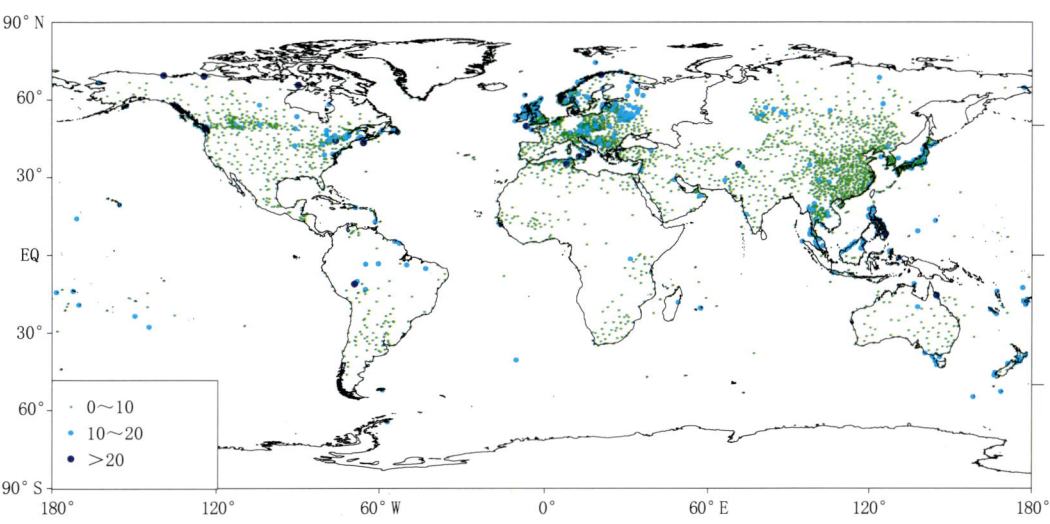

图 1.18 2009 年全球极端强降水日数分布图（单位：d）

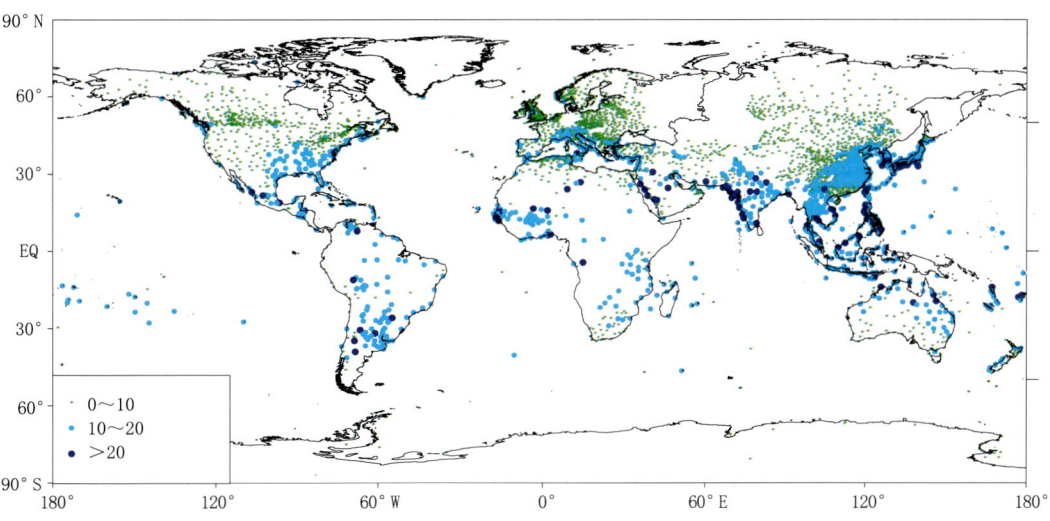

图 1.19 2009 年全球年平均降水强度分布图（单位：mm/d）

1.2 中国气候

1.2.1 中国气温和降水概况

2009年,中国年平均气温较常年偏高1.0℃,是1951年以来历史第4高值,也是连续第13年高于常年值。四季气温均偏高,其中冬季和春季全国平均气温分别居1951年以来历史同期第3高和第2高。中国平均年降水量比常年明显偏少,是1951年以来历史第4少值,也是1987年以来最少值。除春季降水量接近常年同期外,其他三个季节均偏少,冬季偏少最为明显。

1.2.1.1 气温

2009年,中国年平均气温为9.8℃,较常年偏高1.0℃,是1951年以来历史第4高值(图1.20)。除黑龙江北部和东部偏低外,全国其余大部地区气温较常年偏高,其中西北大部、西南中西部、江南东北部及内蒙古中西部等地偏高1～2℃(图1.21)。云南、西藏平均气温均为1951年以来历史最高值,贵州、四川、重庆、青海均为次高值。2009年中国四季气温均偏高,冬春季尤为明显(图1.22至图1.25)。

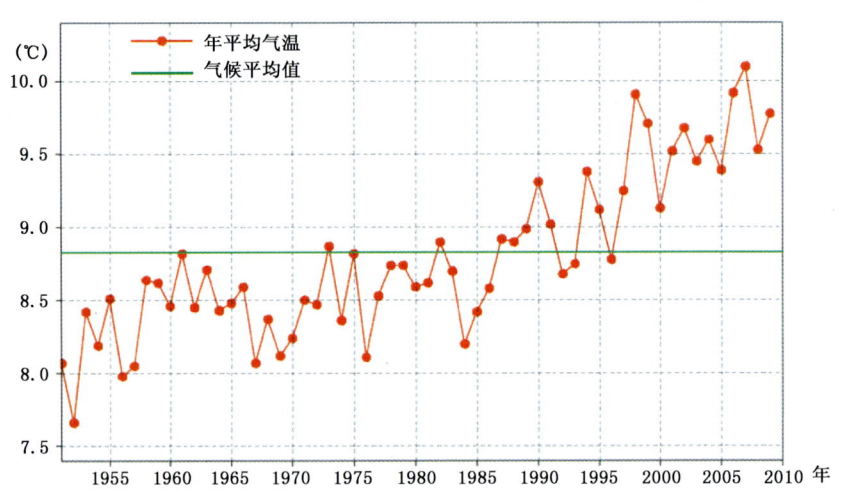

图1.20 1951—2009年中国年平均气温变化图(单位:℃)

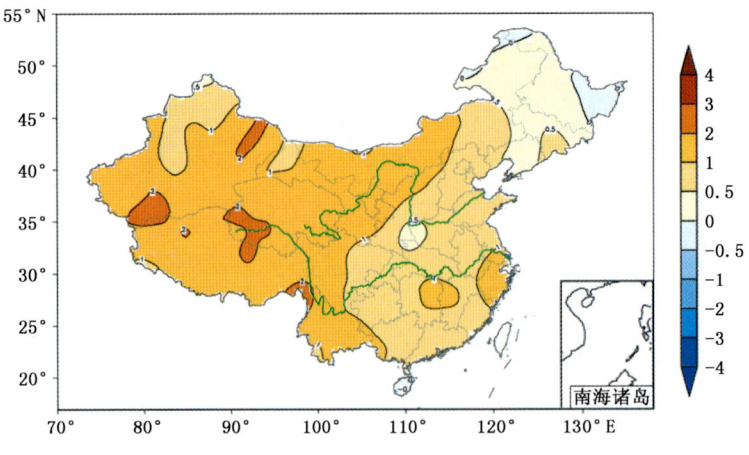

图1.21 2009年中国年平均气温距平分布(单位:℃)

— 44 —

2009年气候概况 第一章

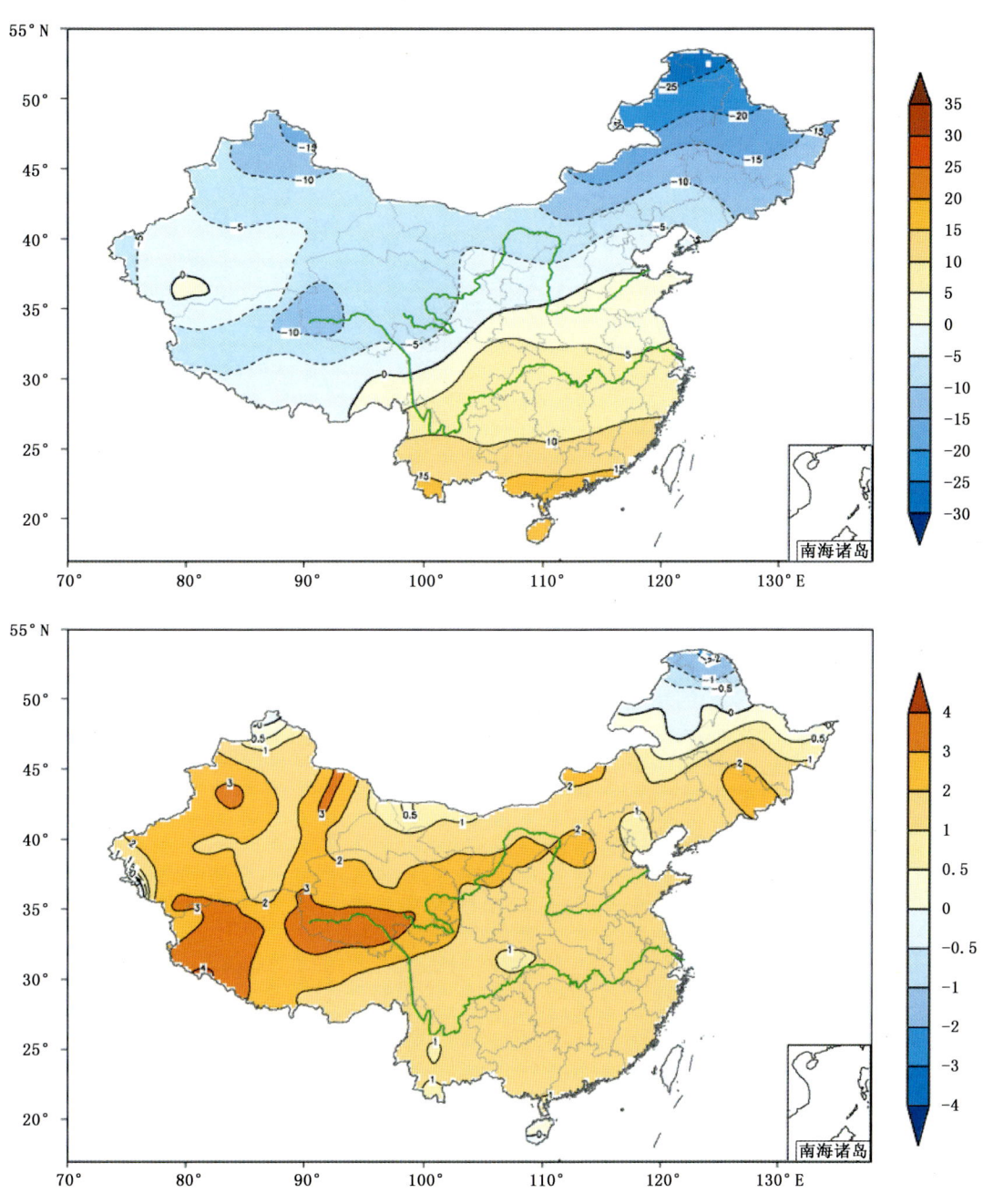

图1.22　2009年中国冬季平均气温(上)及距平(下)分布图(单位:℃)

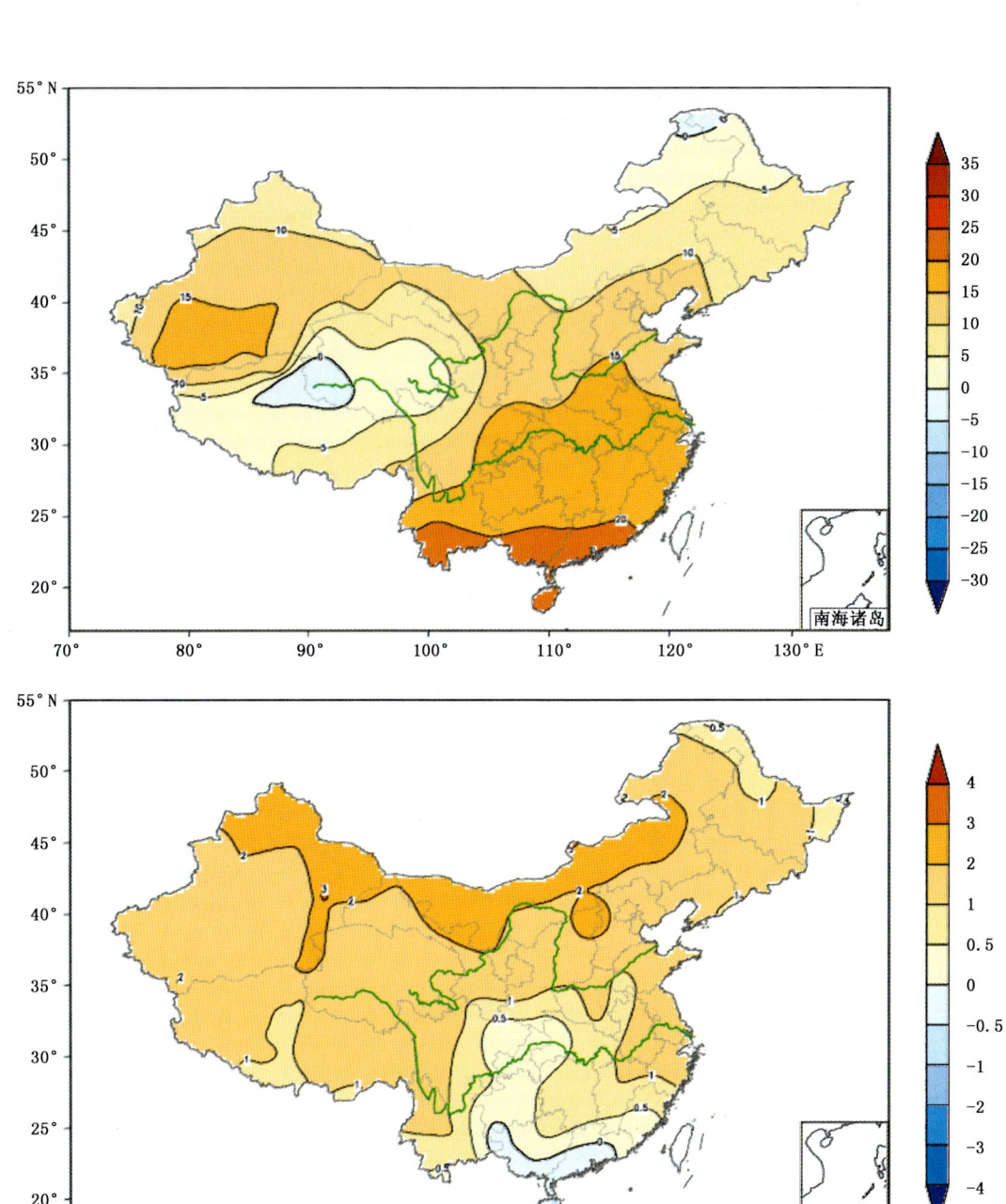

图 1.23　2009 年中国春季平均气温（上）及距平（下）分布图（单位：℃）

第一章

2009 年气候概况

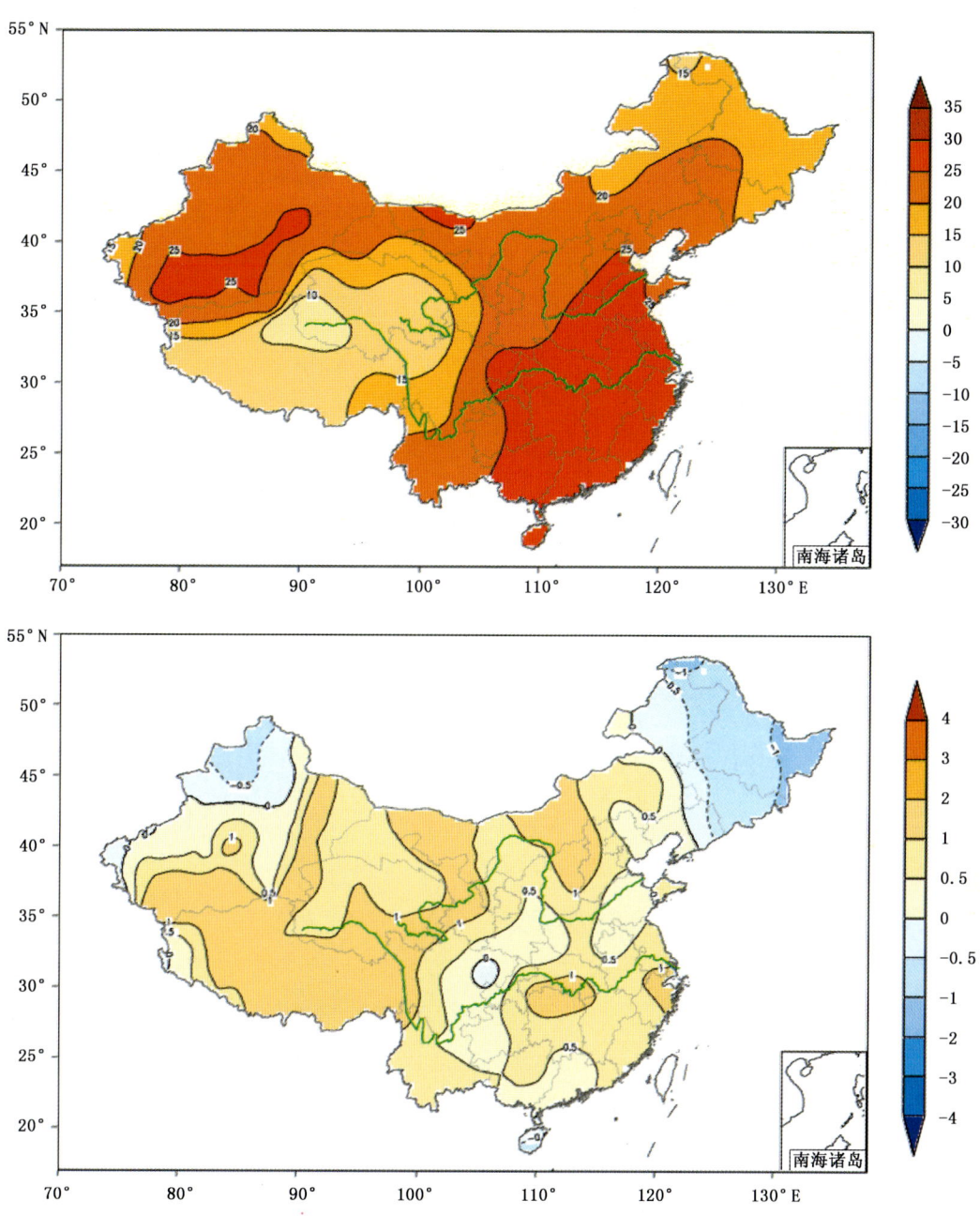

图 1.24　2009 年中国夏季平均气温（上）及距平（下）分布图（单位：℃）

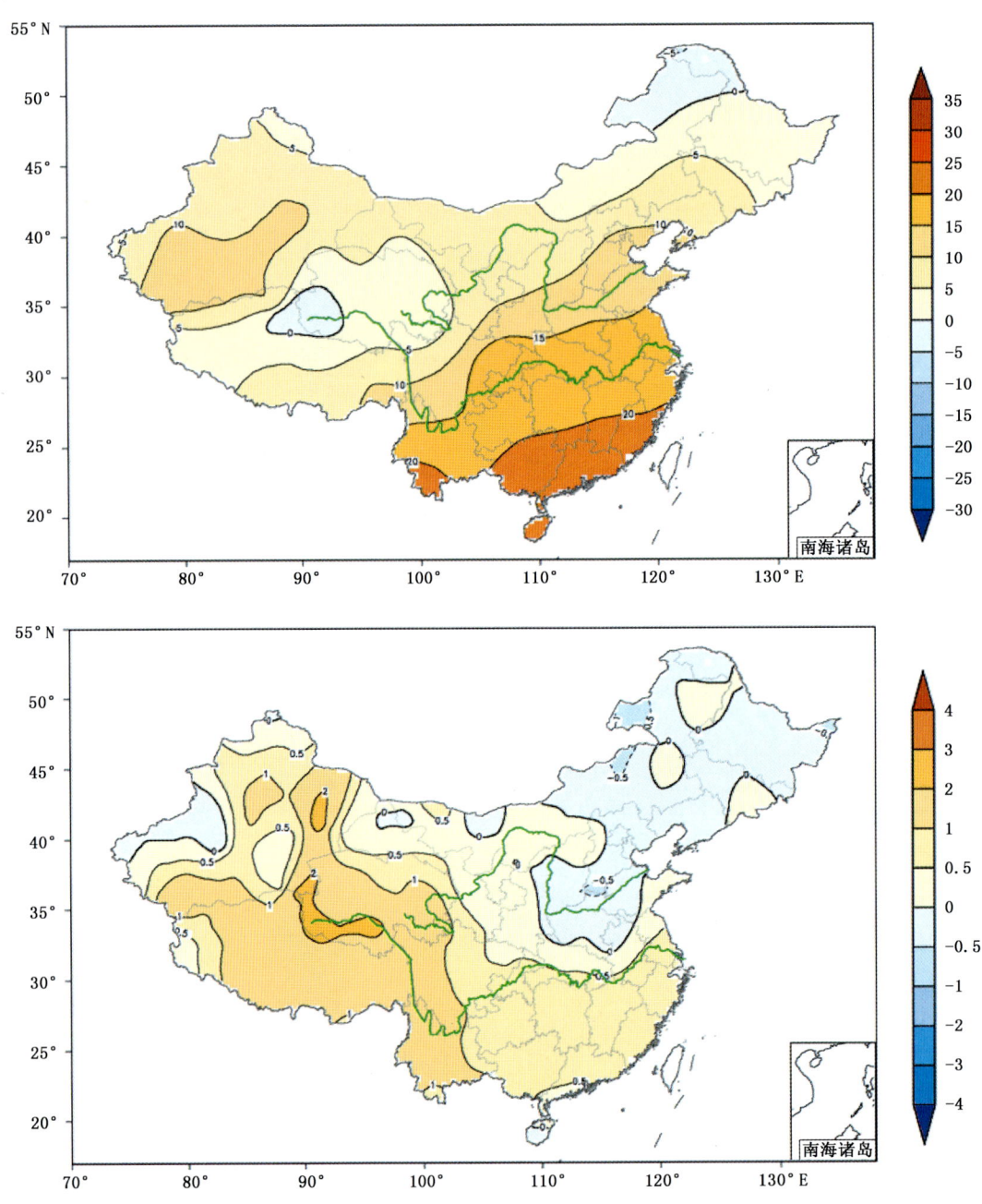

图 1.25　2009 年中国秋季平均气温（上）及距平（下）分布图（单位：℃）

1.2.1.2 降水

2009年,中国平均年降水量为574.0 mm,比常年偏少38.8 mm,是1951年以来历史第4少值,也是1987年以来最少值(图1.26)。与常年相比,除青海大部等地降水量偏多30%以上外,全国其余大部地区偏少或接近常年,其中内蒙古东南部和西北部、新疆东南部等地偏少30%~50%,局部地区偏少50%以上(图1.27)。云南、西藏平均降水量为1951年以来历史次少值。2009年冬、夏、秋季中国平均降水量均偏少,春季接近常年同期(图1.28至图1.31)。

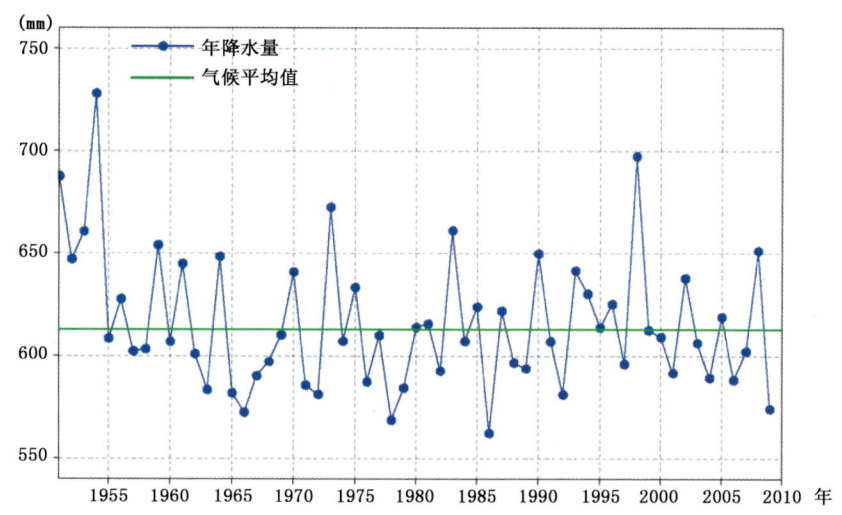

图1.26 1951—2009年中国年降水量变化图(单位:mm)

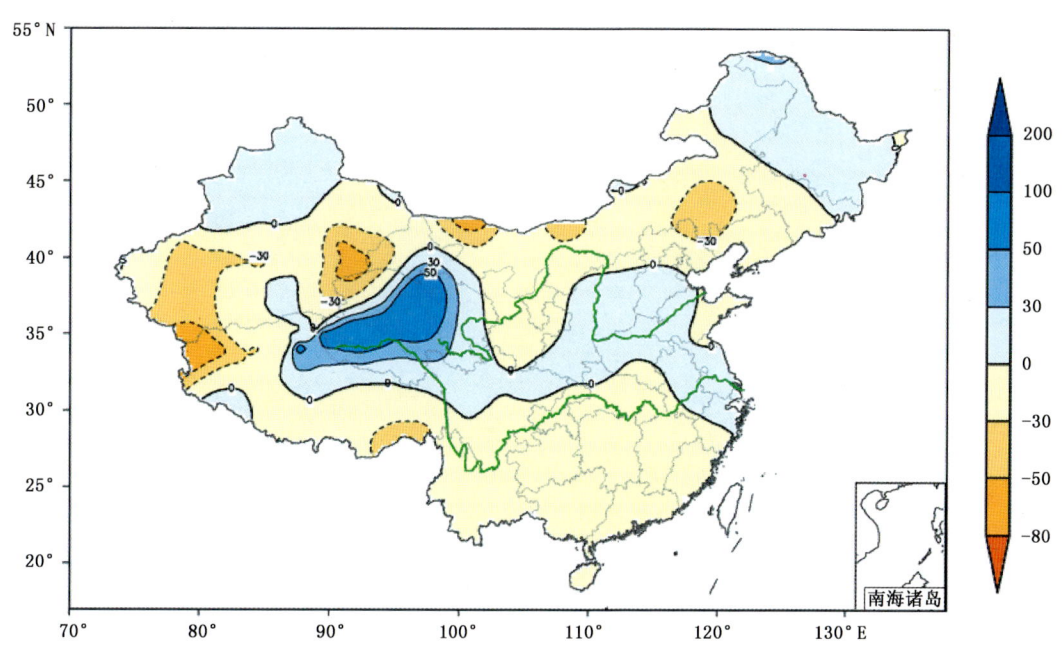

图1.27 2009年中国年降水量距平百分率分布(单位:%)

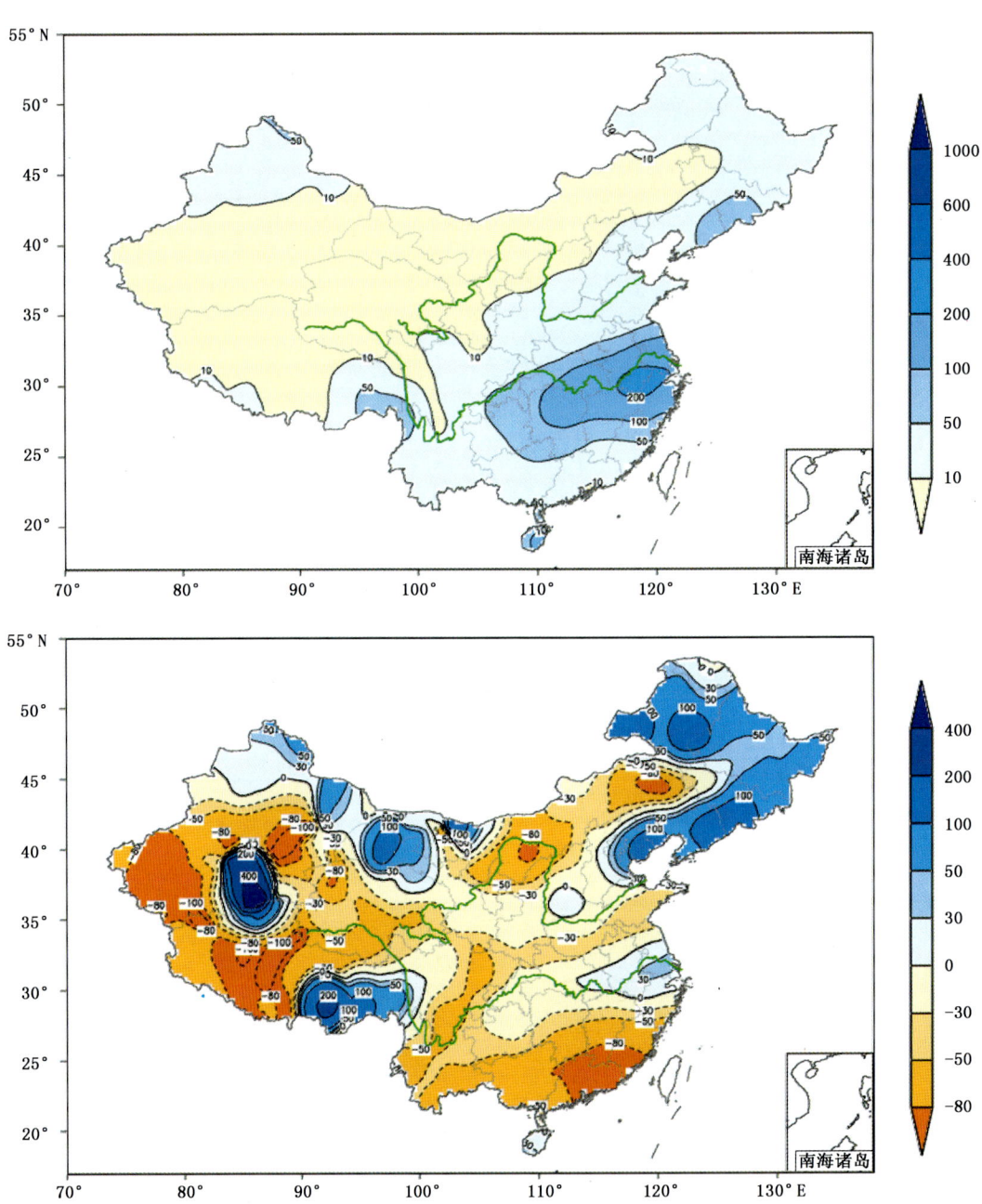

图1.28 2009年中国冬季降水量(上,单位:mm)及距平百分率(下,单位:%)分布图

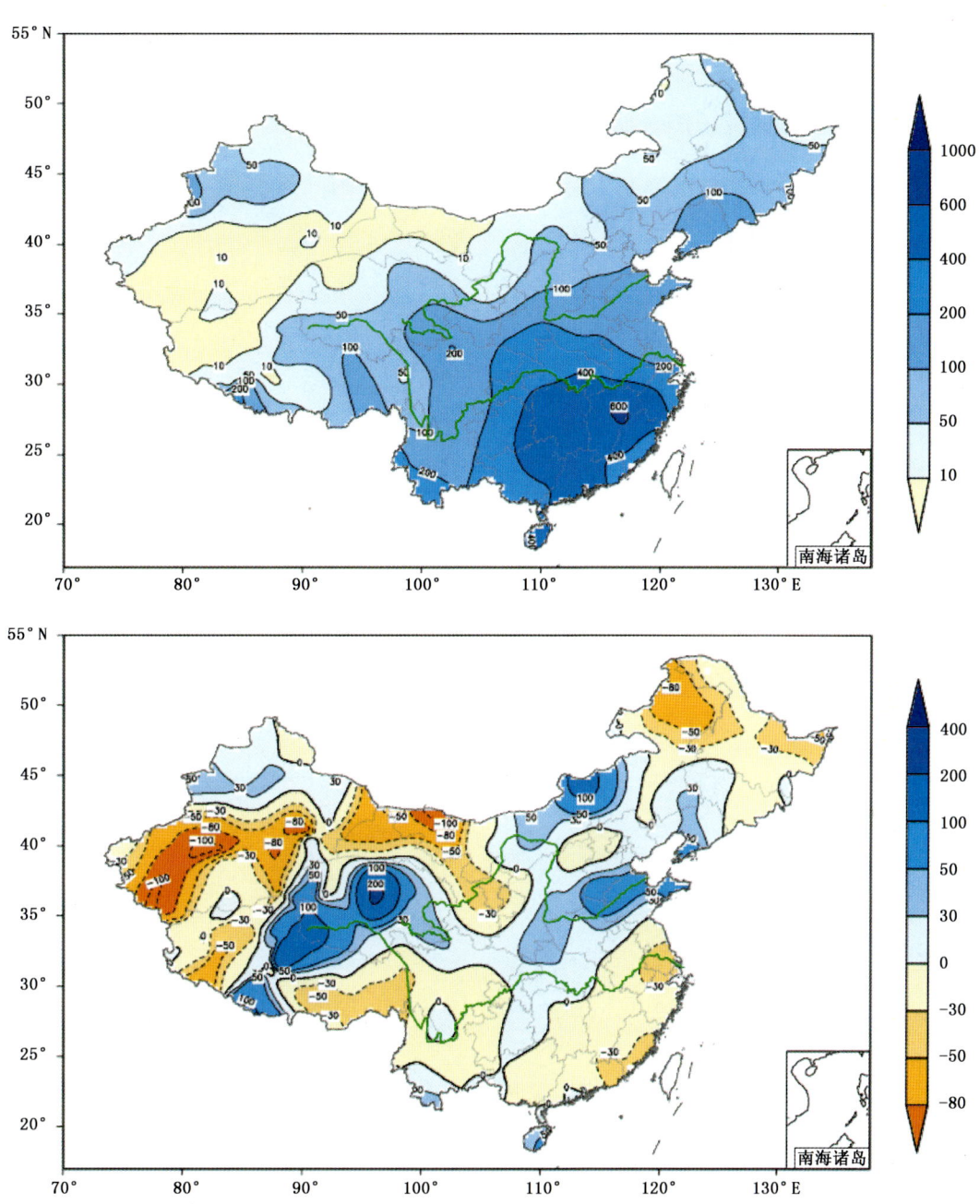

图1.29 2009年中国春季降水量(上,单位:mm)及距平百分率(下,单位:%)分布图

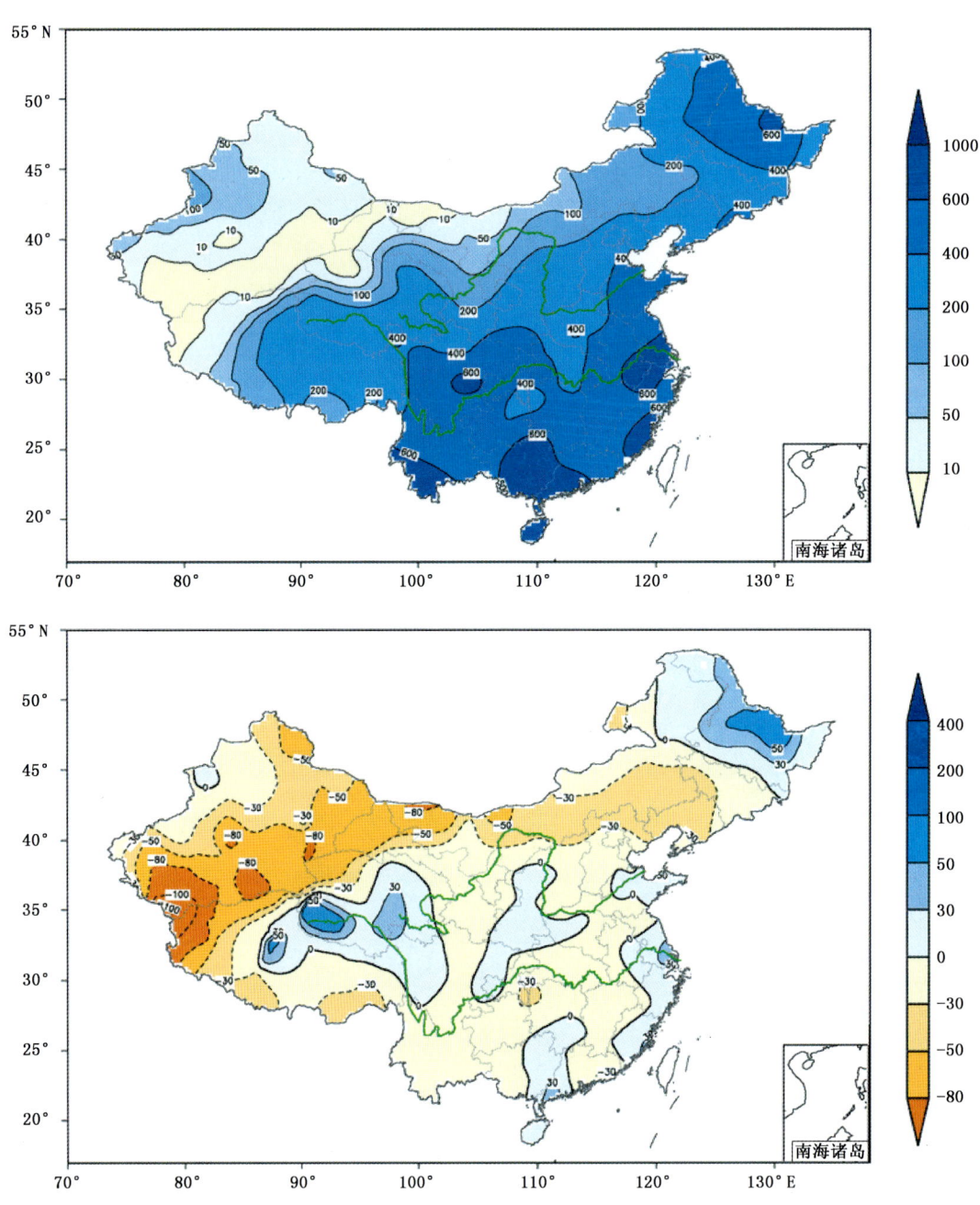

图 1.30 2009 年中国夏季降水量(上,单位:mm)及距平百分率(下,单位:%)分布图

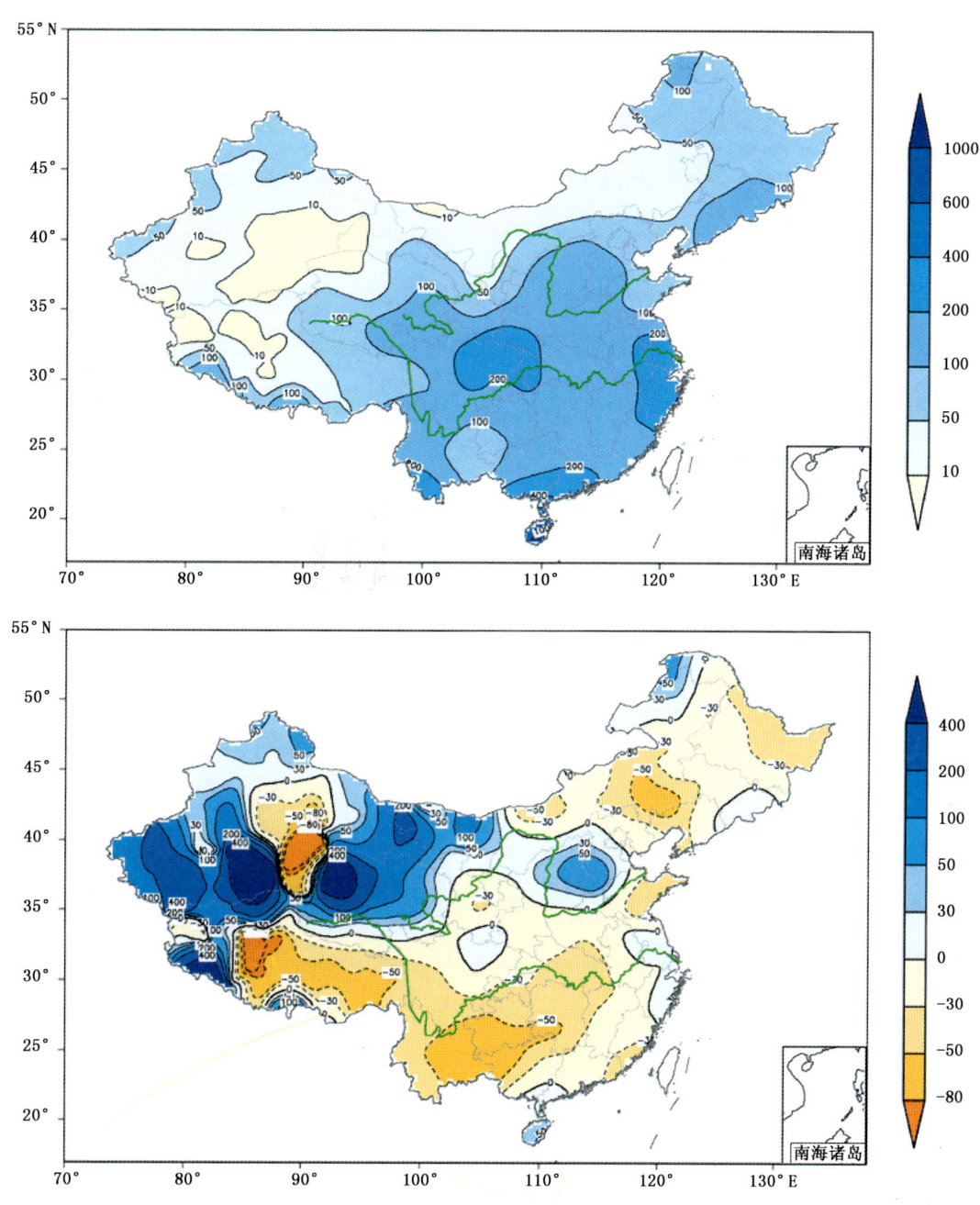

图1.31 2009年中国秋季降水量(上,单位:mm)及距平百分率(下,单位:%)分布图

1.2.2 中国极端天气气候事件监测

2009年夏季,中国极端强降水事件、极端连续降水日数事件和极端高温事件出现站点多,黄淮中北部及南方大部地区还出现了极端连续高温日数事件;11月中旬中国中北部地区出现大范围极端降温事件,1月中下旬及12月底中国东部的部分地区发生极端低温事件。与常年比较,极端强降水事件和极端低温事件偏少,而极端连续降水日数事件、极端高温事件、极端连续高温日数事件和极端降温事件偏多,其中极端降温事件为历史第四多。

2009年,中国降水极端性强,局地和区域性暴雨洪涝灾害多发。华北西部、黄淮、江淮、江汉、江南、华南、西南东部及黑龙江、新疆、甘肃、青海等地共170站发生极端强降水事件,其中45站突破历史记录(图1.32)。5月9—10日,华北南部和黄淮北部出现区域性暴雨过程;6月底,长江中下游遭受年度最强暴雨袭击;7月下旬至8月上半月,长江中下游出现"倒黄梅"天气,长江上中游主要支流先后发生洪水,长江上游干流发生超警戒水位洪水,四川、重庆、湖南、浙江等地遭受暴雨洪涝灾害,并引发山洪、滑坡和泥石流等次生灾害。1951—2009年,中国极端强降水事件的站次比没有明显的长期变化趋势,但表现出显著的年代际特征,20世纪50年代至60年代中期及90年代极端强降水事件以偏多为主,而60年代中期至80年代末以偏少为主,21世纪以来的9年异常值较小(图1.33)。1951—2009年间,1954年和1998年发生极端强降水事件最多(站次比为0.164),其次是1994年(站次比为0.154),2009年中国发生极端强降水事件的站次比为0.085,较气候平均值(0.1)偏小0.015。

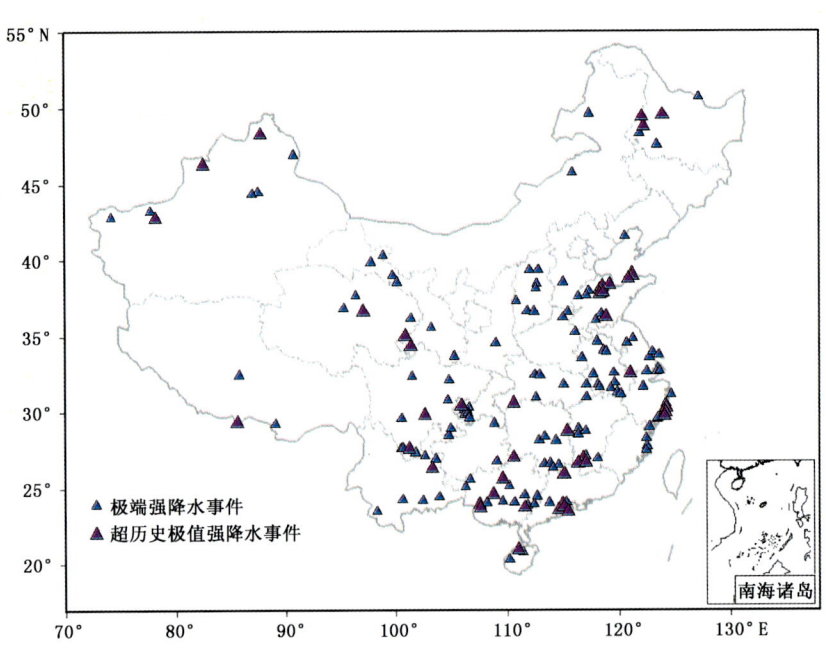

图1.32 2009年中国发生极端强降水事件的站点分布

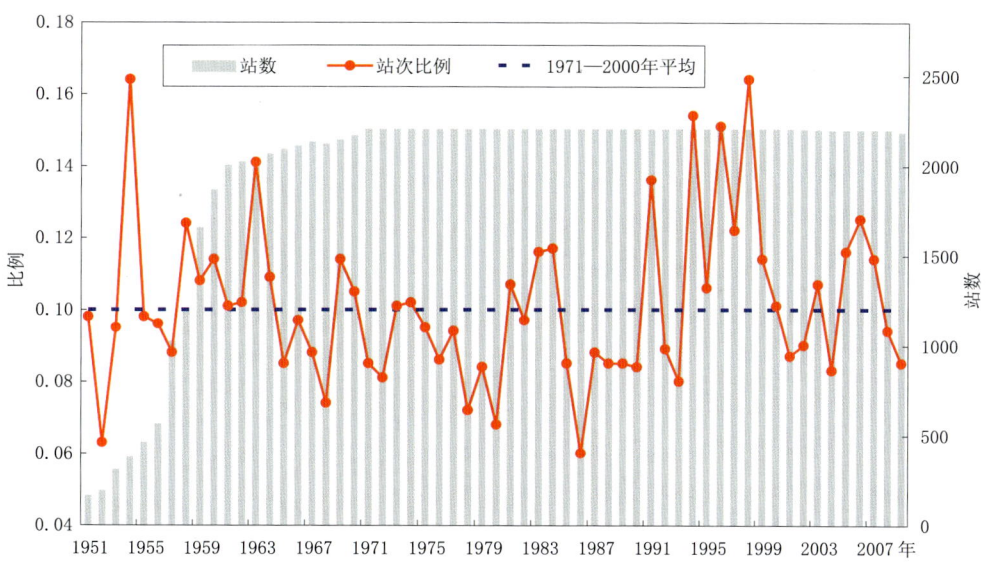

图 1.33　1951—2009 年中国极端强降水事件站次比序列

2009 年,中国东北、华北、黄淮、江淮、江南北部、西北东部、西南中部和东部及新疆北部、内蒙古东北部等地共 384 站出现极端连续降水日数事件,其中 96 站突破历史极值,主要分布在江淮南部、江南北部、东北西部等地(图 1.34)。6 月 1 日至 7 月 20 日,东北中北部出现罕见低温阴雨天气,黑龙江、吉林区域平均气温均为 1984 年以来历史同期最低值;黑龙江平均降水日数达 33.7 d,为 1951 年以来历史同期最多值;吉林平均降水日数为 31.4 d,为 1972 年以来历史同期最多。1951—2009 年,中国极端连续降水日数事件站次比呈减少趋势,以 1964 年站次比值最大(0.35),1985 年次之(0.28),1954 年第三(0.26)。我国 2009 年极端连续降水日数事件站次比为 0.21,较气候平均值(0.13)偏高 0.08(图 1.35)。

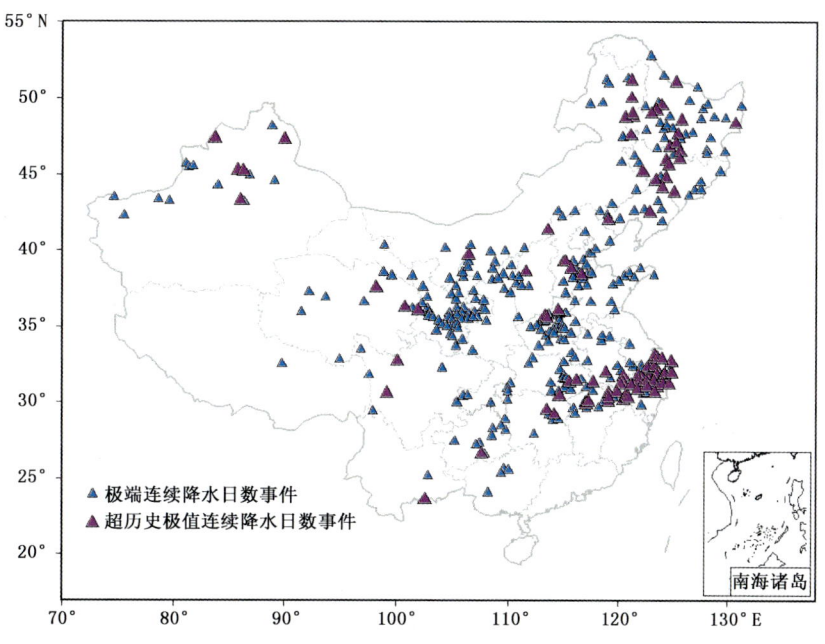

图 1.34　2009 年中国发生极端连续降水日数事件的站点分布

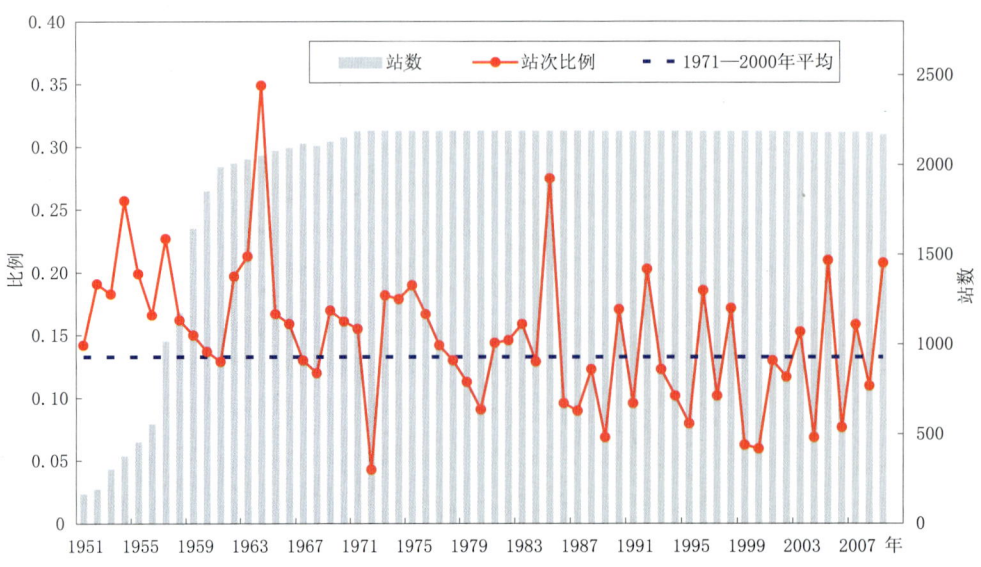

图 1.35　1951—2009 年中国极端连续降水日数事件站次比序列

2009年6月23—27日，中国出现大范围持续高温天气；7月8—24日，长江中下游地区出现持续高温天气；8月15日至9月14日，南方再次出现长时间高温天气，长江中下游及华南地区平均高温日数为1952年以来历史同期最多。2009年，东北南部、华北、黄淮北部、江淮、江南、华南、西南、西北东部共500站达极端高温事件标准，其中82站突破历史极值，主要分布在河北、山东、河南、湖北、浙江、四川、云南、西藏、上海等地（图1.36）。1951—2009年中国极端高温事件呈先减少后增加的变化趋势，在1997年以后均偏多。2009年的极端高温事件站次比为0.39，较常年值（0.12）偏高0.27（图1.37）。河南北部、河北南部、湖南、江西、福建、广东、广西、贵州等地共50站发生极端连续高温日数事件，其中河南获嘉

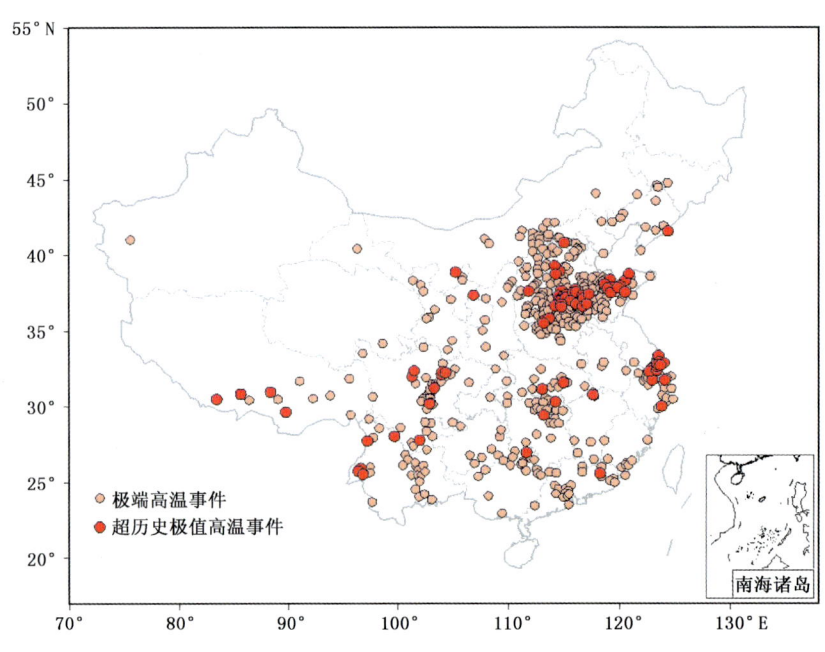

图 1.36　2009 年中国发生极端高温事件的站点分布

(12 d)、南乐(7 d)、广西平南(12 d)、云南彝良(11 d)和新疆且末(11 d)突破历史极值(图1.38)。1951—2009年中国的极端连续高温日数事件呈弱的减少趋势,1953年极端连续高温日数事件站次比值最大(0.56),1992年次之(0.52),1966年第三(0.45),2009年极端连续高温日数事件站次比为0.18,较气候平均值(0.12)高0.06(图1.39)。

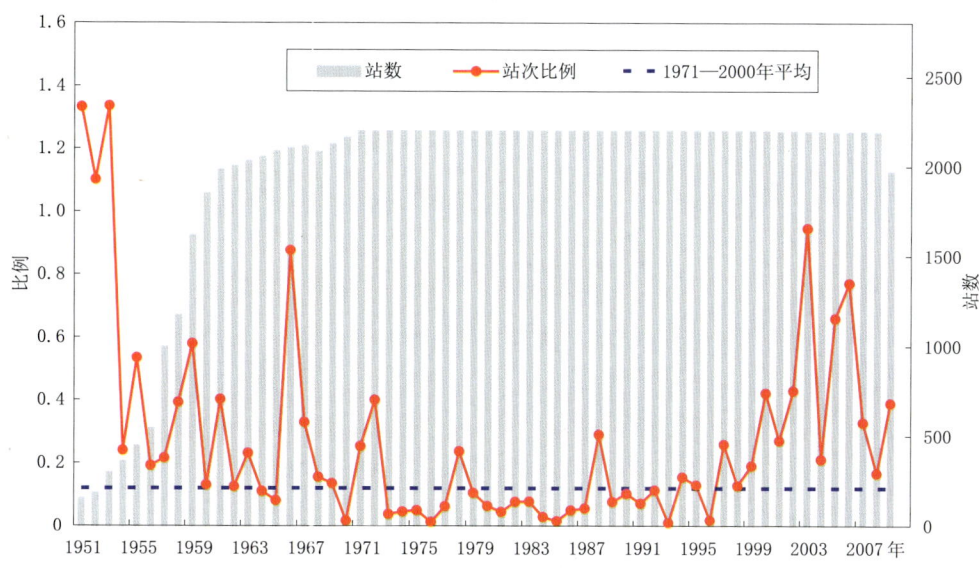

图1.37　1951—2009年中国极端高温事件站次比序列

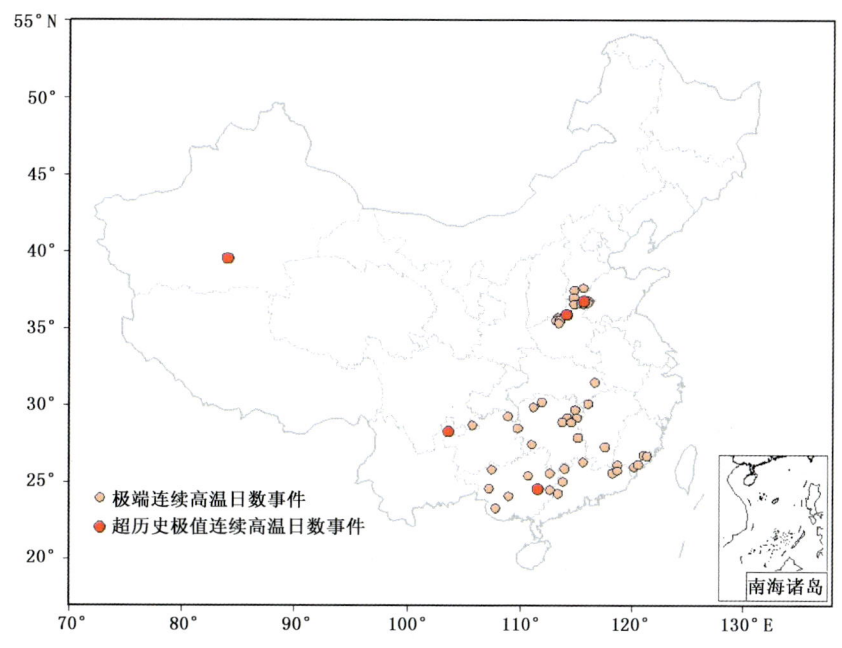

图1.38　2009年中国发生极端连续高温日数事件的站点分布

2009年,中国东北、华北、黄淮、江淮、江汉、江南北部及内蒙古、新疆北部、西藏东部、四川西北部、云南等地共336站发生极端降温事件,有62站突破历史极值(图1.40)。2009年1—3月及11—12月均有极端降温事件出现,但主要集中在10月底至11月上旬。其中,10月31日至11月16日,中国东部地区出现了3次大范围的降温和雨雪天气过程,最大降温

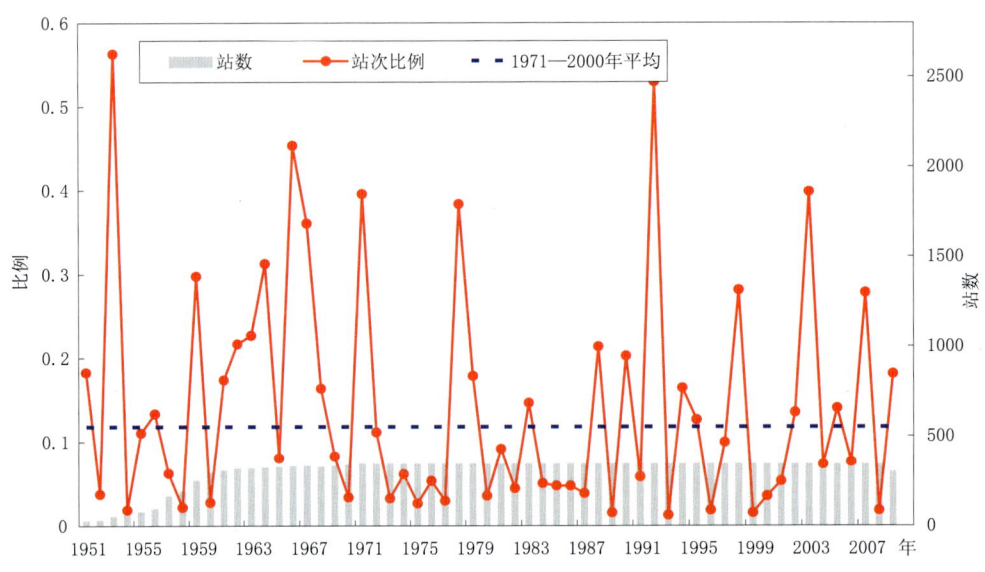

图 1.39　1951—2009 年中国极端连续高温日数事件站次比序列

幅度普遍有 15～20℃，部分地区达 20℃以上；华北、黄淮、长江中下游地区初雪日期比常年偏早 25～35 d，部分站点初雪日期为当地有气象记录以来最早；11 月 9—12 日，河北、河南、山西、江苏、安徽等省的部分地区最大积雪深度突破历史极值，其中河北石家庄积雪深度 55 cm（超历史极值 36 cm），山西阳泉积雪深度 40 cm（超历史极值 21 cm）。1951—2009 年中国极端降温事件呈弱的减少趋势，以 1987 年最多（站次比为 0.52），1966 年次之（站次比为 0.37），1952 年第三（站次比为 0.36）。2009 年中国极端降温事件为历史第四多，其站次比为 0.33，较气候平均值（0.1）偏高 0.23（图 1.41）。

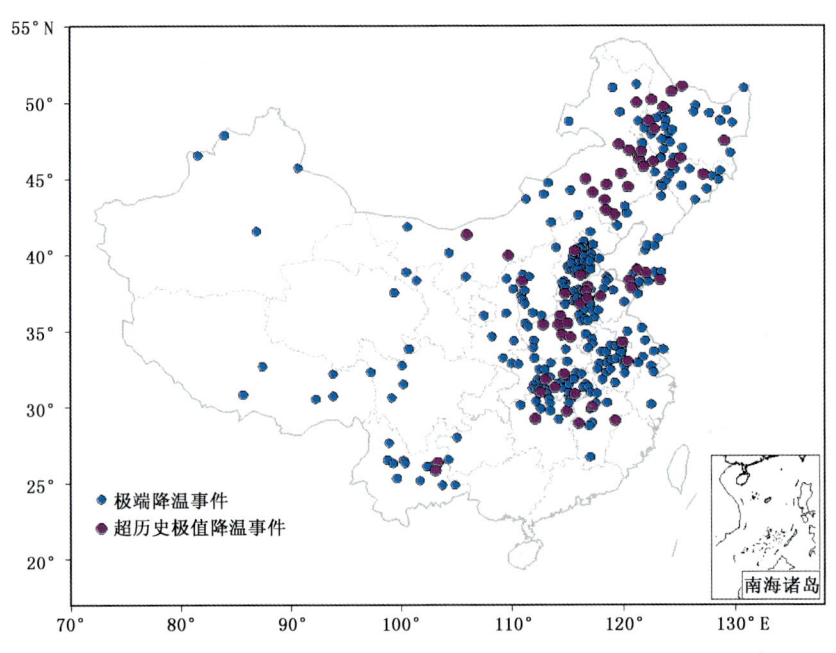

图 1.40　2009 年中国发生极端降温事件的站点分布

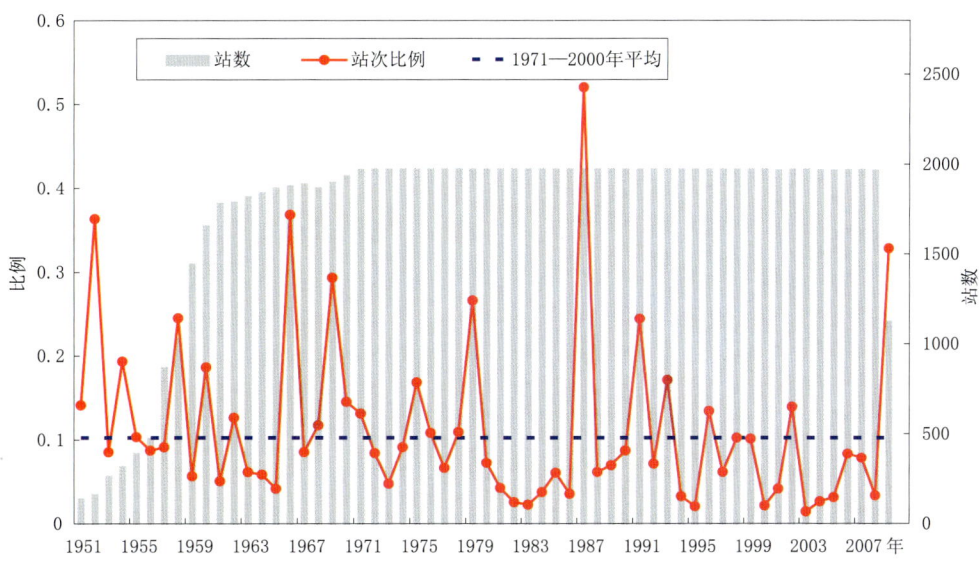

图 1.41　1951—2009 年中国极端降温事件站次比序列

2009 年 1 月中旬和下旬及 12 月底,中国黑龙江、吉林、辽宁、山东、广东、浙江、陕西、甘肃共 28 站发生极端低温事件,其中黑龙江五大连池(－42.6℃)和广东从化(－2.9℃)突破历史极值(图 1.42)。1951—2009 年中国极端低温事件呈显著减少趋势,20 世纪 70 年代末以前以偏多为主,80 年代以后几乎都为偏少。1955 年极端低温事件最多(站次比为 2.11),1951 年次之(站次比为 1.23),1957 年第三(站次比为 0.98)。2009 年中国极端低温事件站次比为 0.03,较气候平均值(0.12)偏少 0.09(图 1.43)。

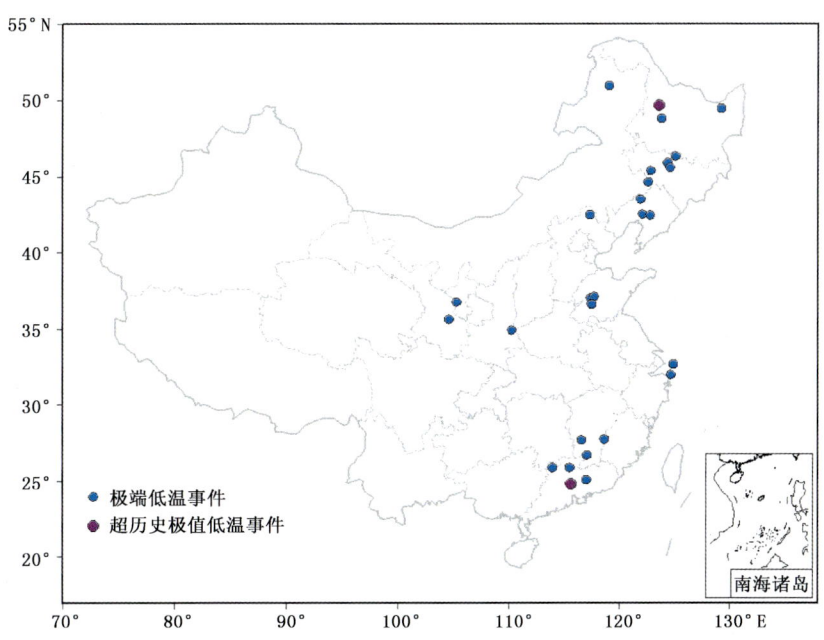

图 1.42　2009 年发生极端低温事件的站点分布

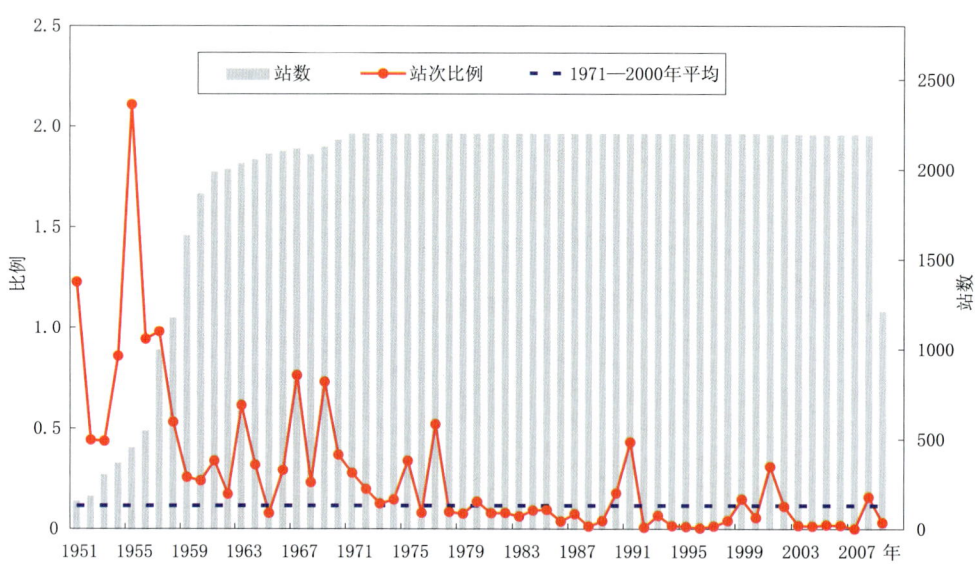

图 1.43　1951—2009 年中国极端低温事件站次比序列

第二章 大气环流与亚洲季风

2.1 环流特征

北半球 100 hPa 月平均位势高度及距平见图 2.1。
北半球 100 hPa 季平均位势高度及距平见图 2.2。
南半球 100 hPa 月平均位势高度及距平见图 2.3。
南半球 100 hPa 季平均位势高度及距平见图 2.4。
北半球 500 hPa 月平均位势高度及距平见图 2.5。
北半球 500 hPa 季平均位势高度及距平见图 2.6。
南半球 500 hPa 月平均位势高度及距平见图 2.7。
南半球 500 hPa 季平均位势高度及距平见图 2.8。
月平均海平面气压及距平见图 2.9。
季平均海平面气压及距平见图 2.10。
月平均 200 hPa 纬向风及距平见图 2.11。
季平均 200 hPa 纬向风及距平见图 2.12。
月平均 850 hPa 纬向风及距平见图 2.13。
季平均 850 hPa 纬向风及距平见图 2.14。
200 hPa 和 850 hPa 月平均流函数距平及矢量风距平见图 2.15。
2009 年北半球阻塞高压指数变化见图 2.16。
北半球极涡面积、欧亚纬向和经向环流指数变化见图 2.17。
亚洲极涡面积、亚洲纬向和经向环流指数变化见图 2.18。
东亚大槽位置、青藏高原指数、印缅槽指数变化见图 2.19。
北极涛动和南极涛动指数变化见图 2.20。
欧亚和亚洲区西风指数变化见图 2.21。
南半球马斯克林高压指数和澳大利亚高压指数变化见图 2.22。
区域越赤道气流变化见图 2.23。
西北太平洋副热带高压面积、强度、脊线和西伸脊点变化见图 2.24。
2009 年北半球 500 hPa 环流特征量及太阳黑子相对数见表 2.1。

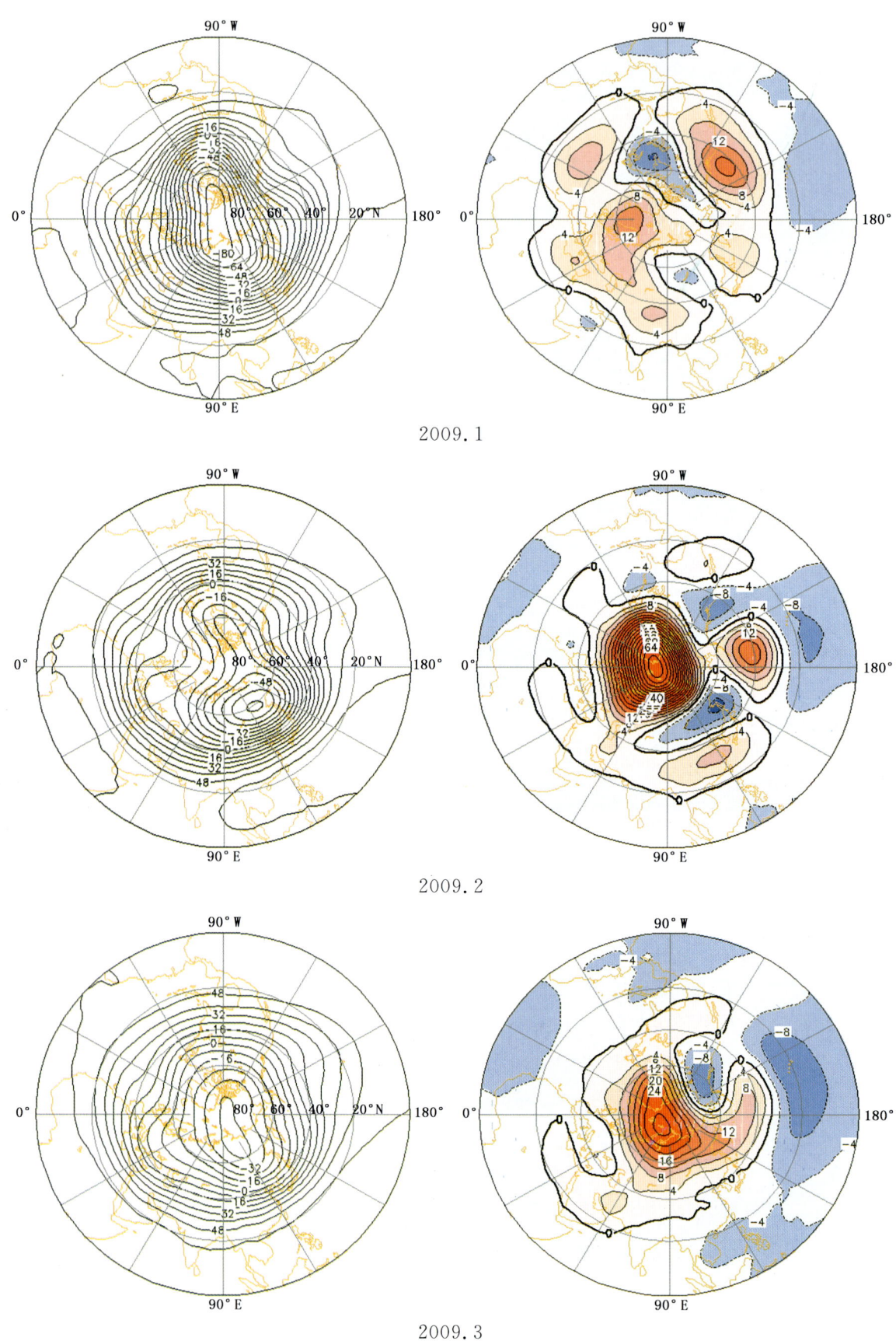

图 2.1 北半球 100 hPa 月平均位势高度（左）及距平（右）（单位：10 gpm）
注：100 hPa 高度图中等值线标值为实际值减去 1600 dgpm。

大气环流与亚洲季风 第二章

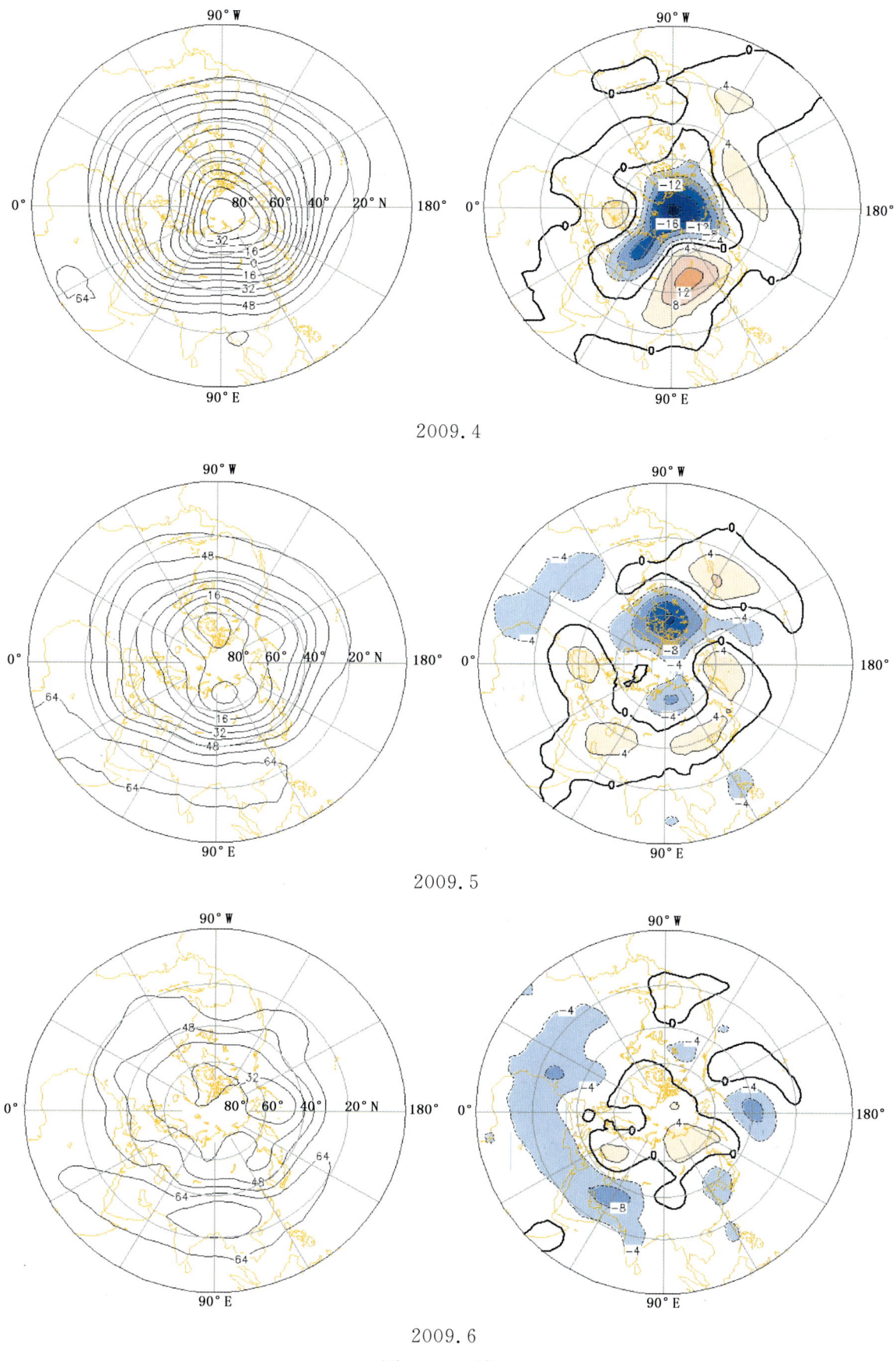

2009.4

2009.5

2009.6

图 2.1 （续）

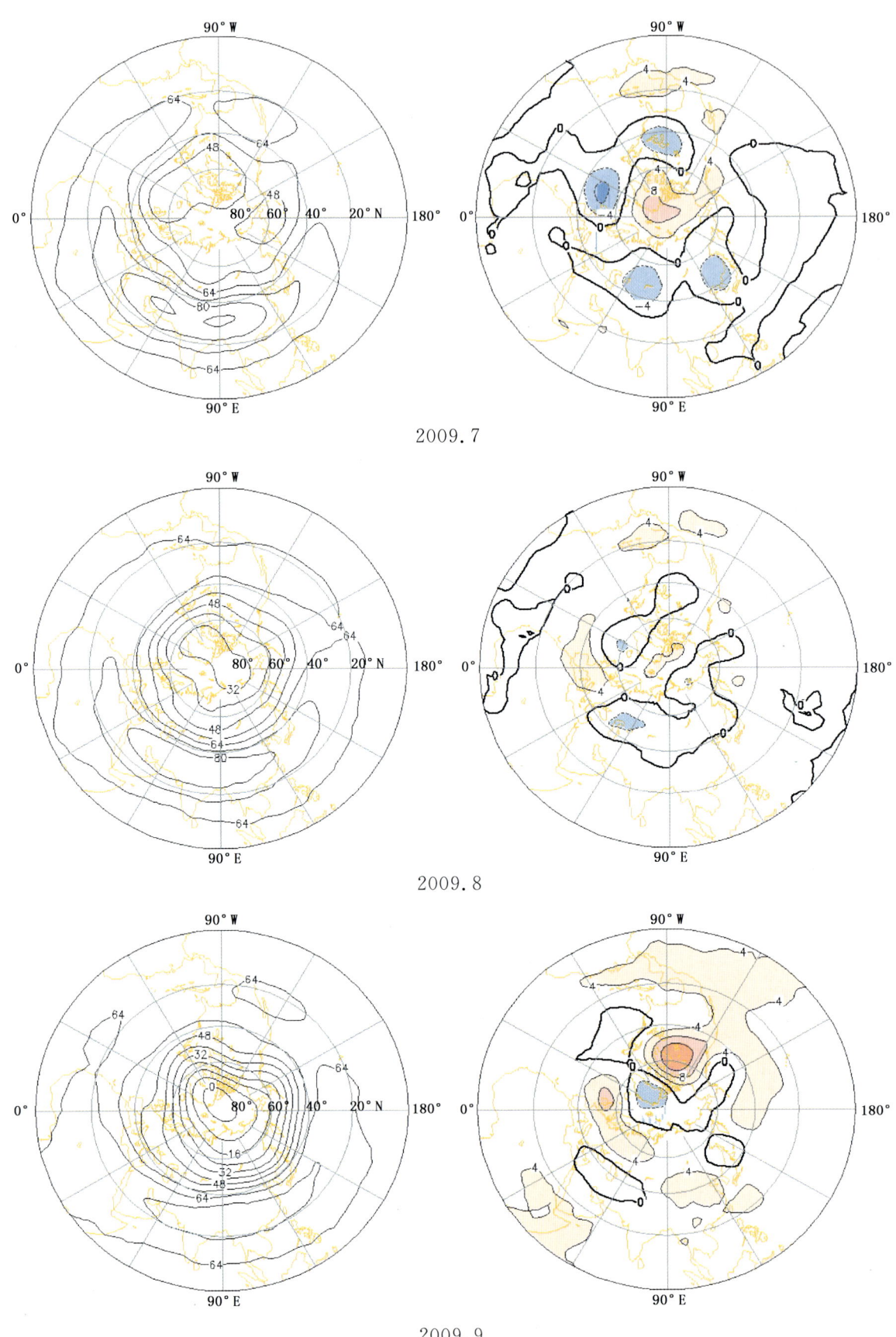

2009.7

2009.8

2009.9

图 2.1 （续）

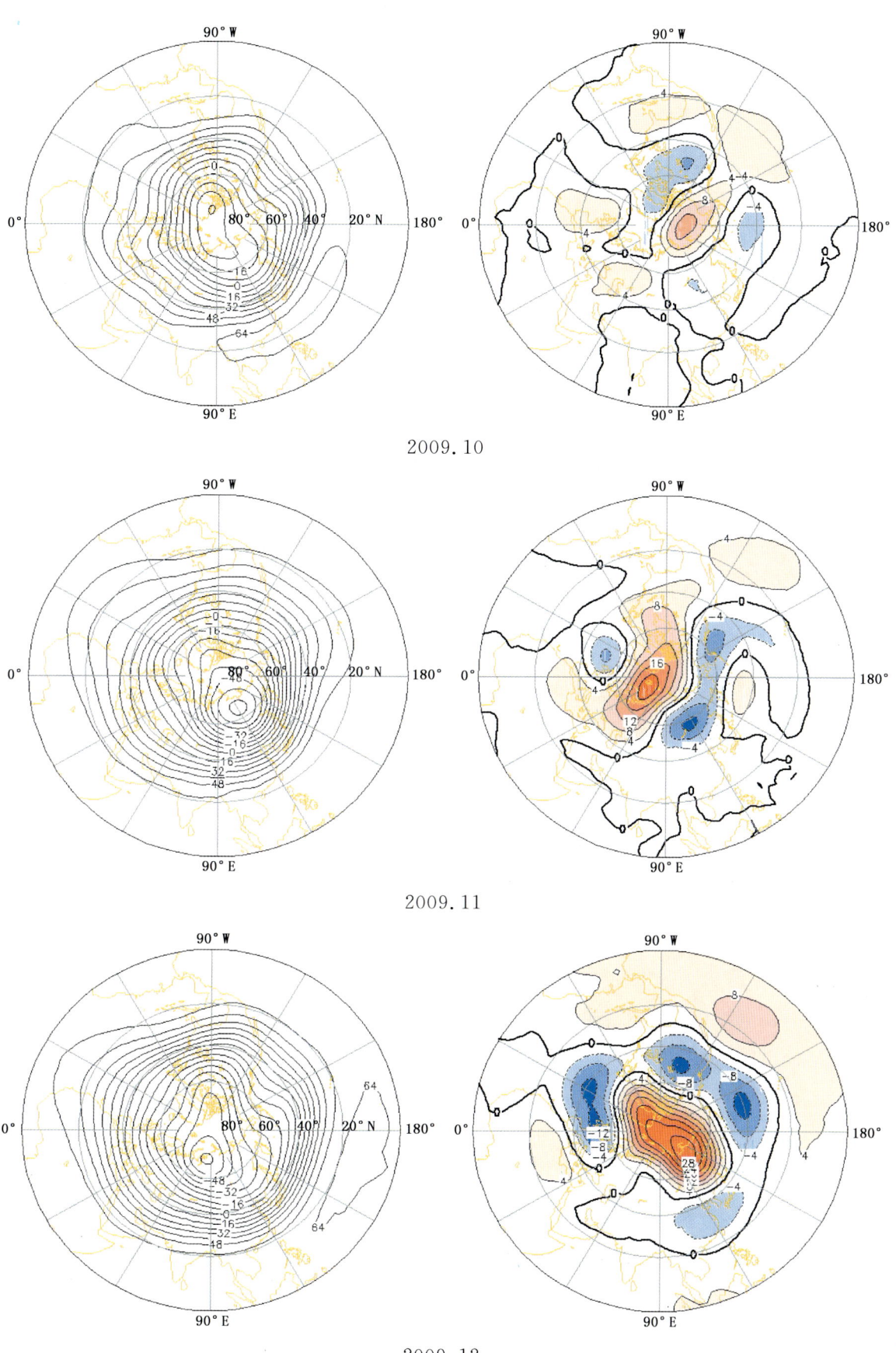

2009.10

2009.11

2009.12

图 2.1 （续）

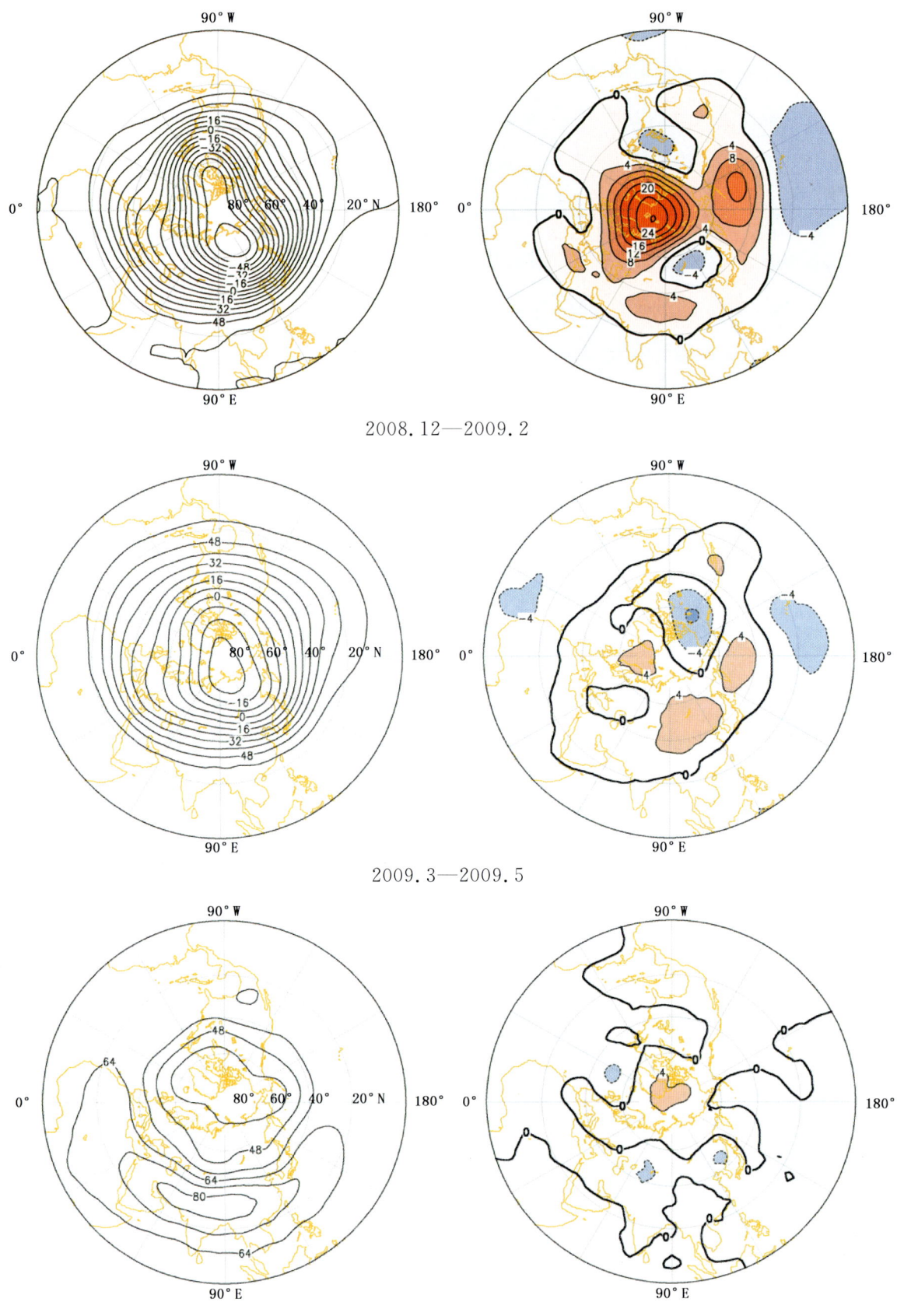

图 2.2 北半球 100 hPa 季平均位势高度(左)及距平(右)(单位:10 gpm)

第二章 大气环流与亚洲季风

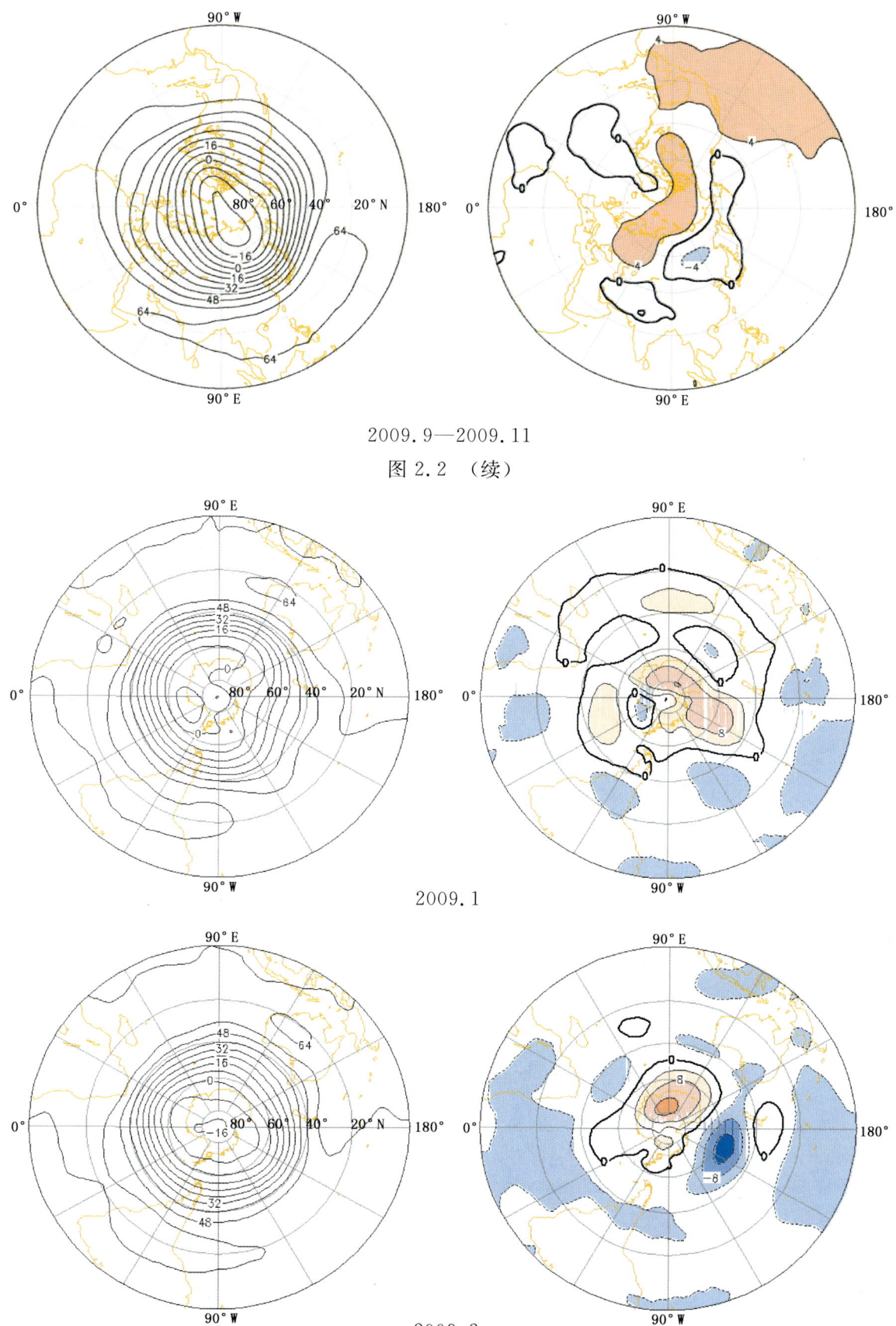

2009.9—2009.11

图 2.2 （续）

2009.1

2009.2

图 2.3 南半球 100 hPa 月平均位势高度（左）及距平（右）（单位：10 gpm）

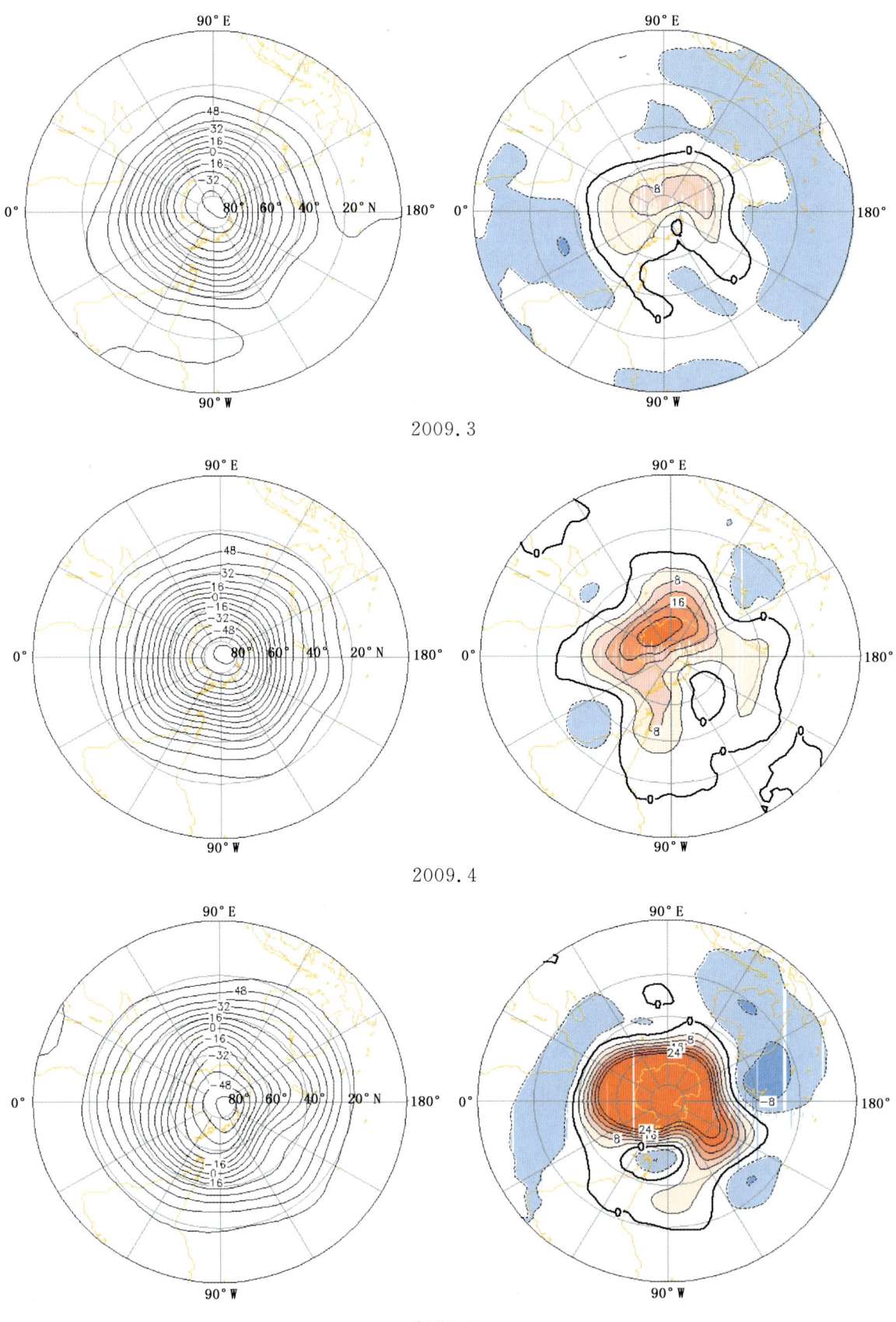

2009.5

图 2.3 （续）

大气环流与亚洲季风 第二章

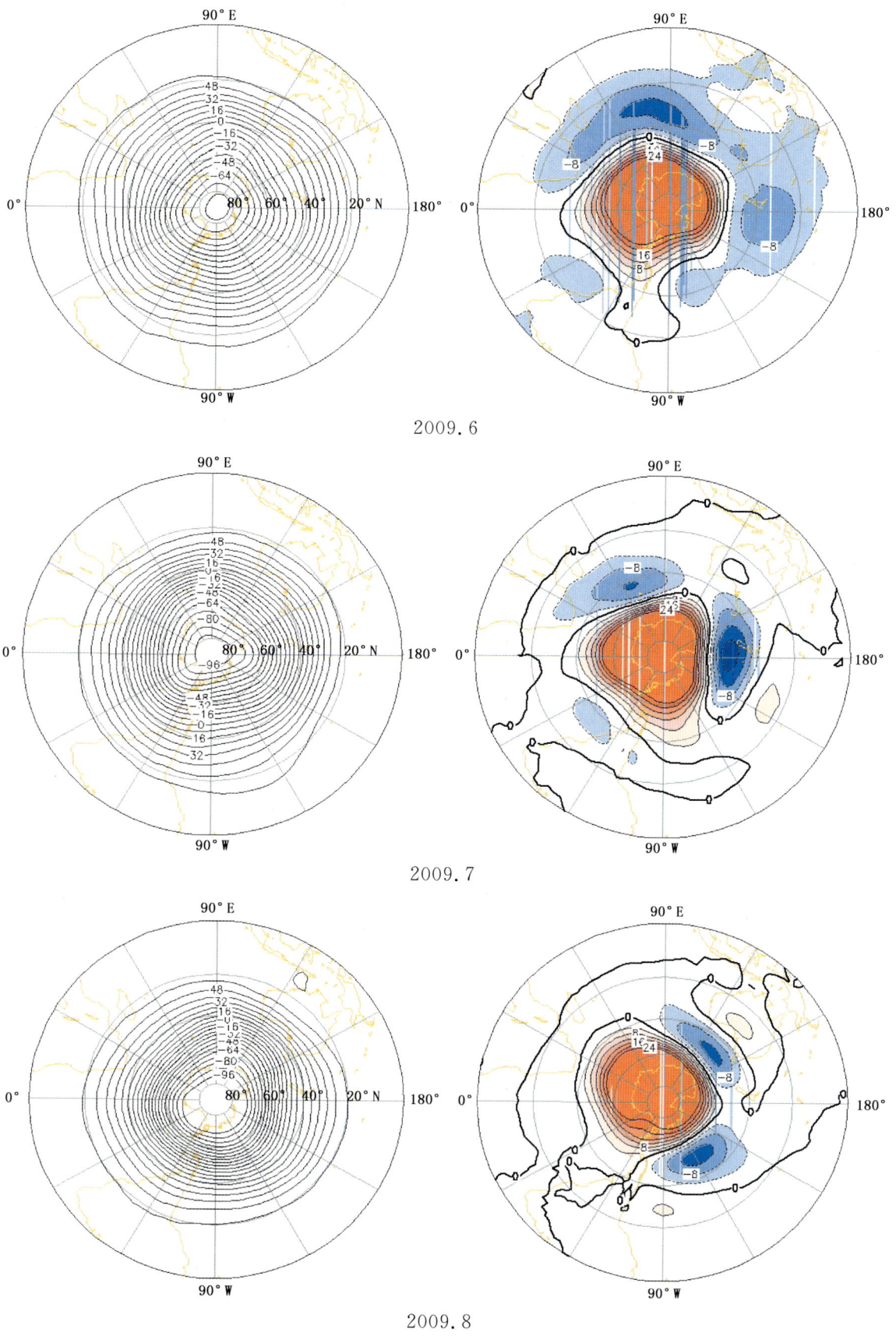

2009.6

2009.7

2009.8

图 2.3 （续）

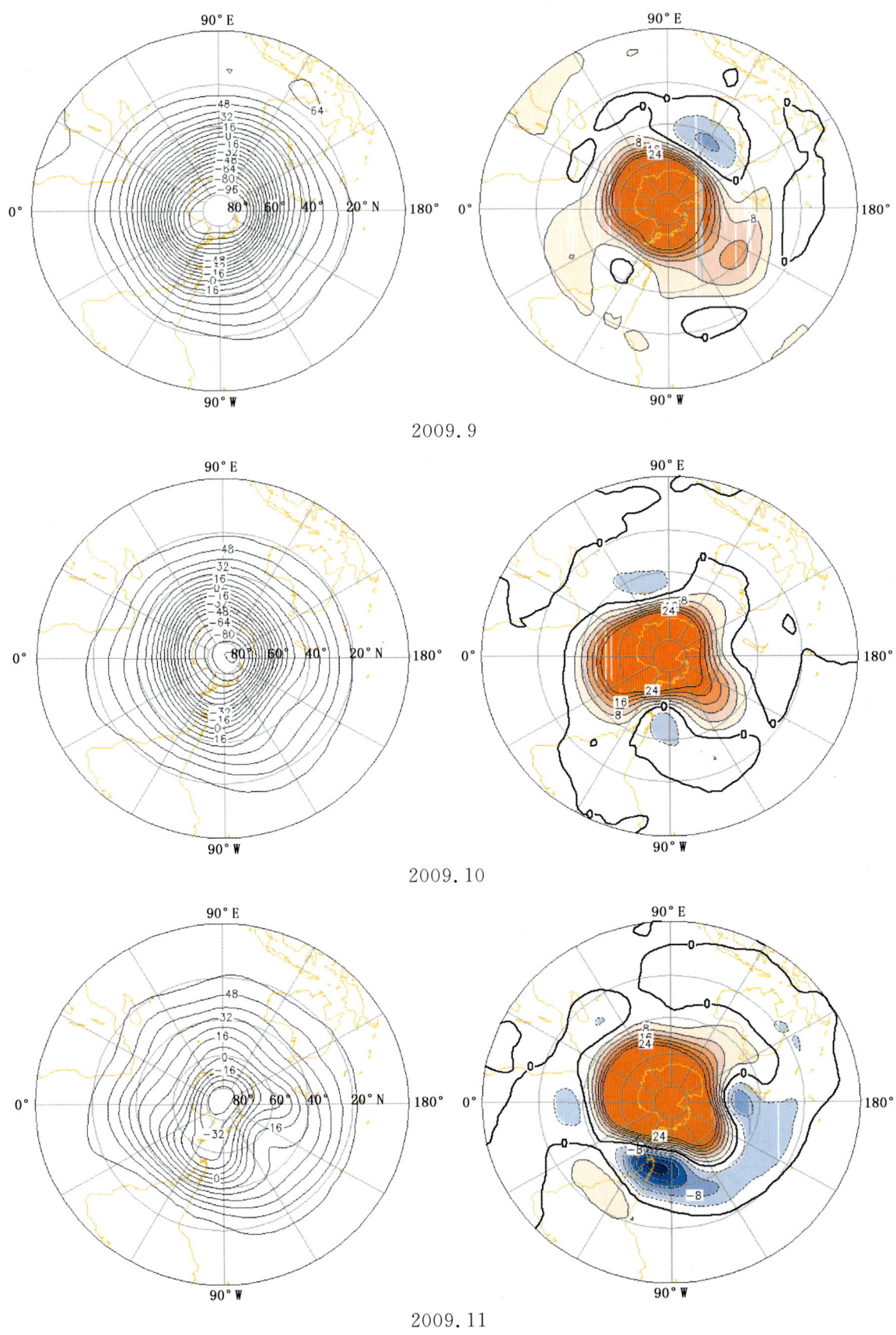

2009.9

2009.10

2009.11

图 2.3 （续）

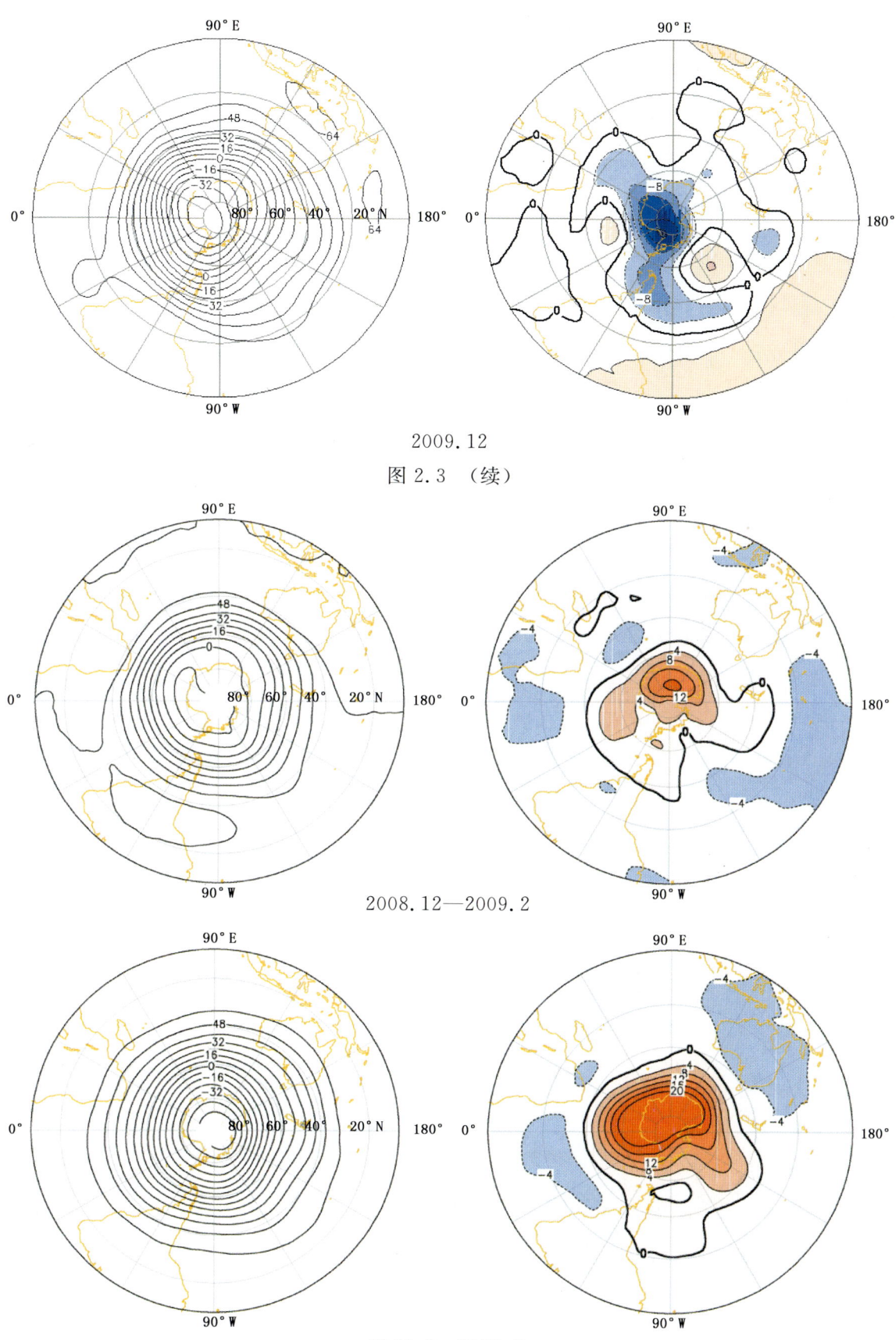

2009.12

图 2.3 （续）

2008.12—2009.2

2009.3—2009.5

图 2.4 南半球 100 hPa 季平均位势高度（左）及距平（右）（单位：10 gpm）

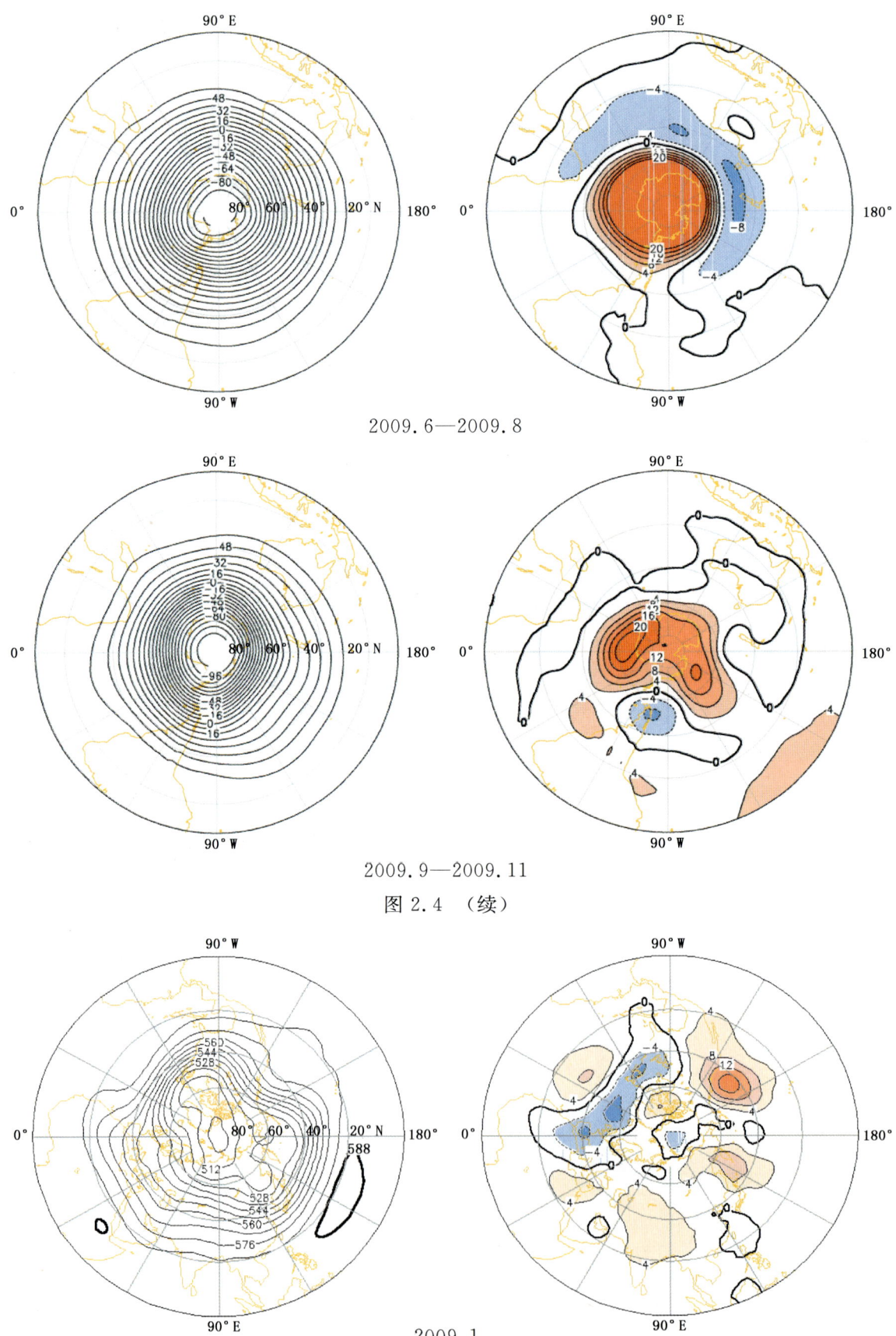

2009.6—2009.8

2009.9—2009.11

图 2.4 （续）

2009.1

图 2.5　北半球 500 hPa 月平均位势高度（左）及距平（右）（单位：10 gpm）

大气环流与亚洲季风

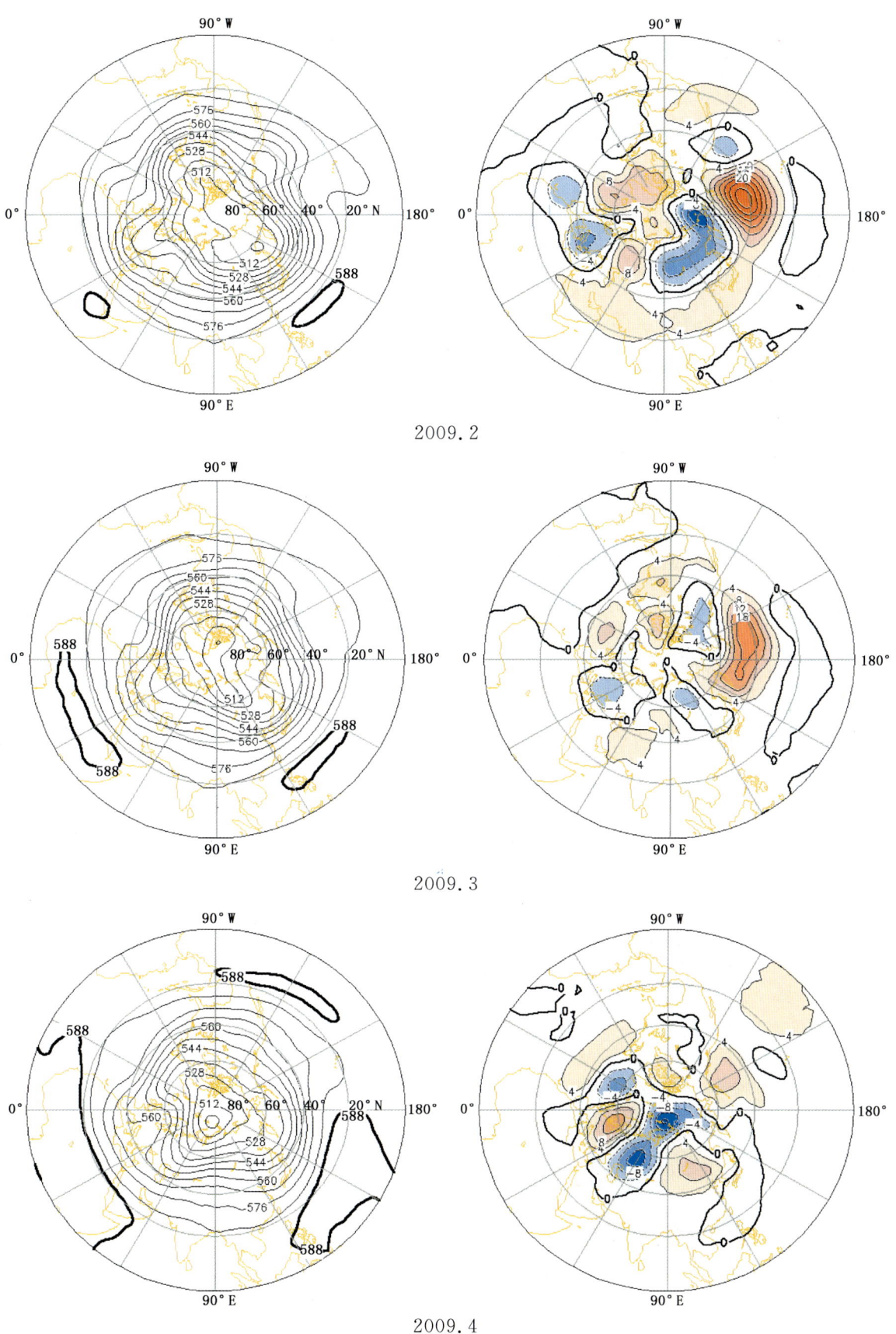

2009.2

2009.3

2009.4

图 2.5 （续）

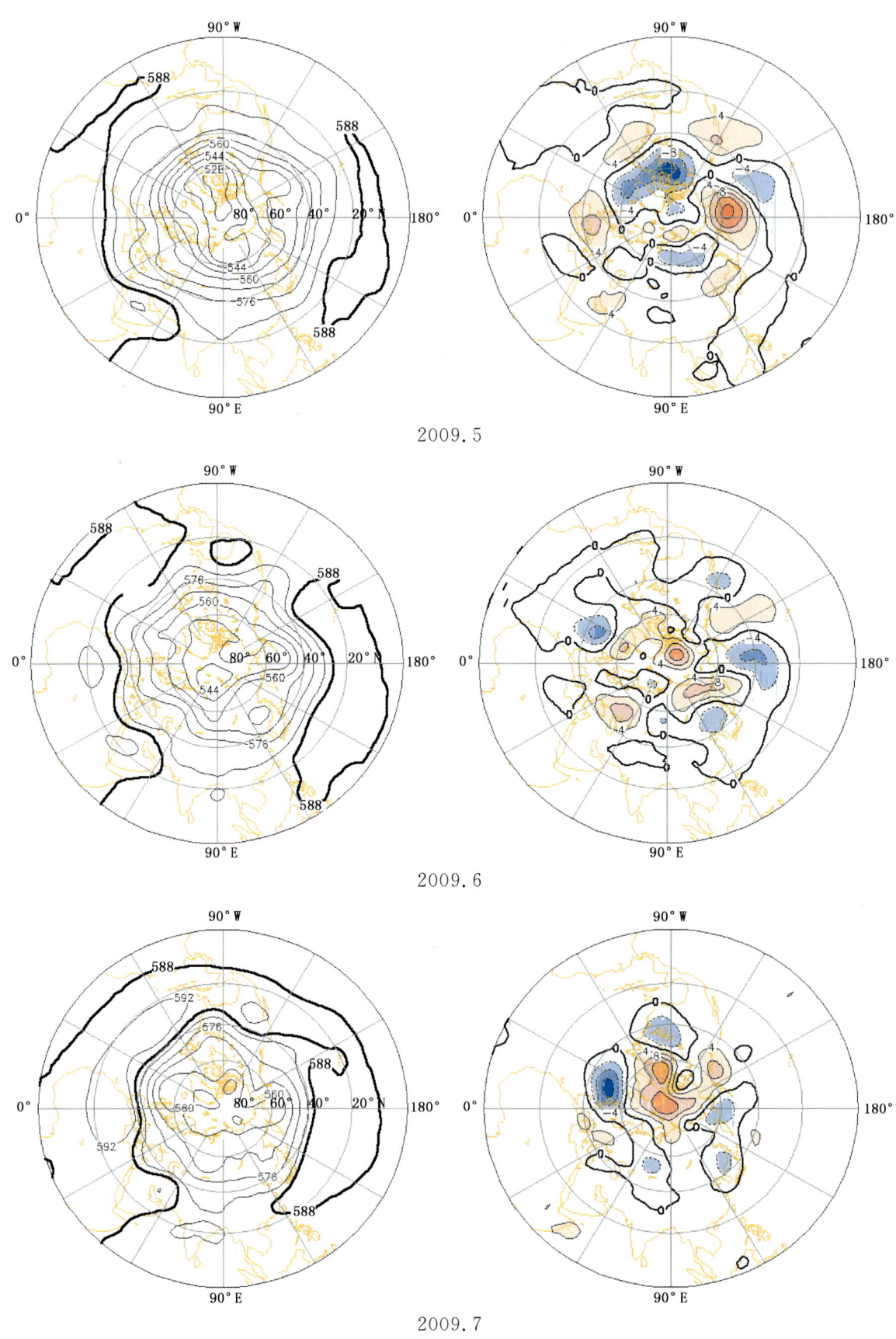

2009.5

2009.6

2009.7

图 2.5 （续）

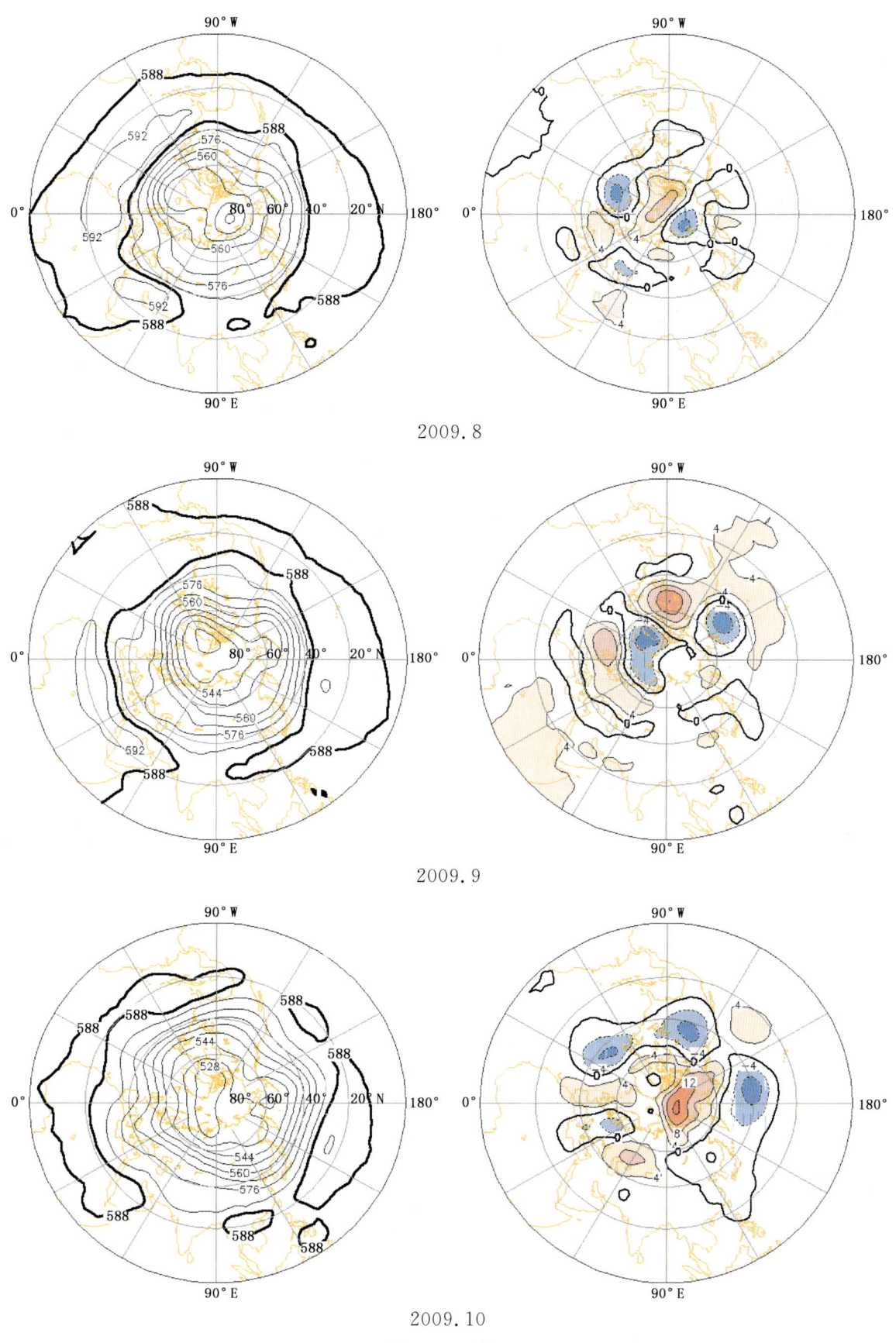

2009.8

2009.9

2009.10

图 2.5 （续）

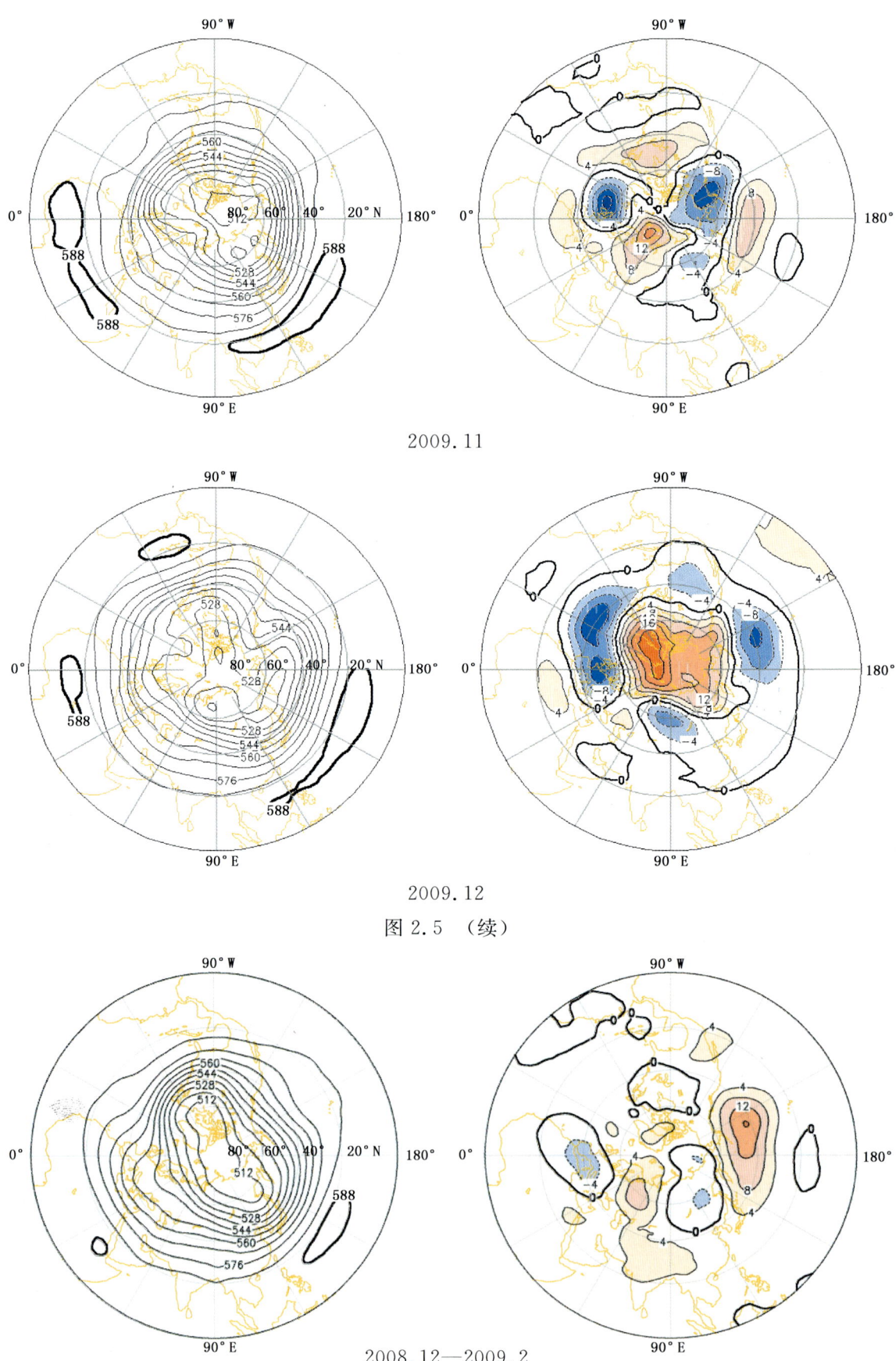

2009.11

2009.12

图 2.5 （续）

2008.12—2009.2

图 2.6　北半球 500 hPa 季平均位势高度（左）及距平（右）（单位：10 gpm）

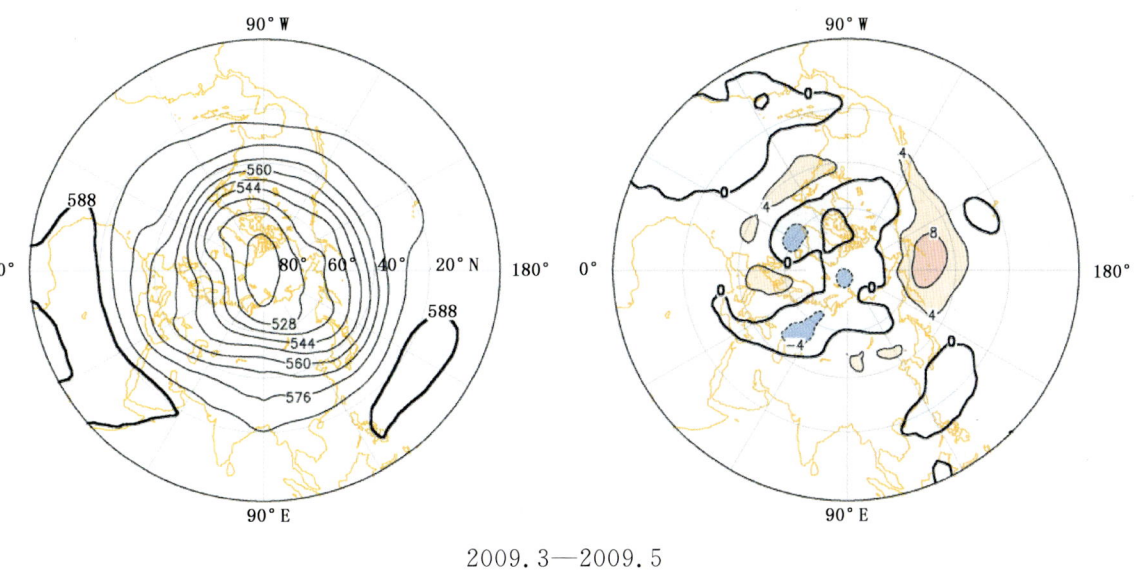

2009.3—2009.5

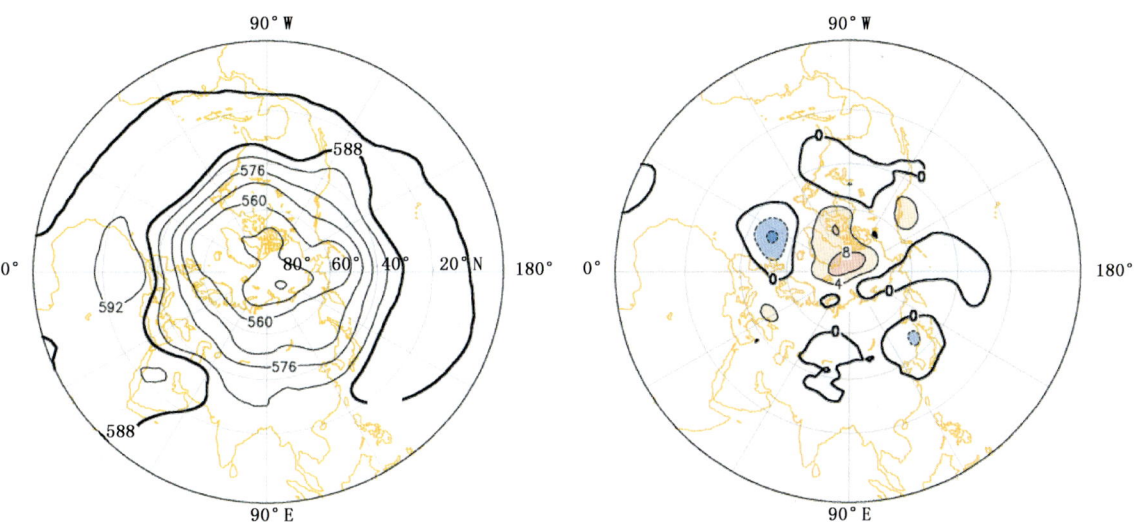

2009.6—2009.8

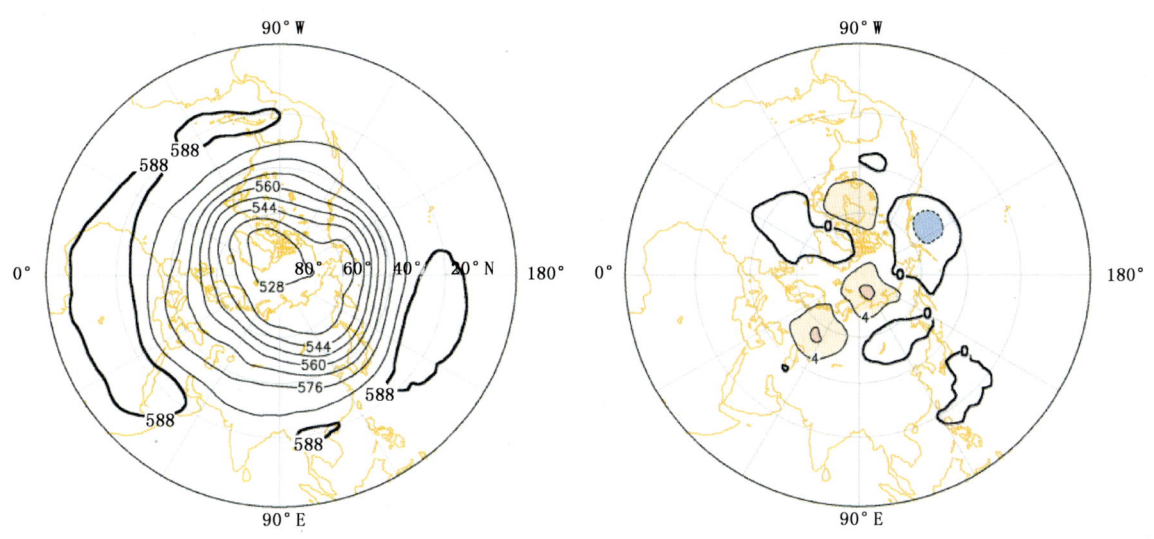

2009.9—2009.11

图 2.6 （续）

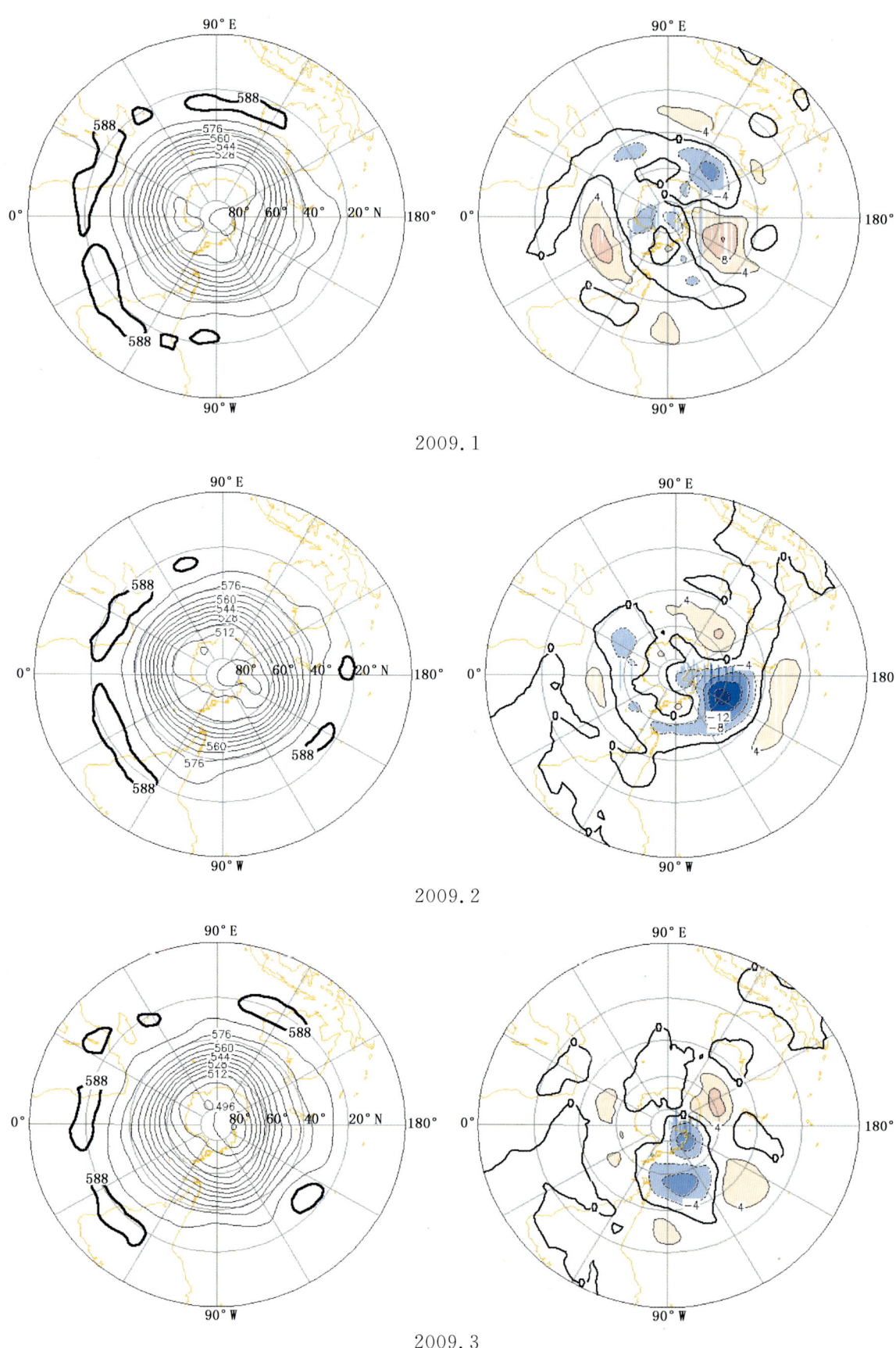

图 2.7 南半球 500 hPa 月平均位势高度(左)及距平(右)(单位:10 gpm)

大气环流与亚洲季风 第二章

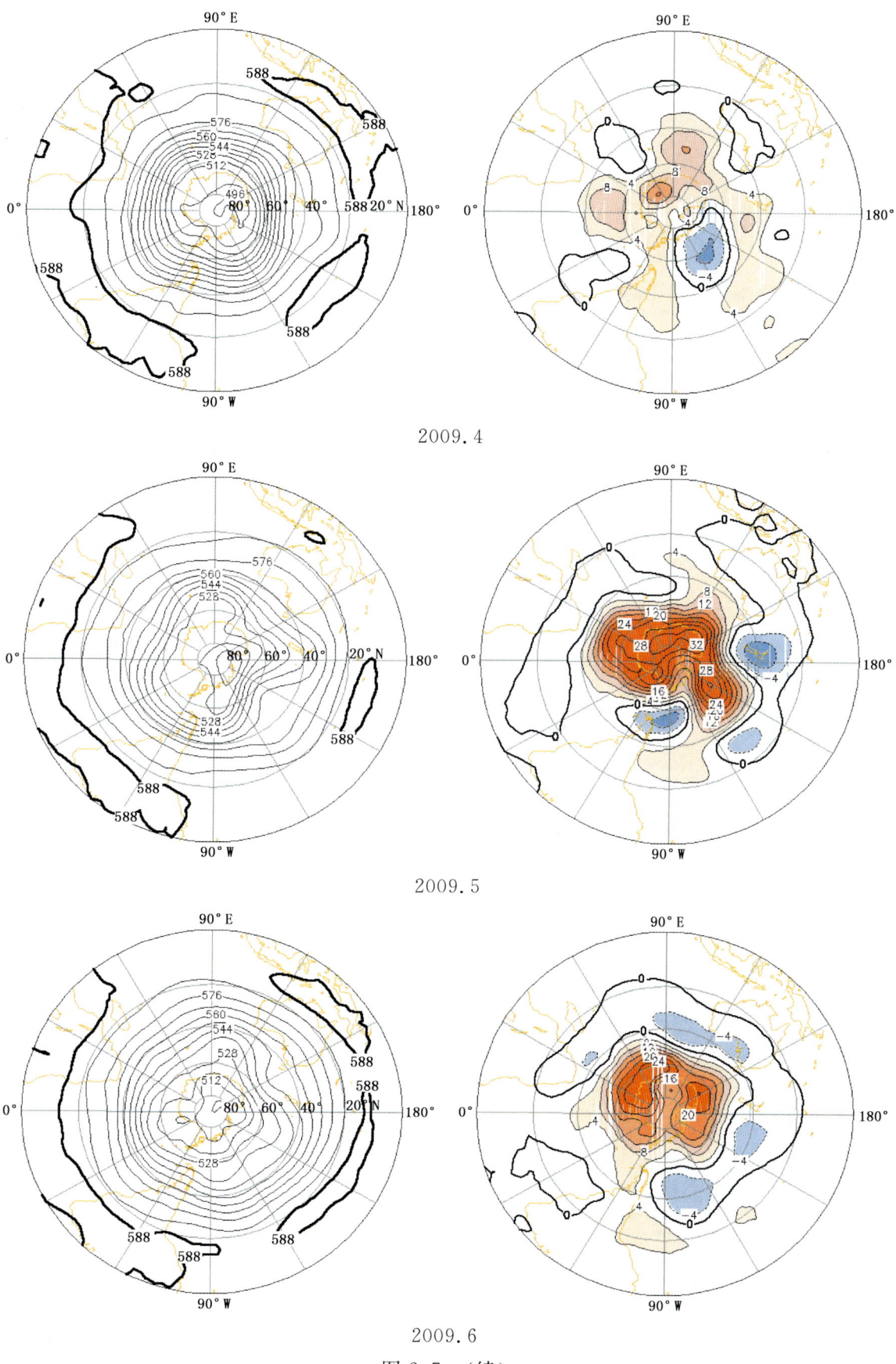

2009.4

2009.5

2009.6

图 2.7 （续）

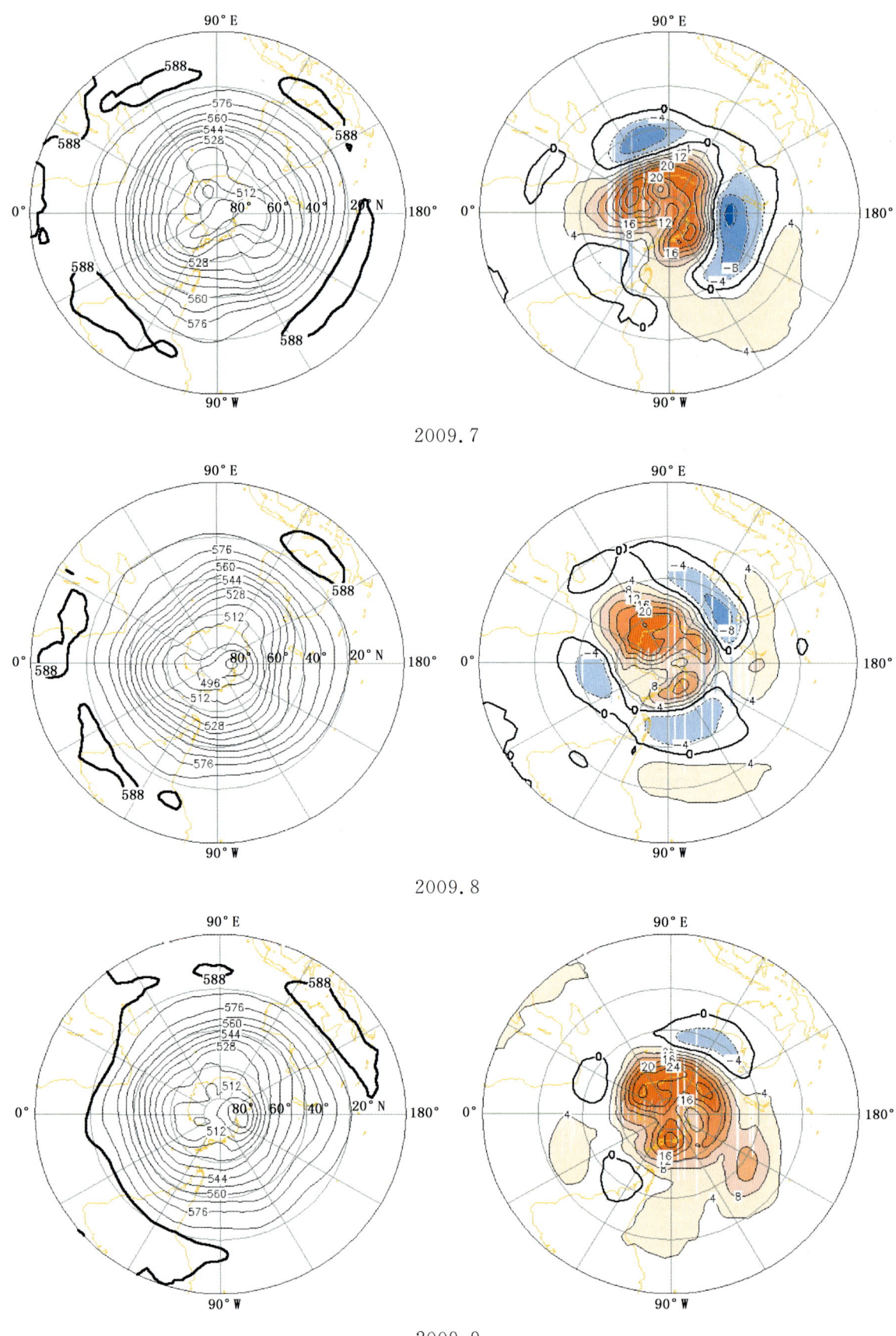

2009.7

2009.8

2009.9

图 2.7 （续）

大气环流与亚洲季风　　第二章

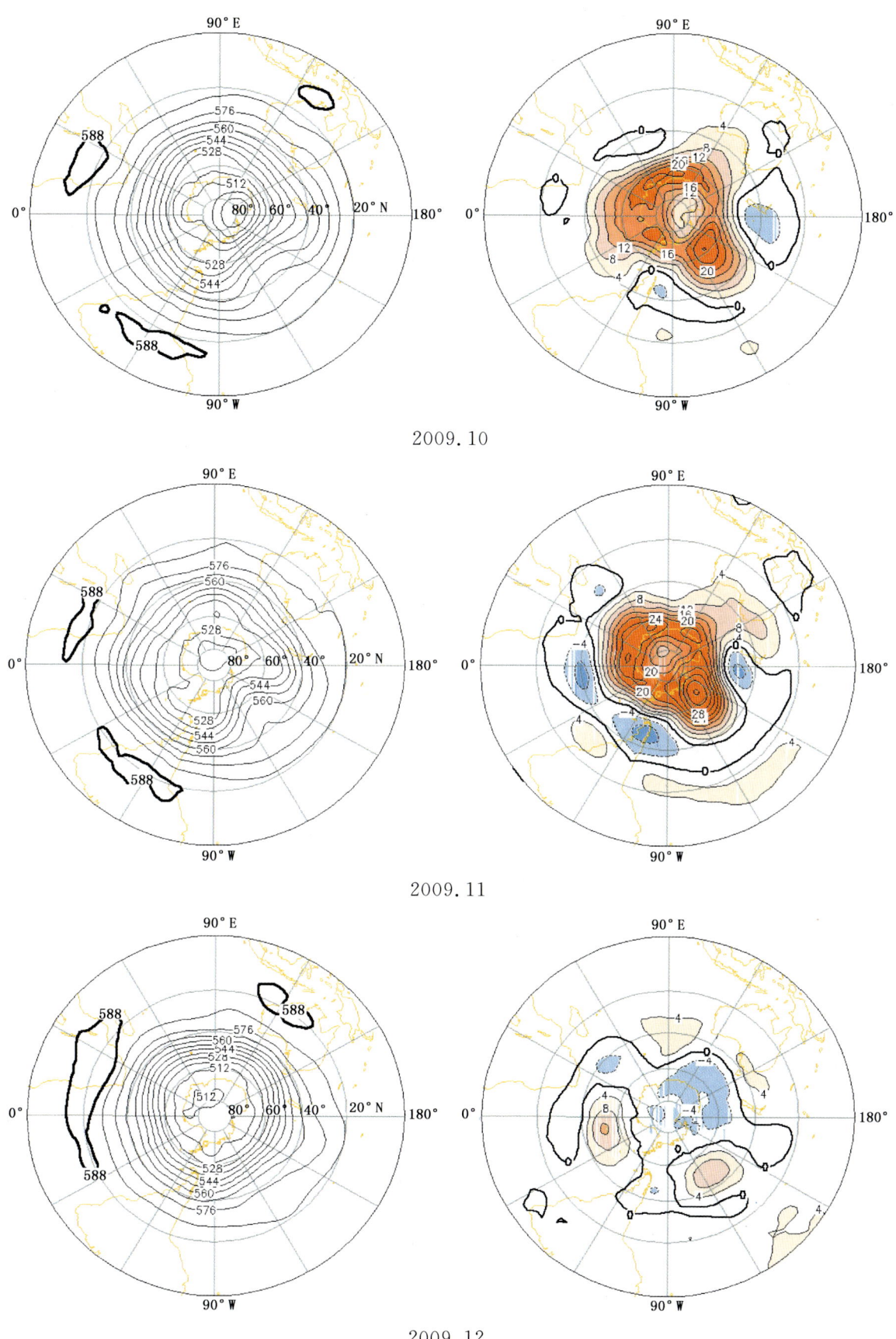

2009.10

2009.11

2009.12

图 2.7 （续）

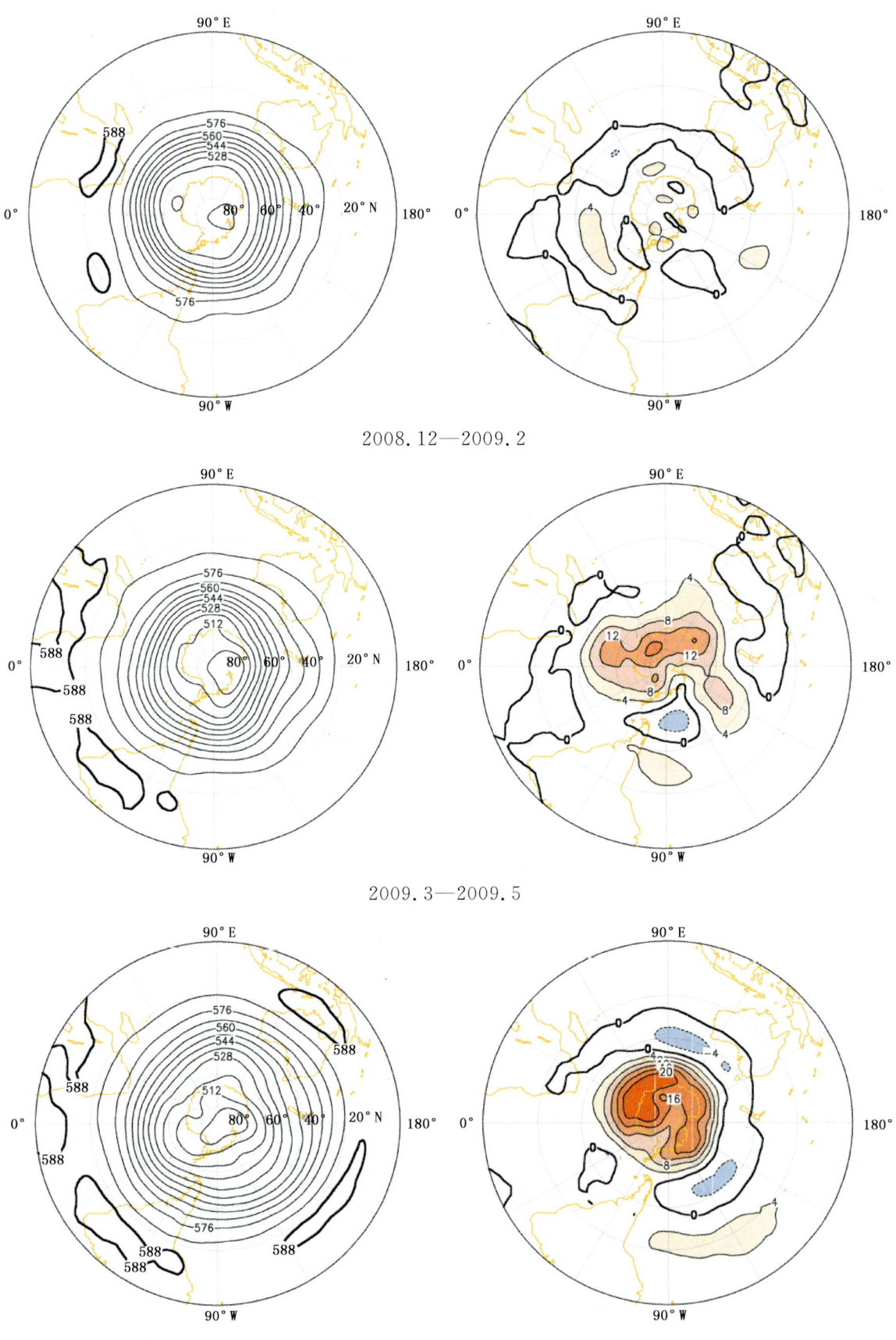

2008.12—2009.2

2009.3—2009.5

2009.6—2009.8

图 2.8 南半球 500 hPa 季平均位势高度(左)及距平(右)（单位:10 gpm）

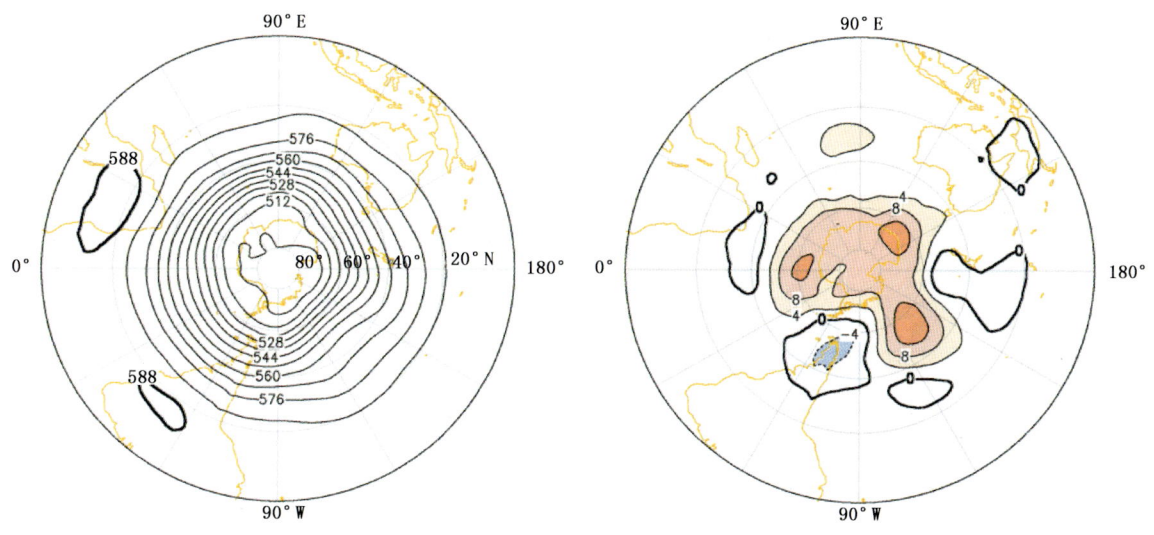

2009.9—2009.11

图 2.8 （续）

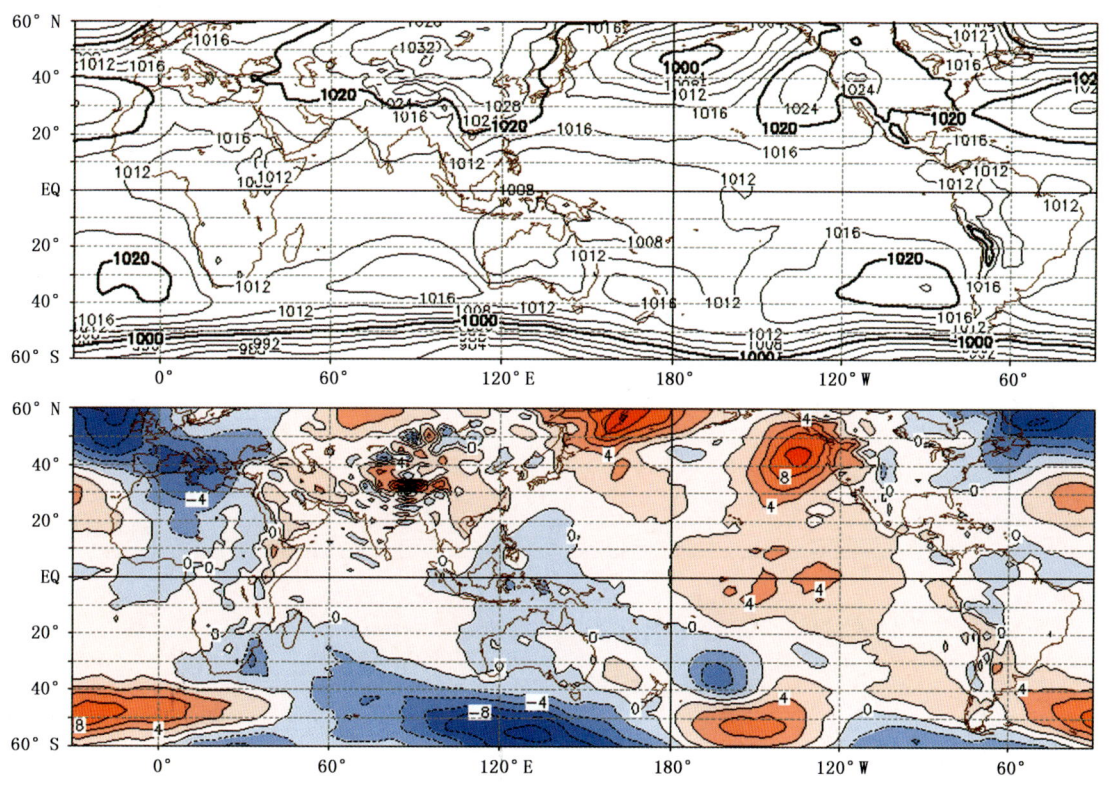

2009.1

图 2.9　月平均海平面气压（上）及距平（下）（单位：hPa）

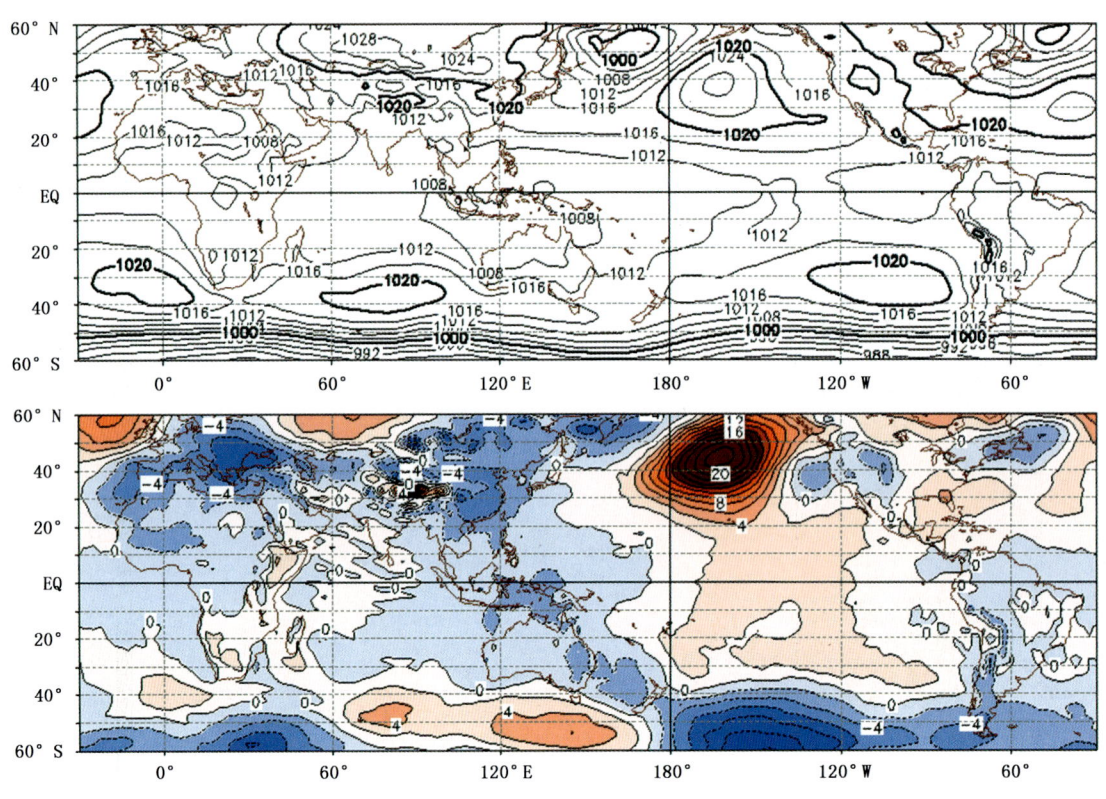

2009.2

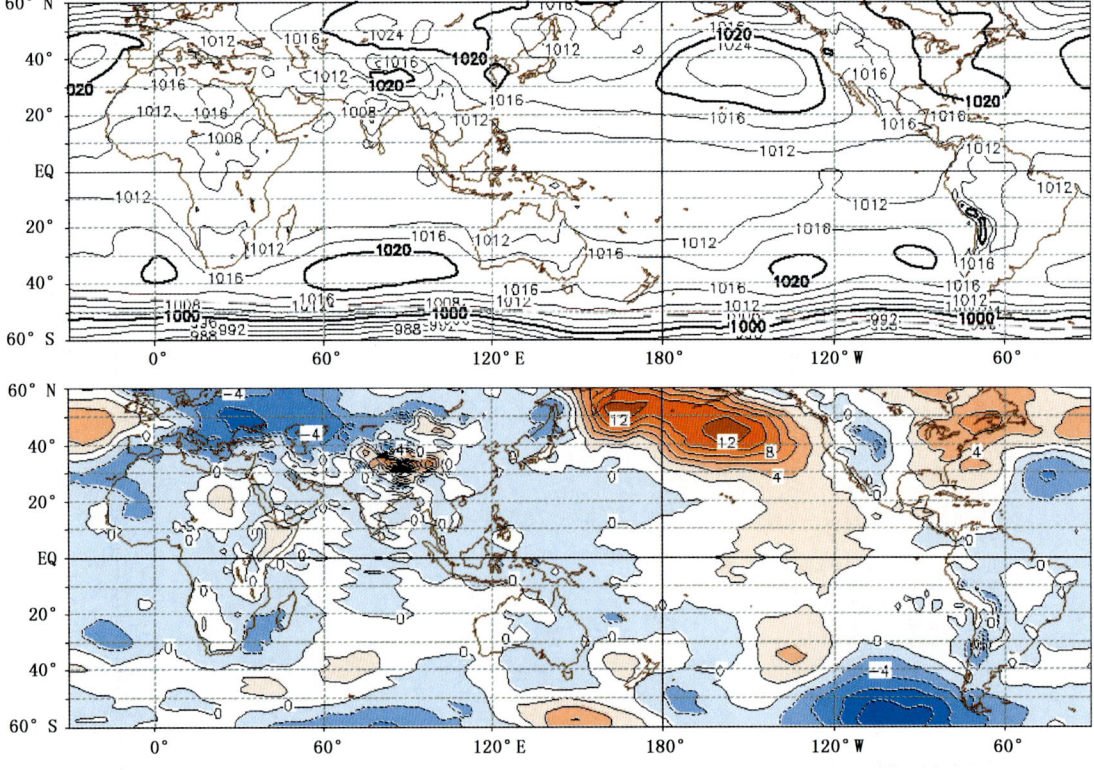

2009.3

图 2.9 （续）

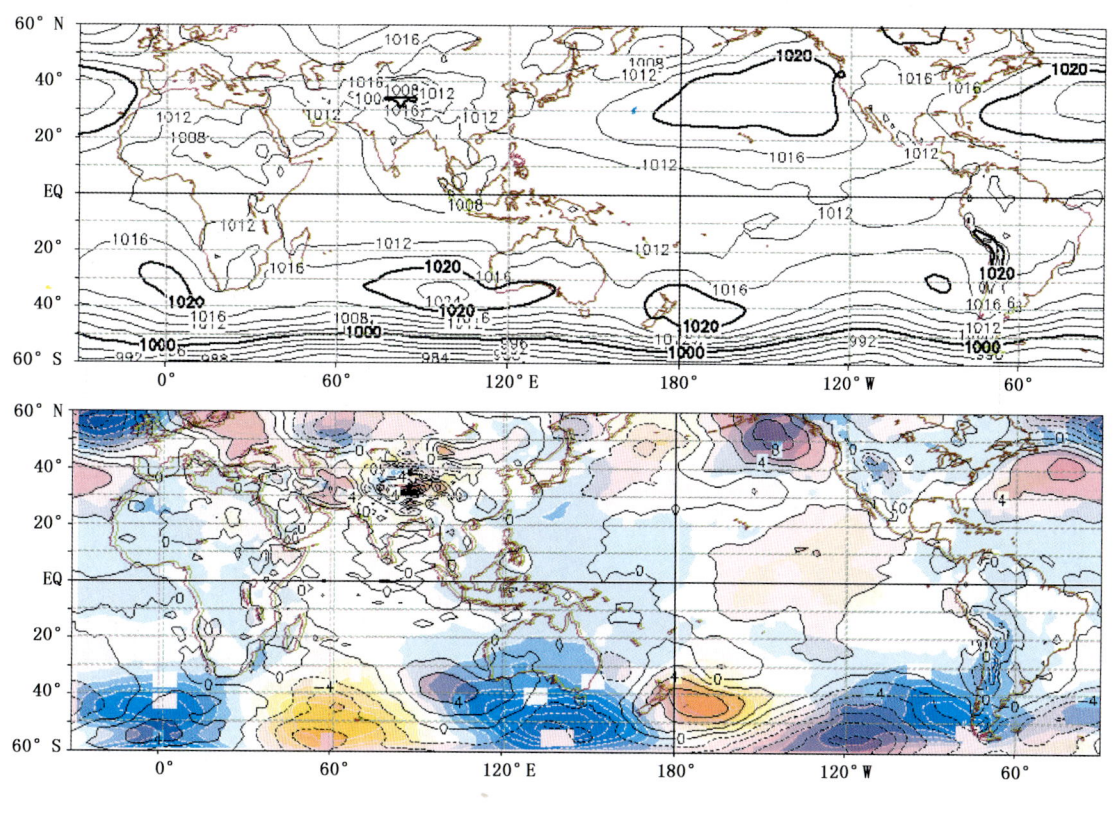

2009.4

2009.5

图 2.9 （续）

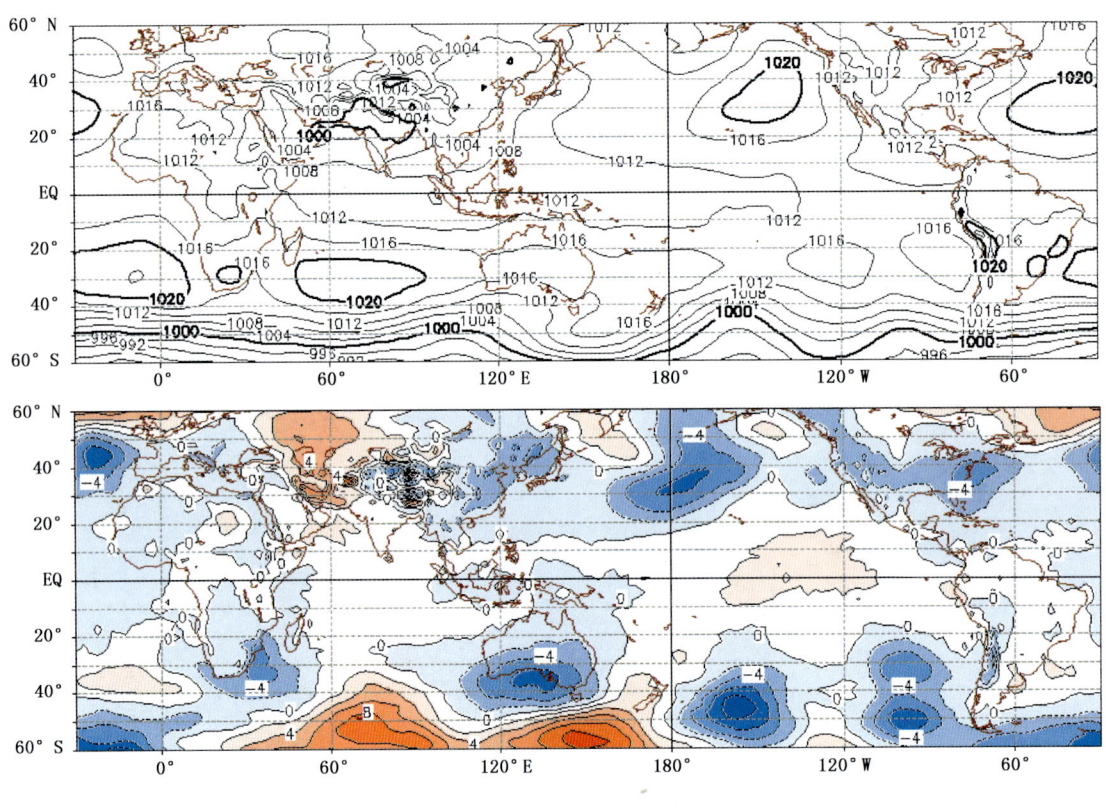

2009.6

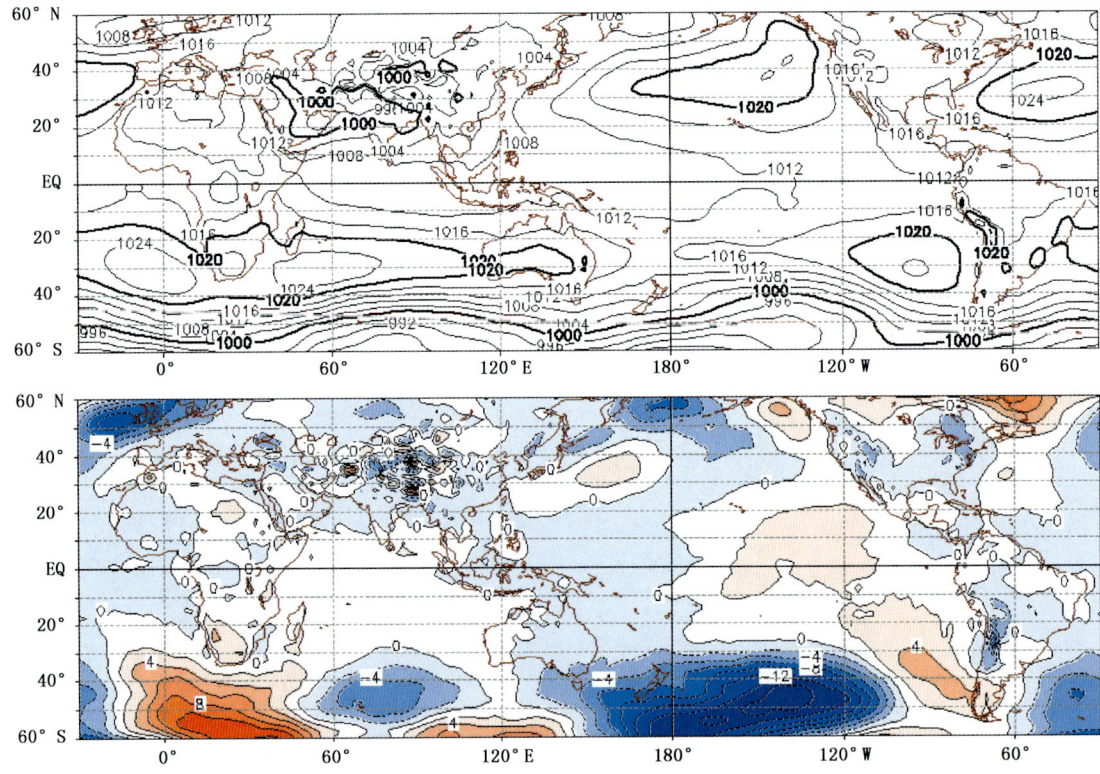

2009.7

图 2.9 (续)

大气环流与亚洲季风

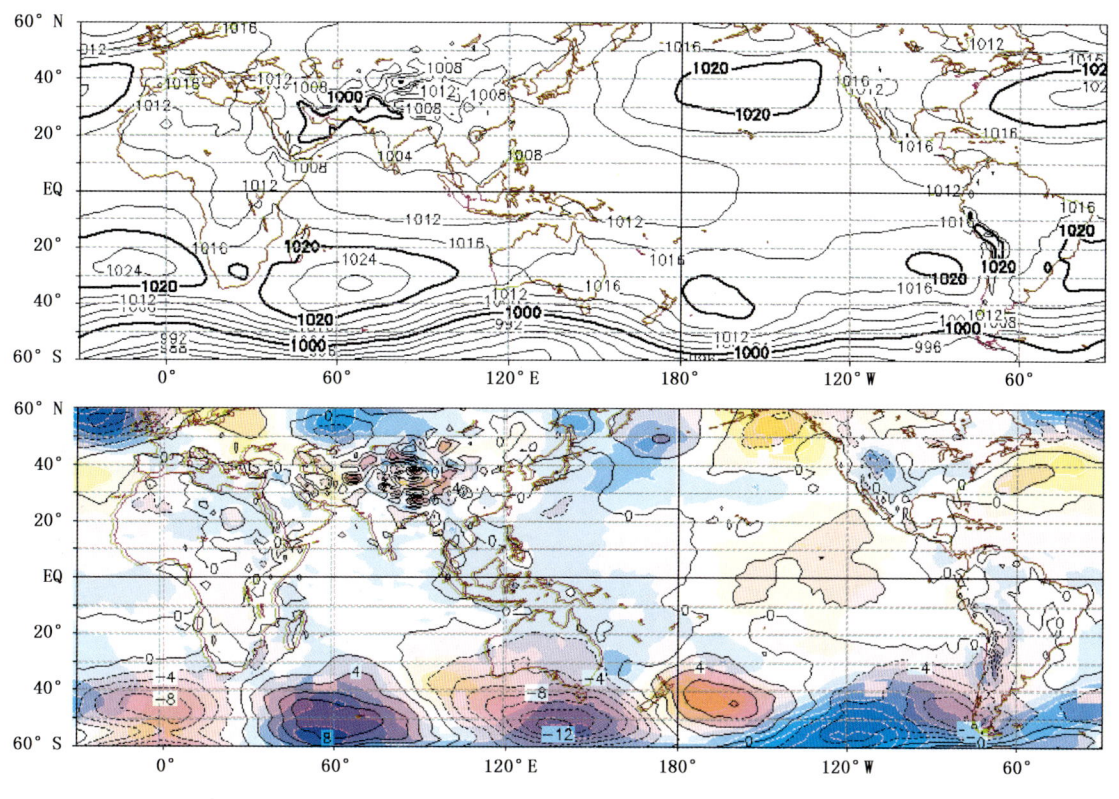

2009.8

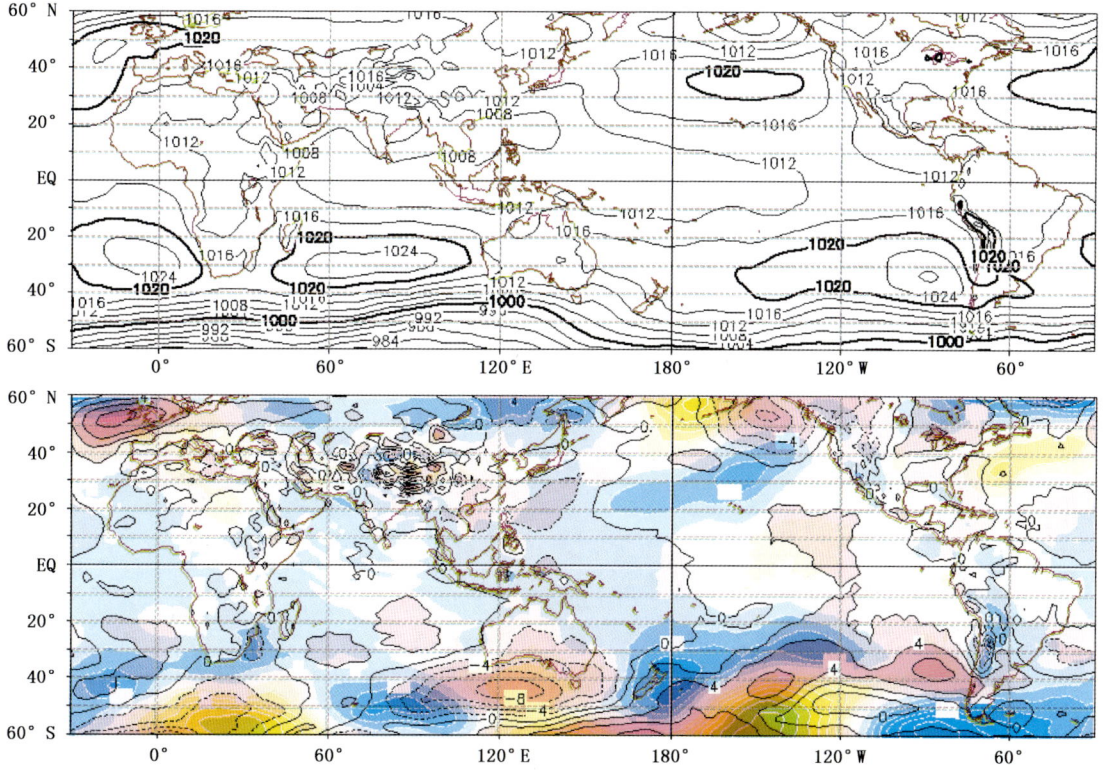

2009.9

图 2.9 （续）

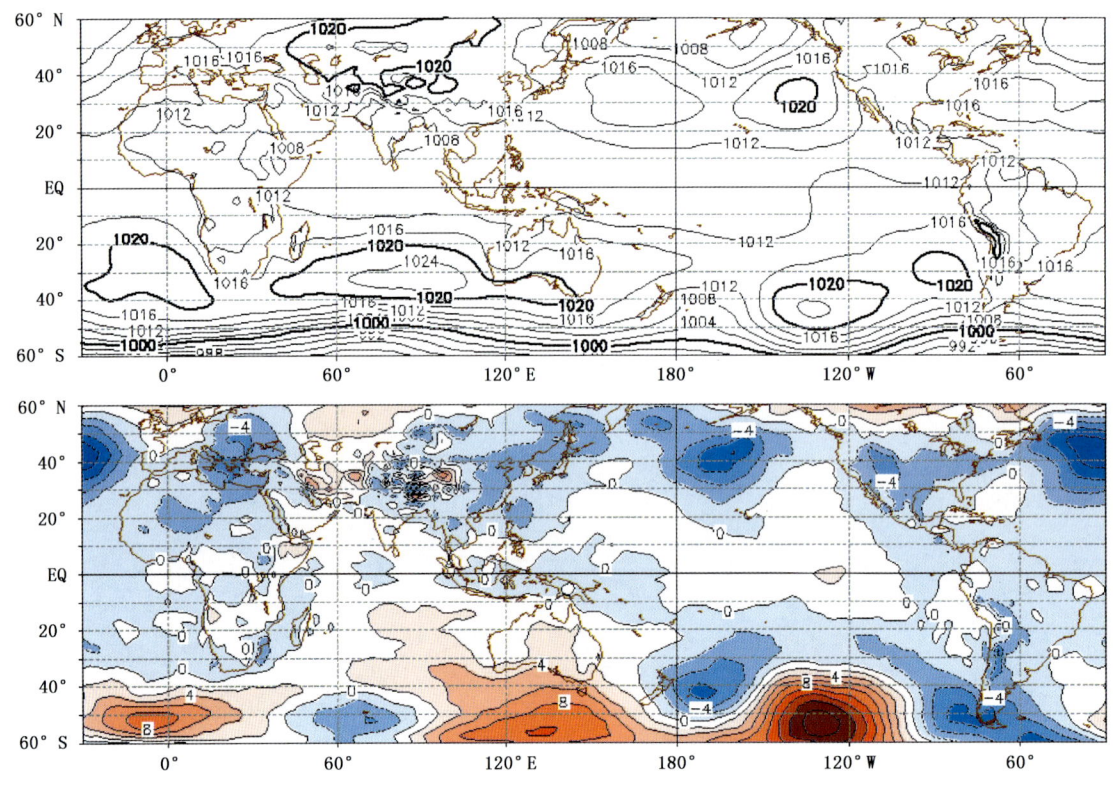

2009.10

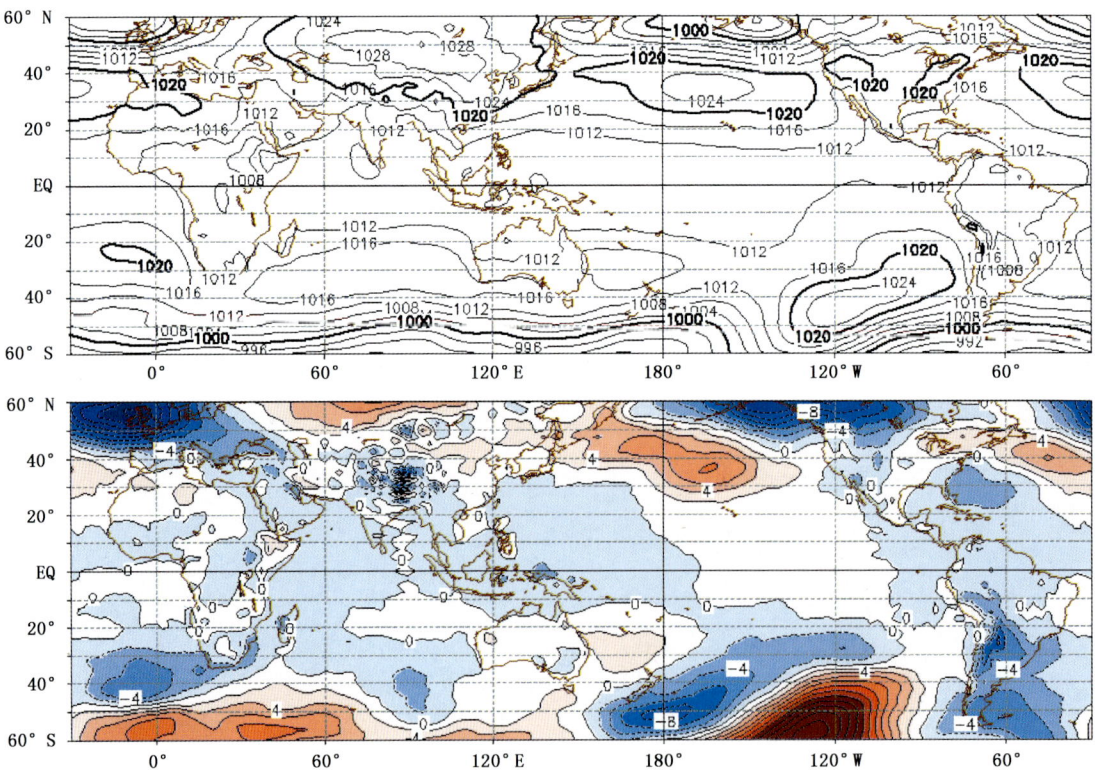

2009.11

图 2.9 （续）

大气环流与亚洲季风 第二章

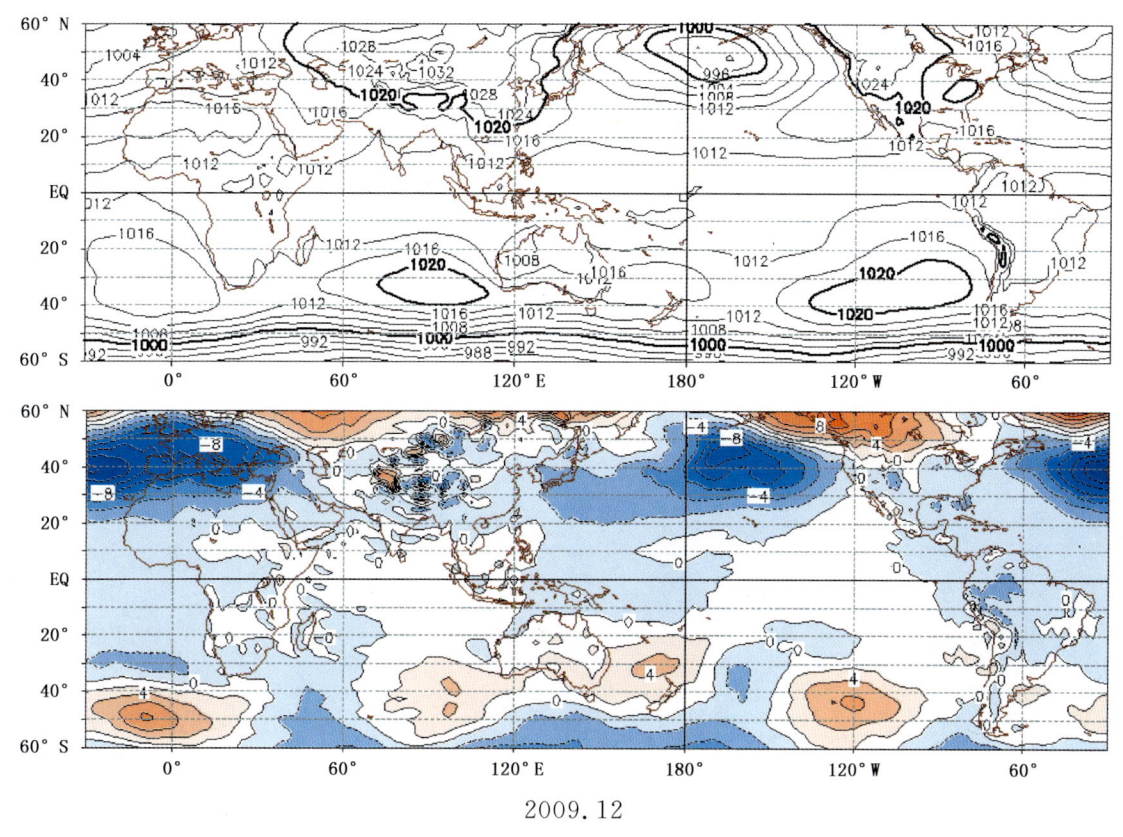

2009.12

图 2.9 （续）

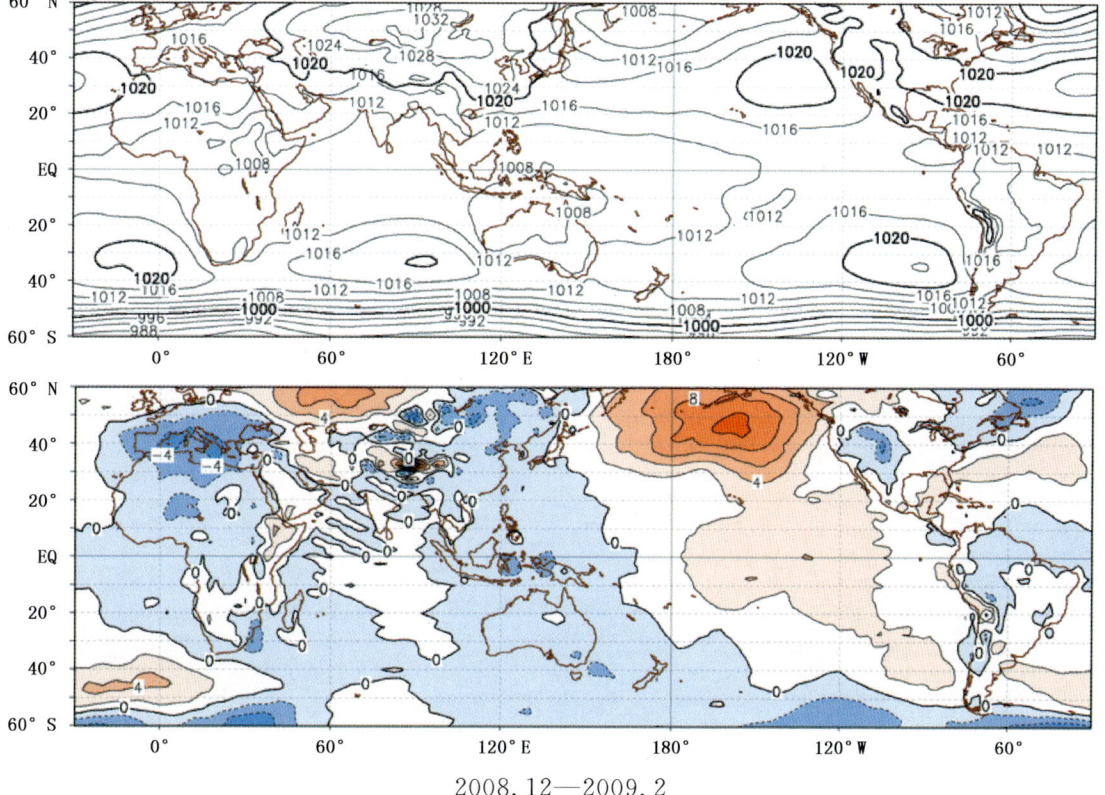

2008.12—2009.2

图 2.10 季平均海平面气压(上)及距平(下)(单位:hPa)

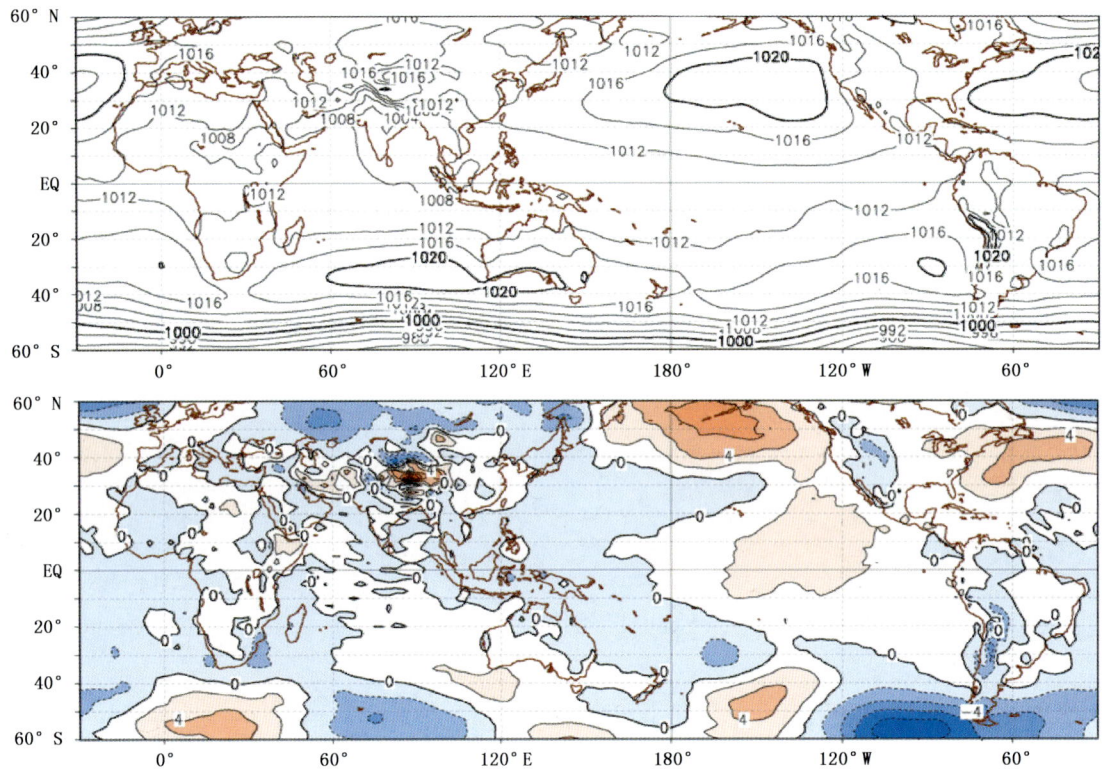

2009.3—2009.5

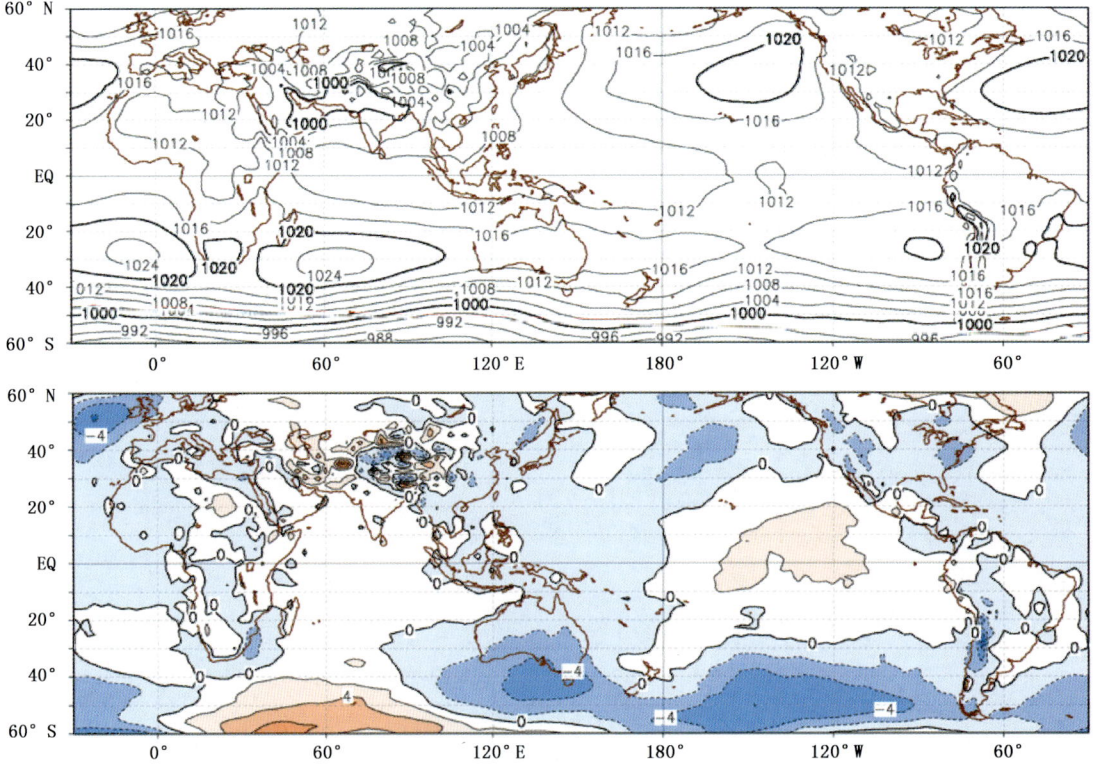

2009.6—2009.8

图 2.10 （续）

大气环流与亚洲季风 第二章

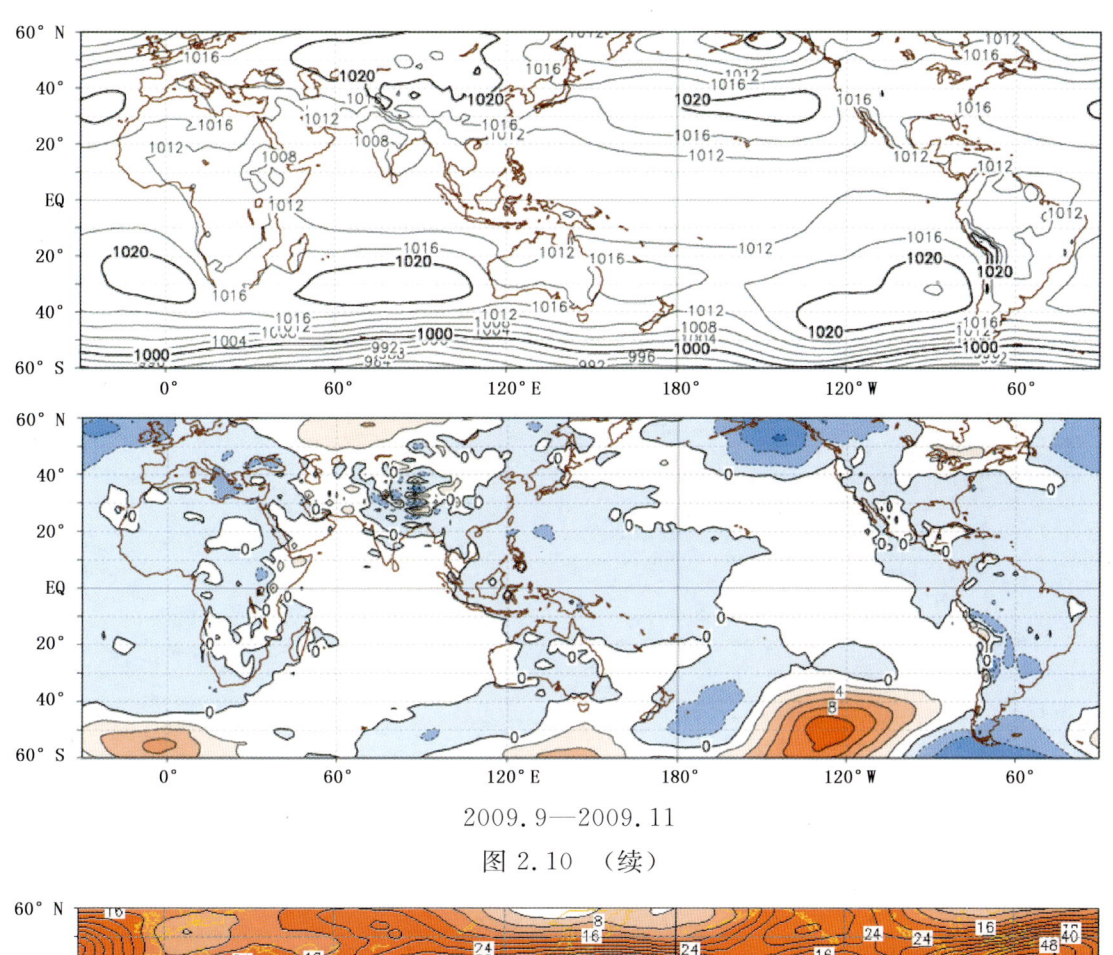

2009.9—2009.11

图 2.10 （续）

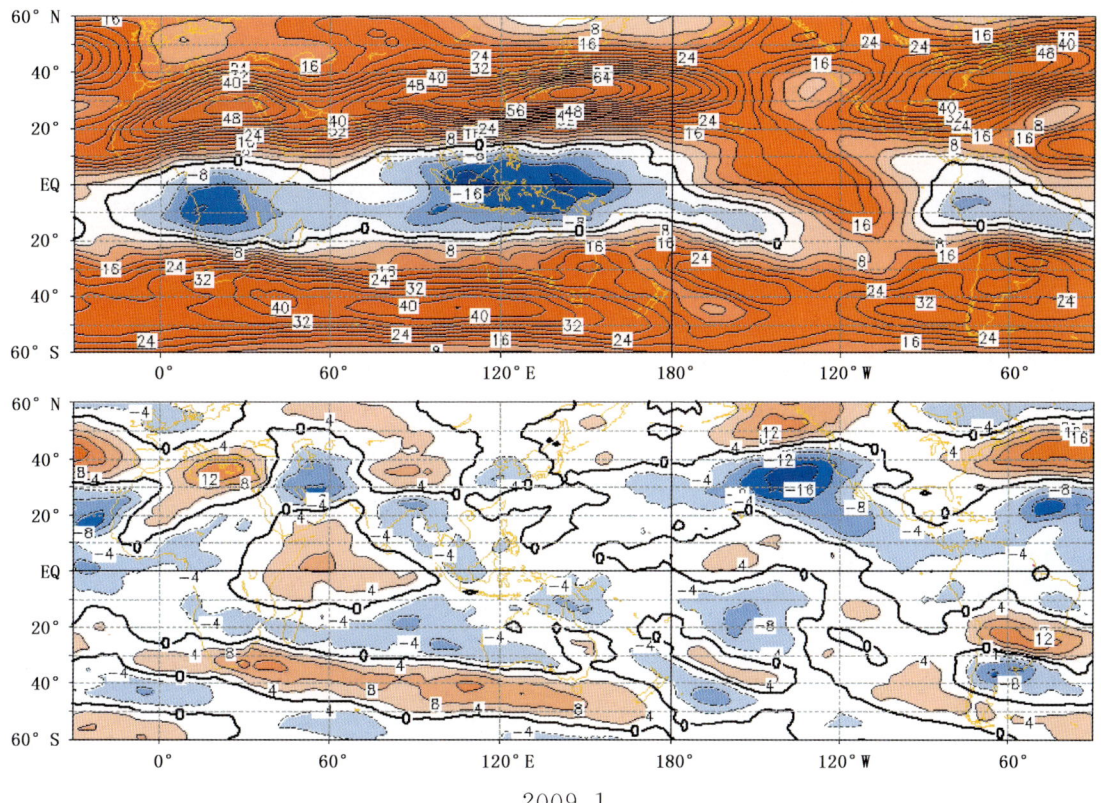

2009.1

图 2.11 月平均 200 hPa 纬向风（上）及距平（下）（单位：m/s）

注：正值代表西风（距平），负值代表东风（距平）。

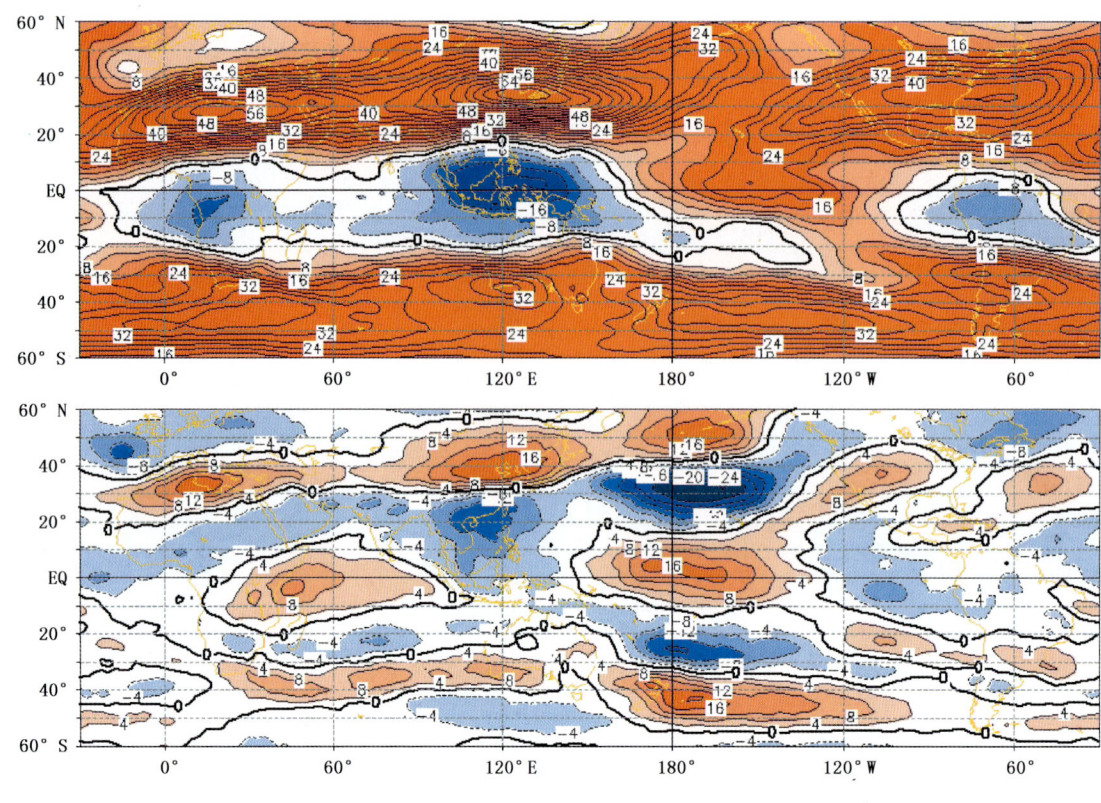

2009.2

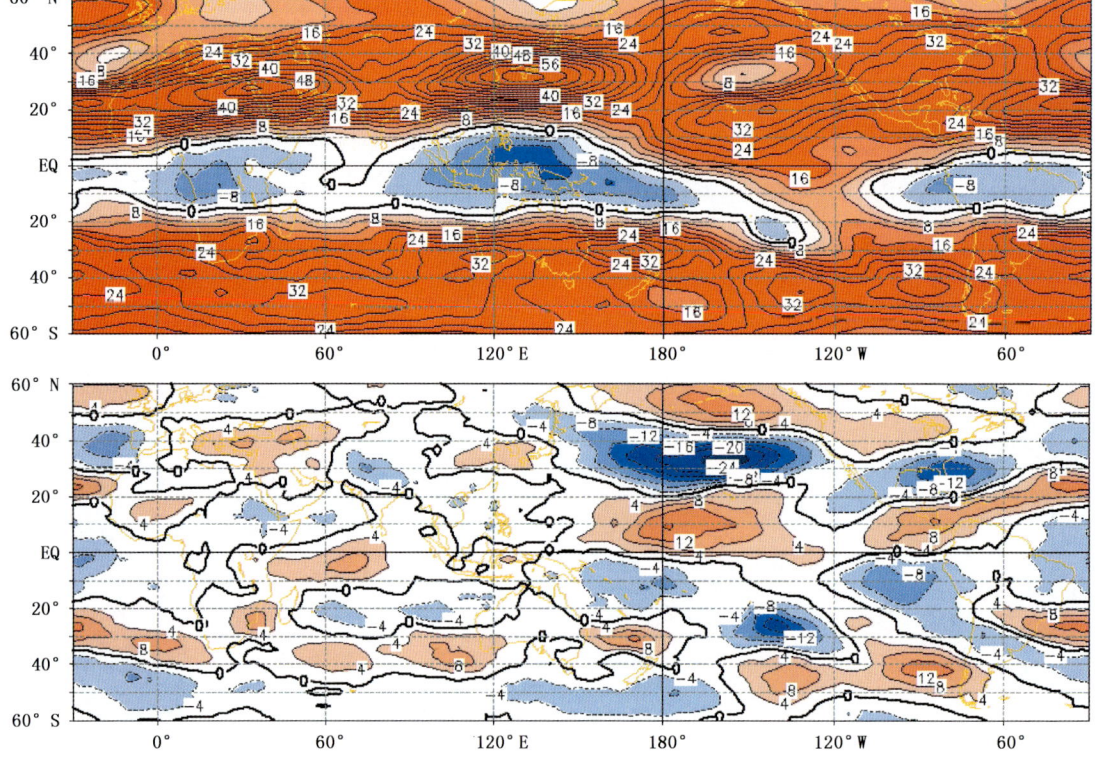

2009.3

图 2.11 （续）

大气环流与亚洲季风　　第二章

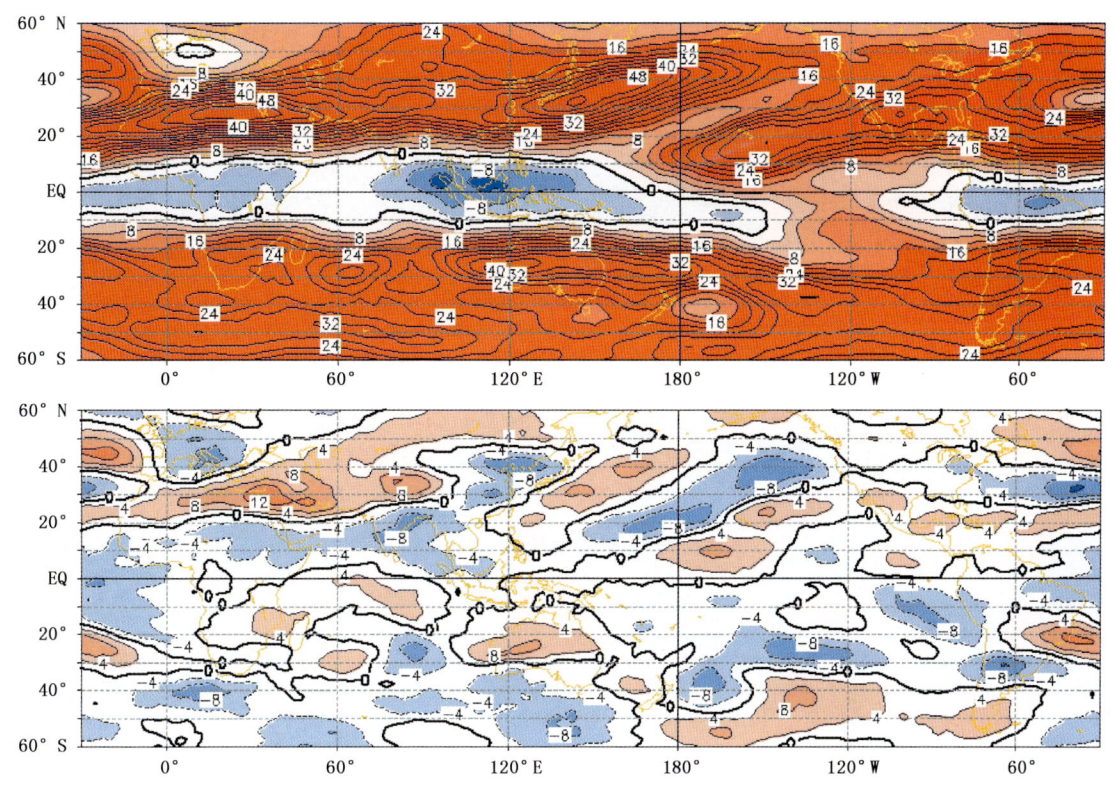

2009.4

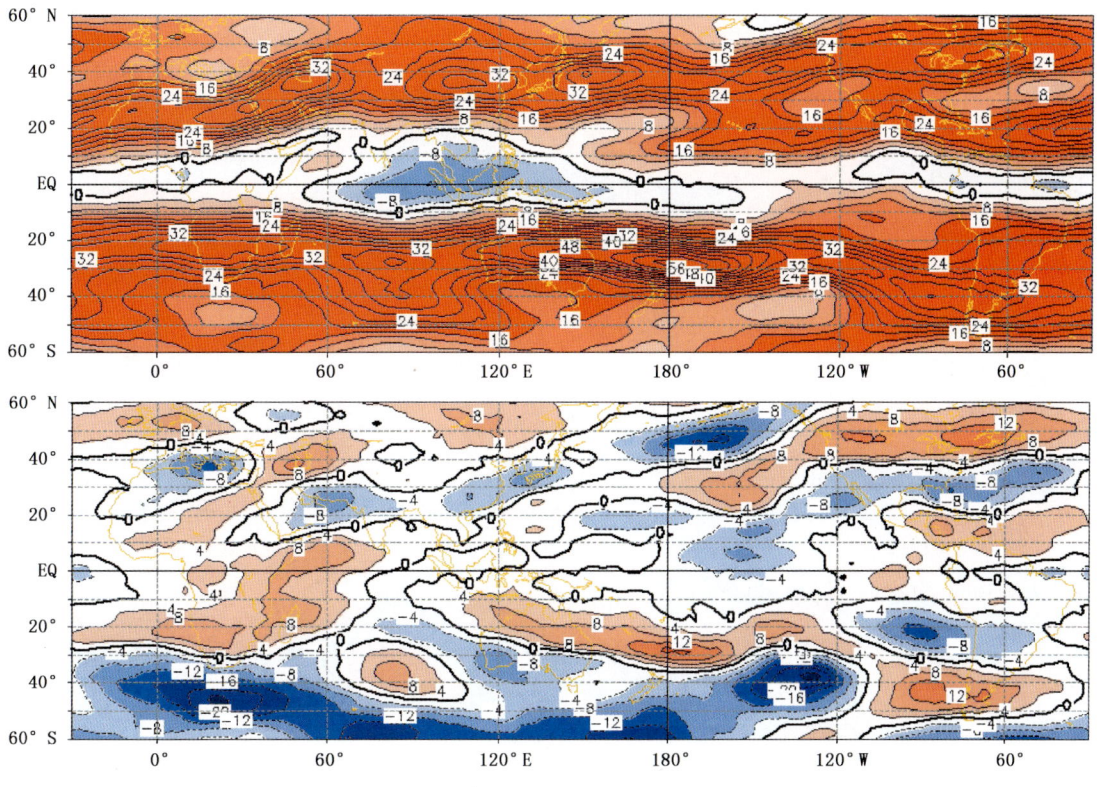

2009.5

图 2.11 （续）

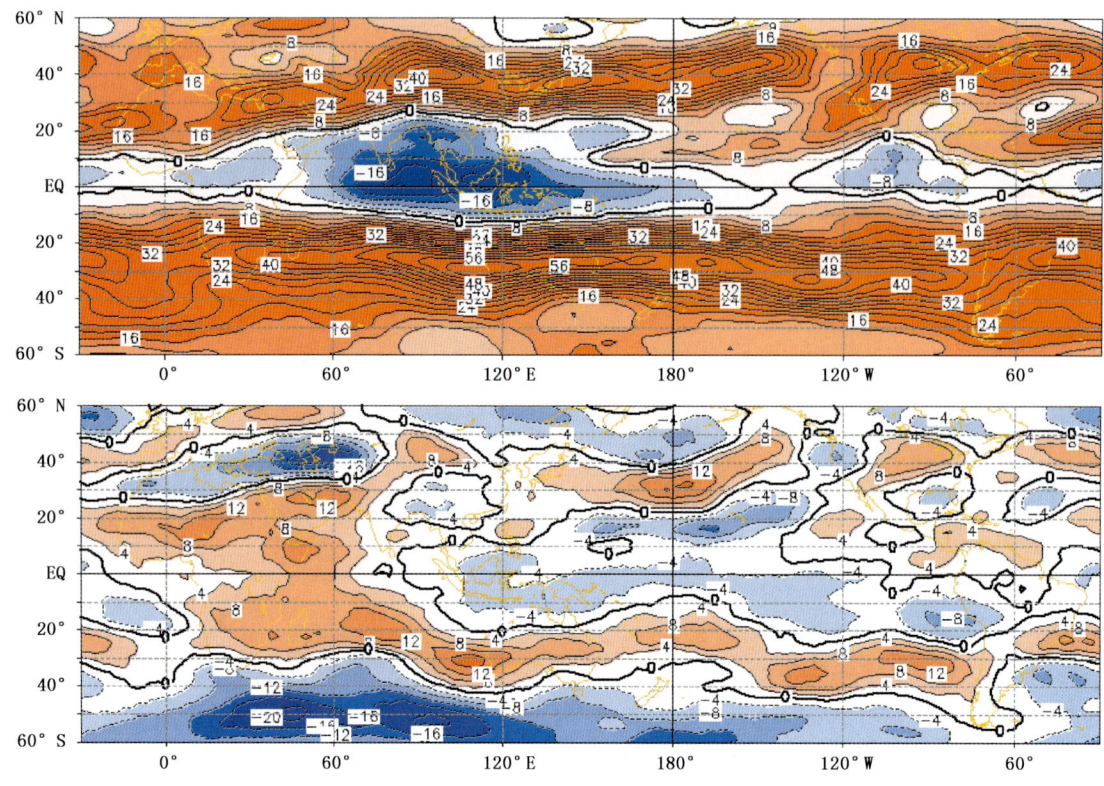

2009.6

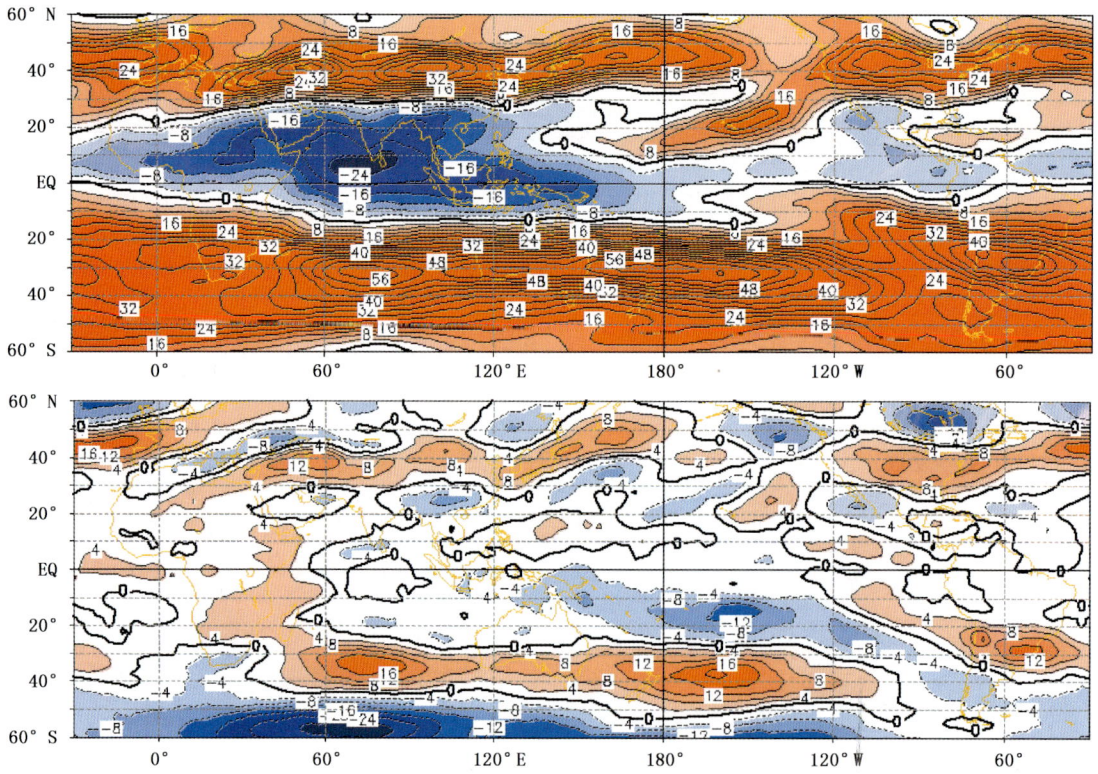

2009.7

图 2.11 （续）

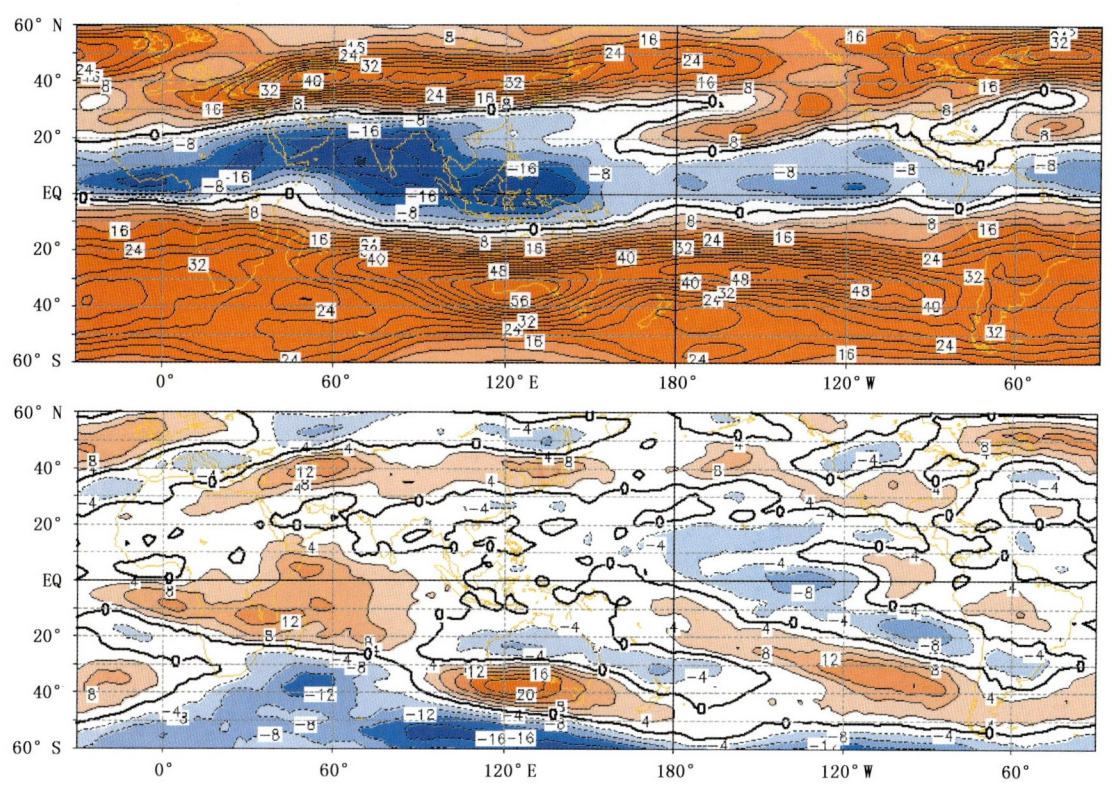

2009.8

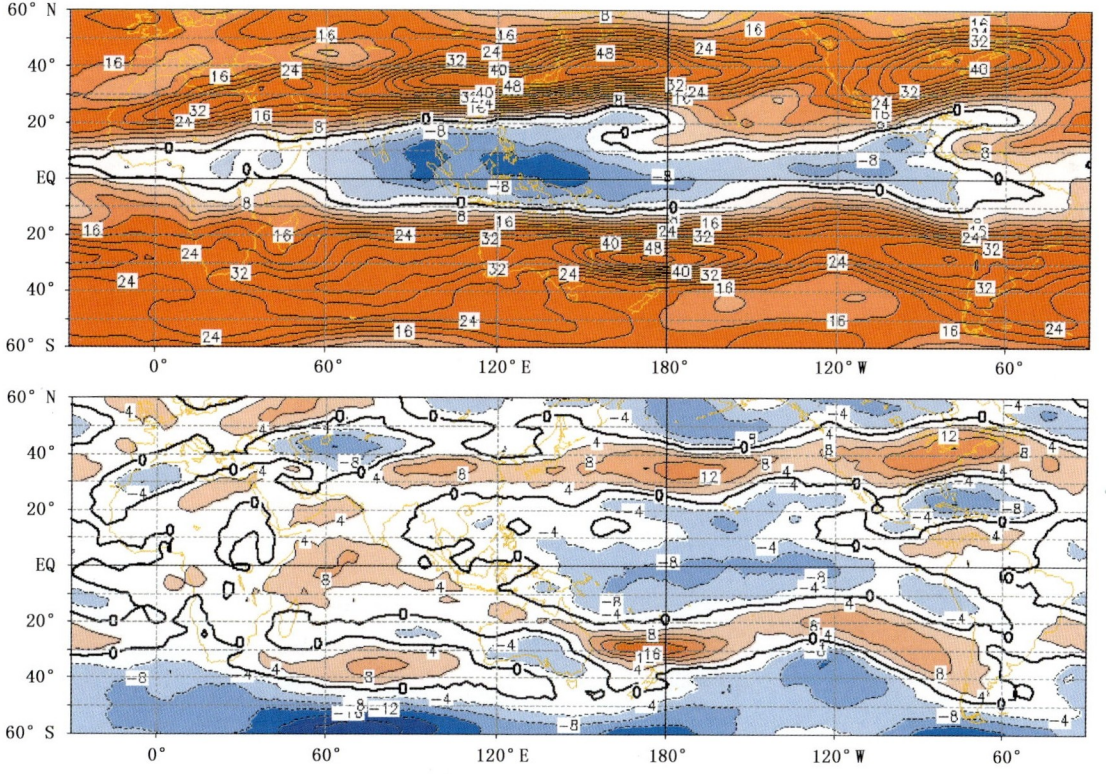

2009.9

图 2.11 （续）

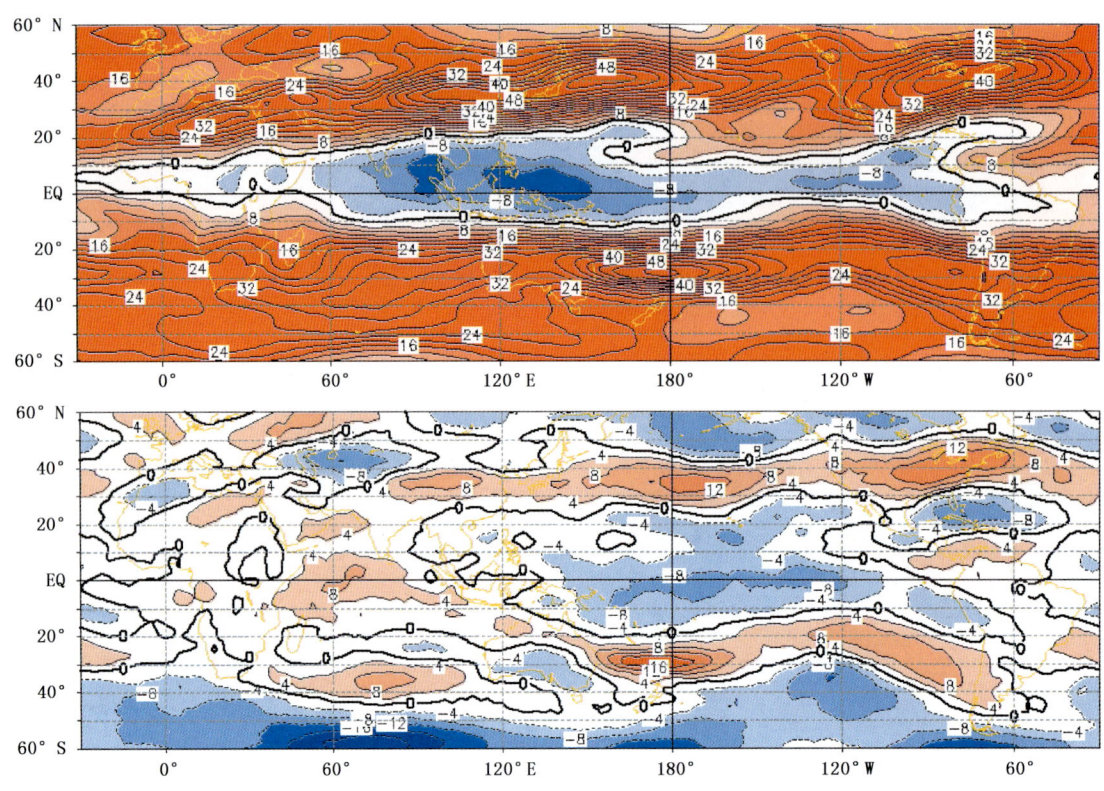

2009.10

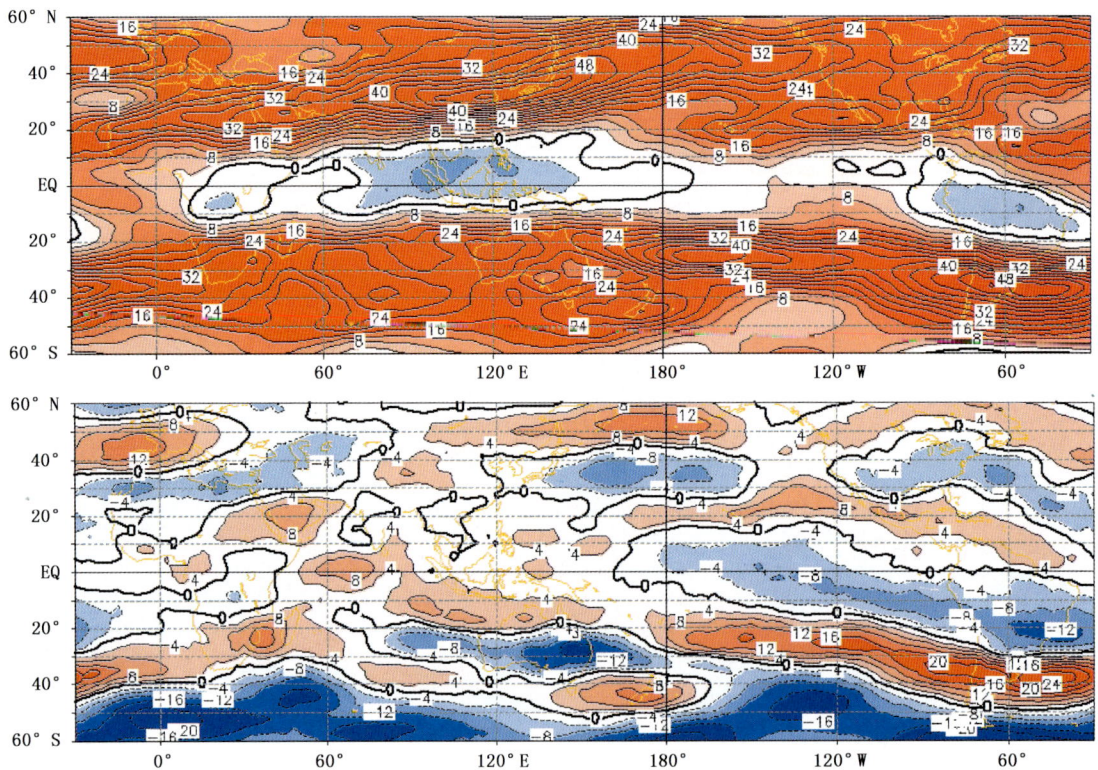

2009.11

图 2.11 （续）

大气环流与亚洲季风　第二章

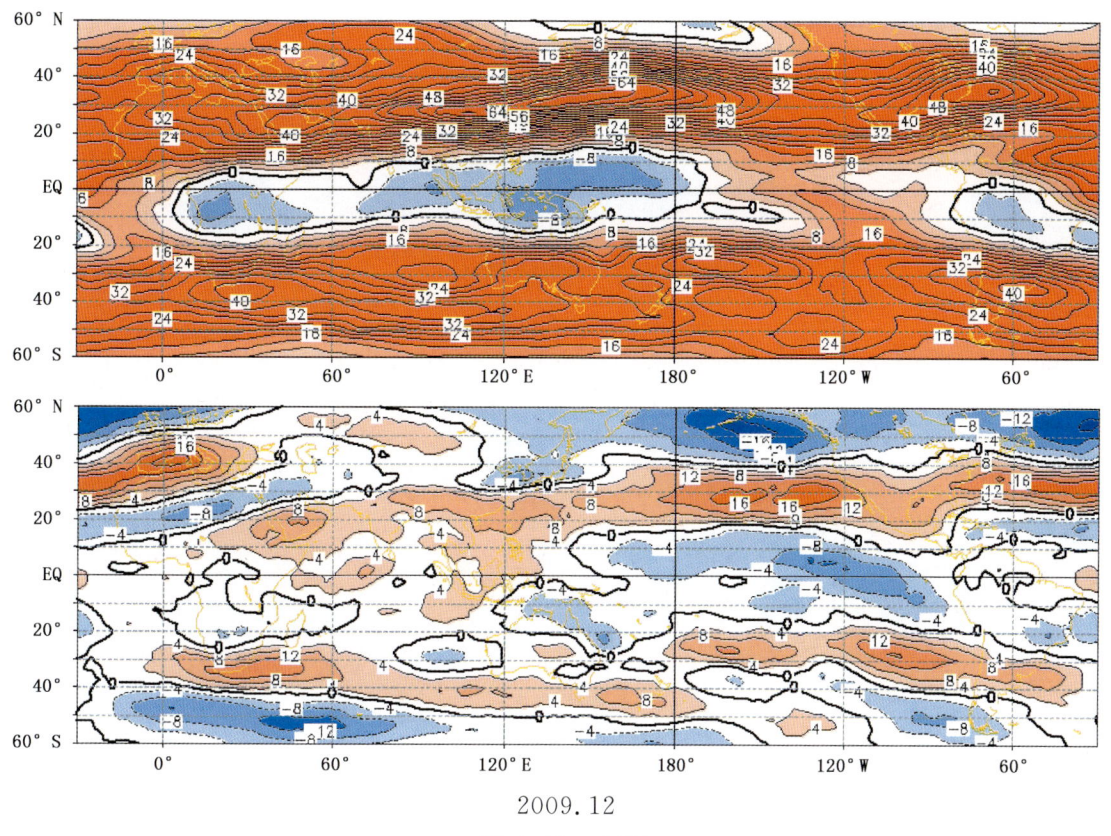

2009.12

图 2.11 （续）

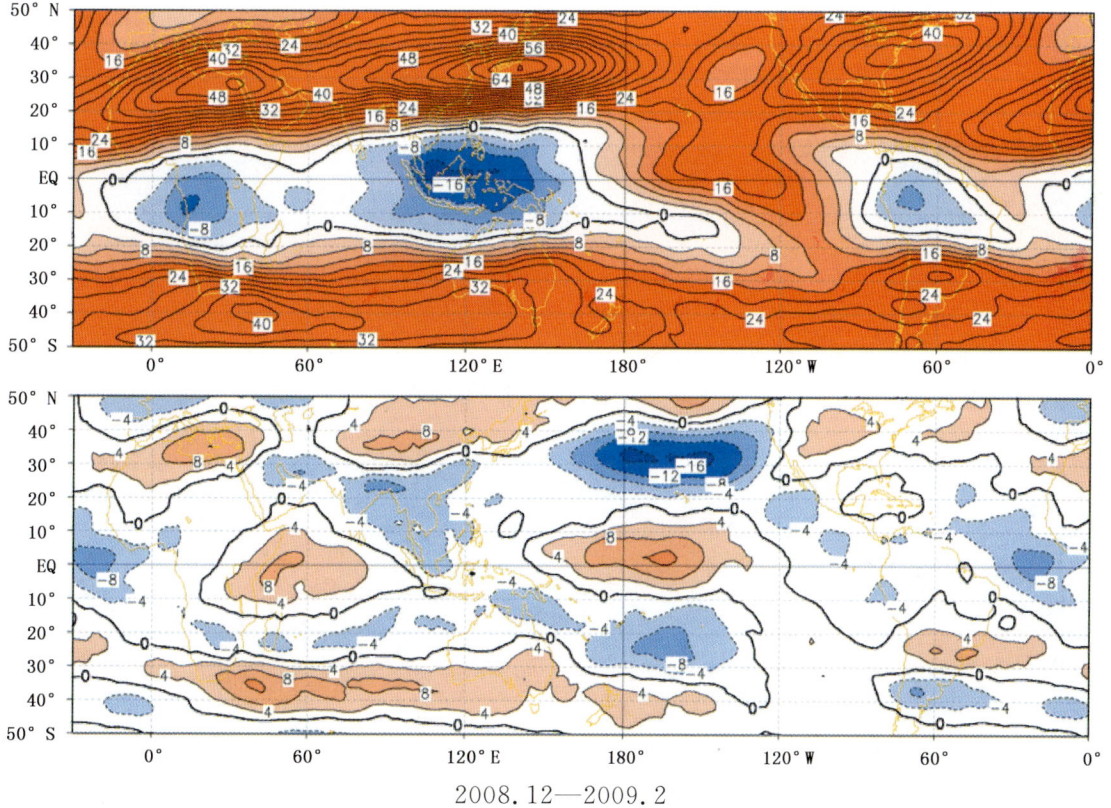

2008.12—2009.2

图 2.12　季平均 200 hPa 纬向风（上）及距平（下）（单位：m/s）

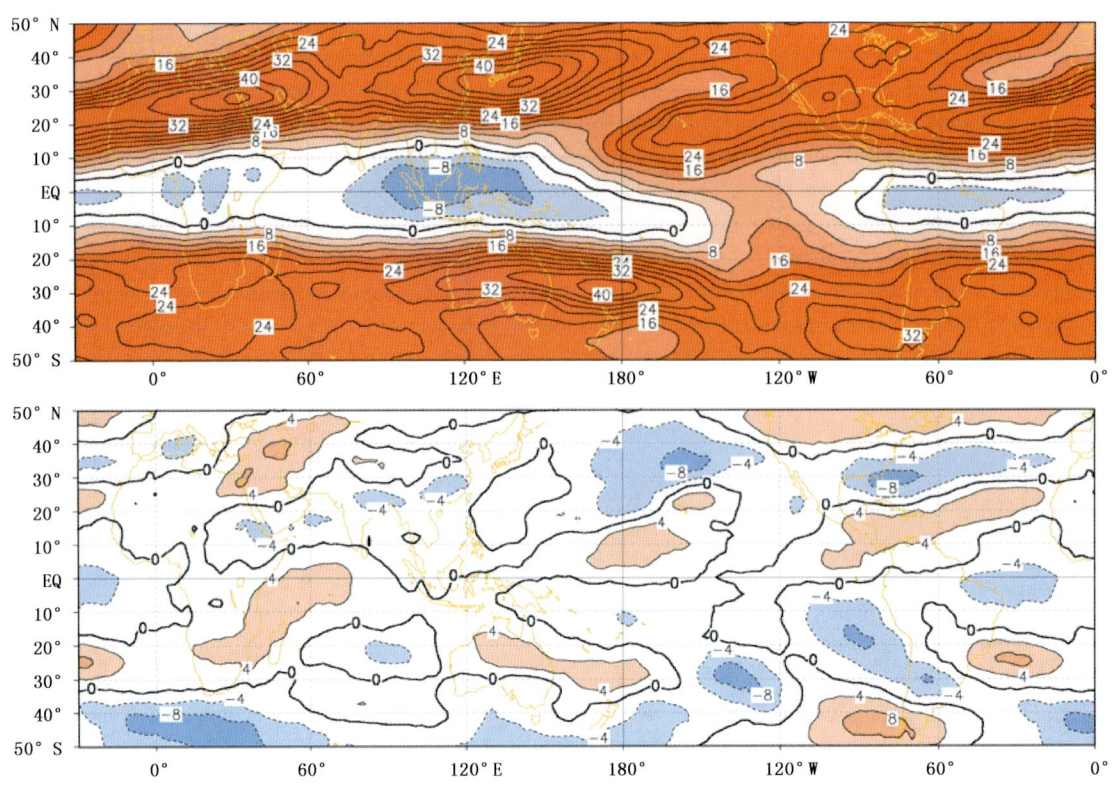

2009.3—2009.5

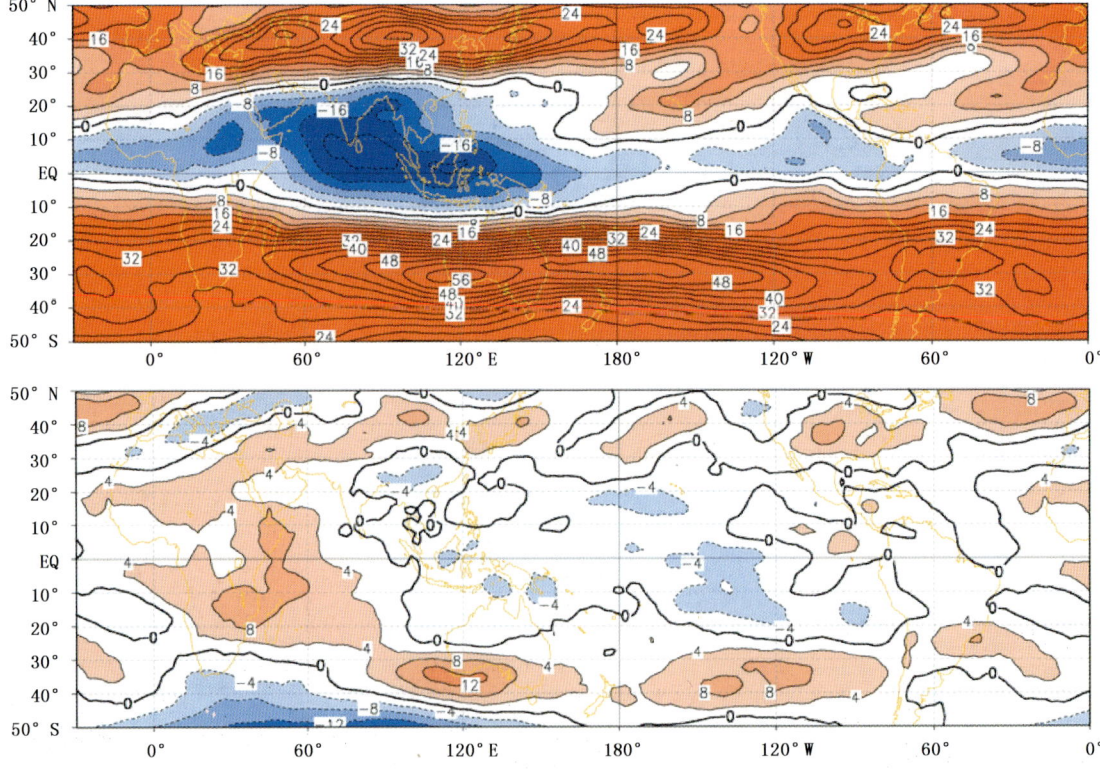

2009.6—2009.8

图 2.12 （续）

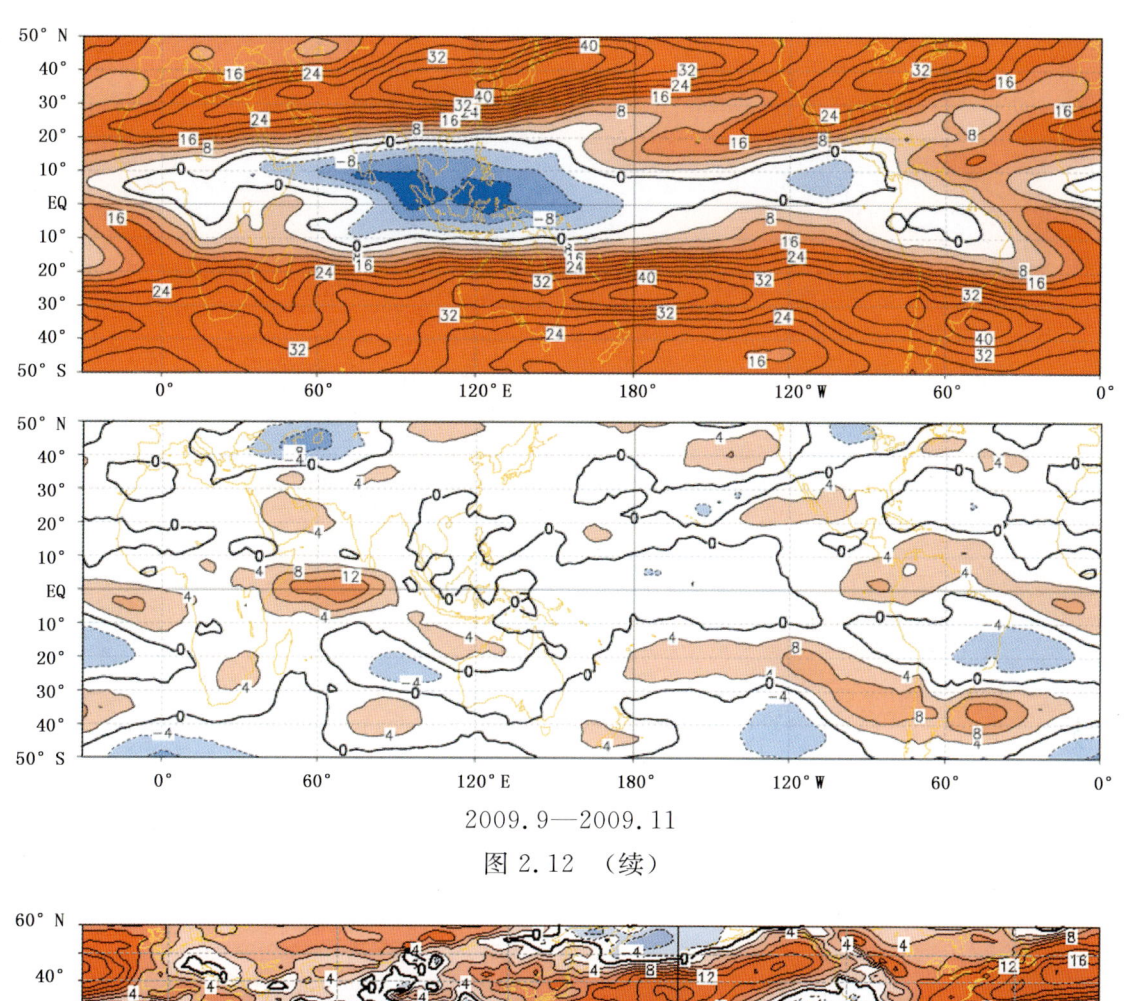

2009.9—2009.11

图 2.12 （续）

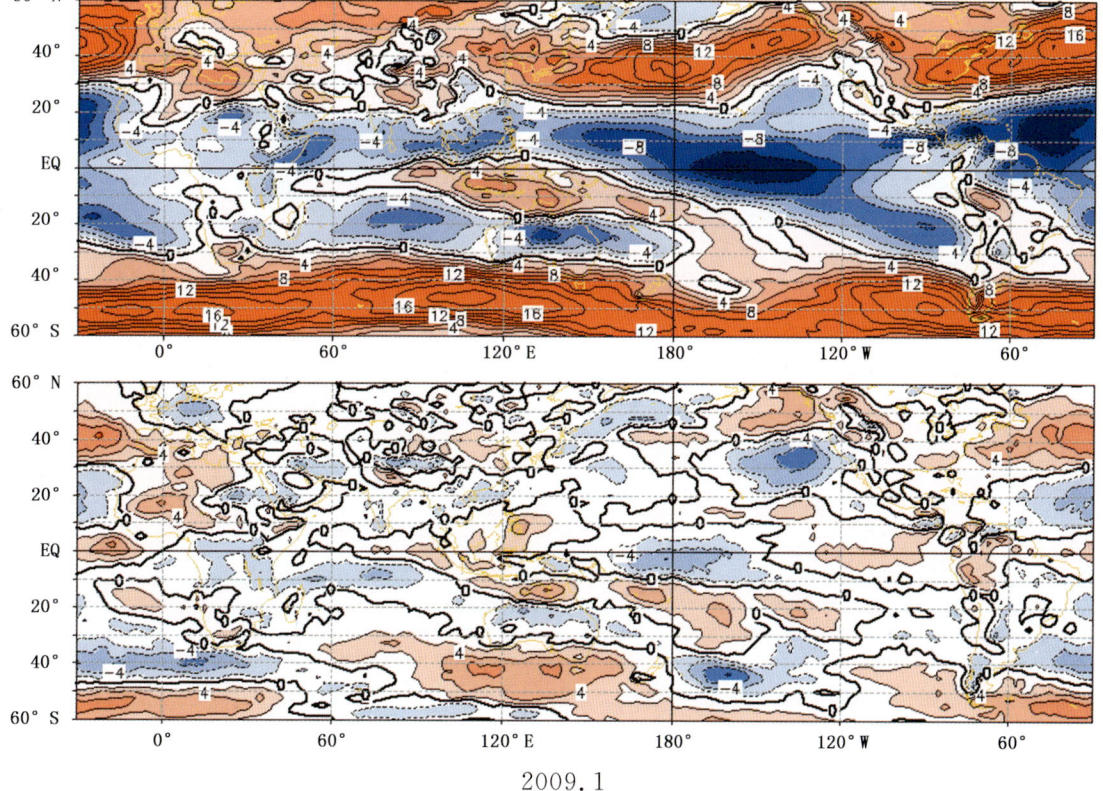

2009.1

图 2.13 月平均 850 hPa 纬向风（上）及距平（下）（单位：m/s）

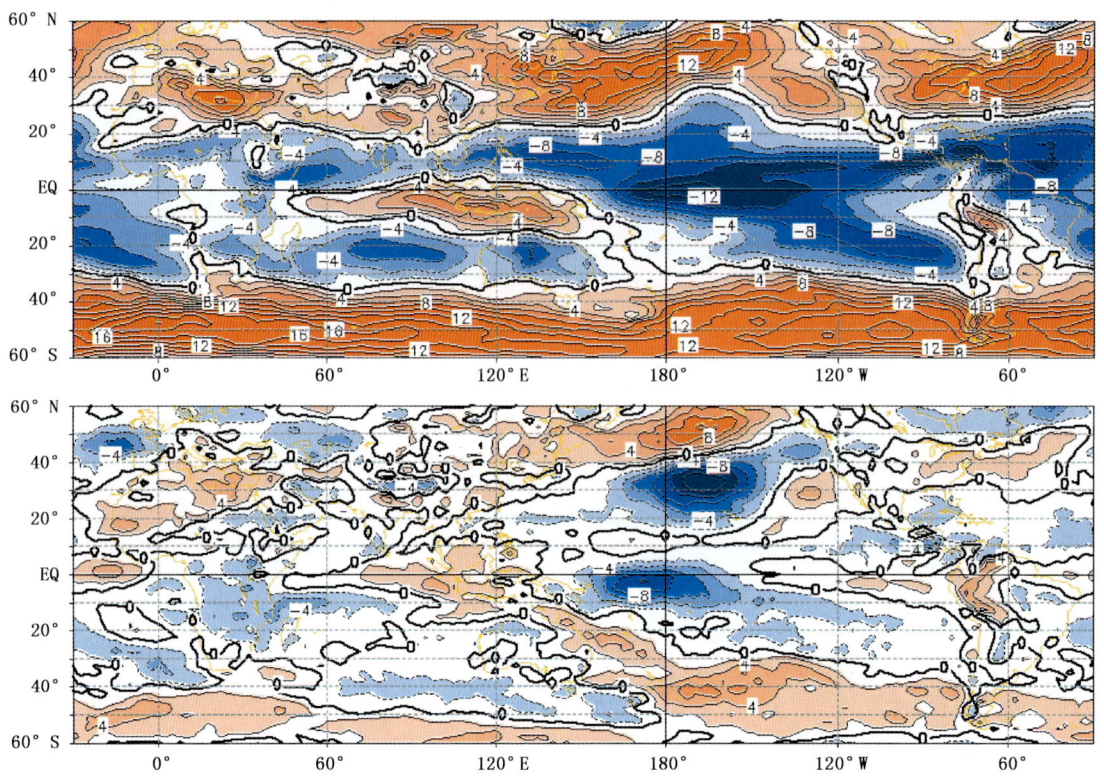

2009.2

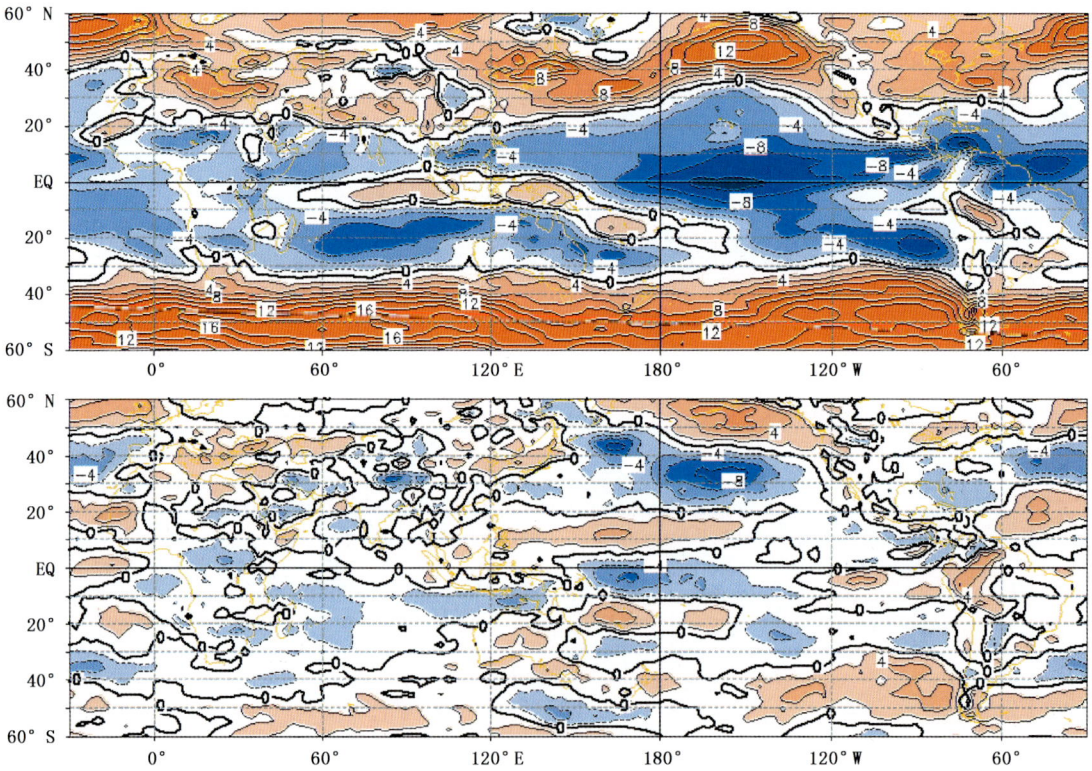

2009.3

图 2.13 （续）

大气环流与亚洲季风

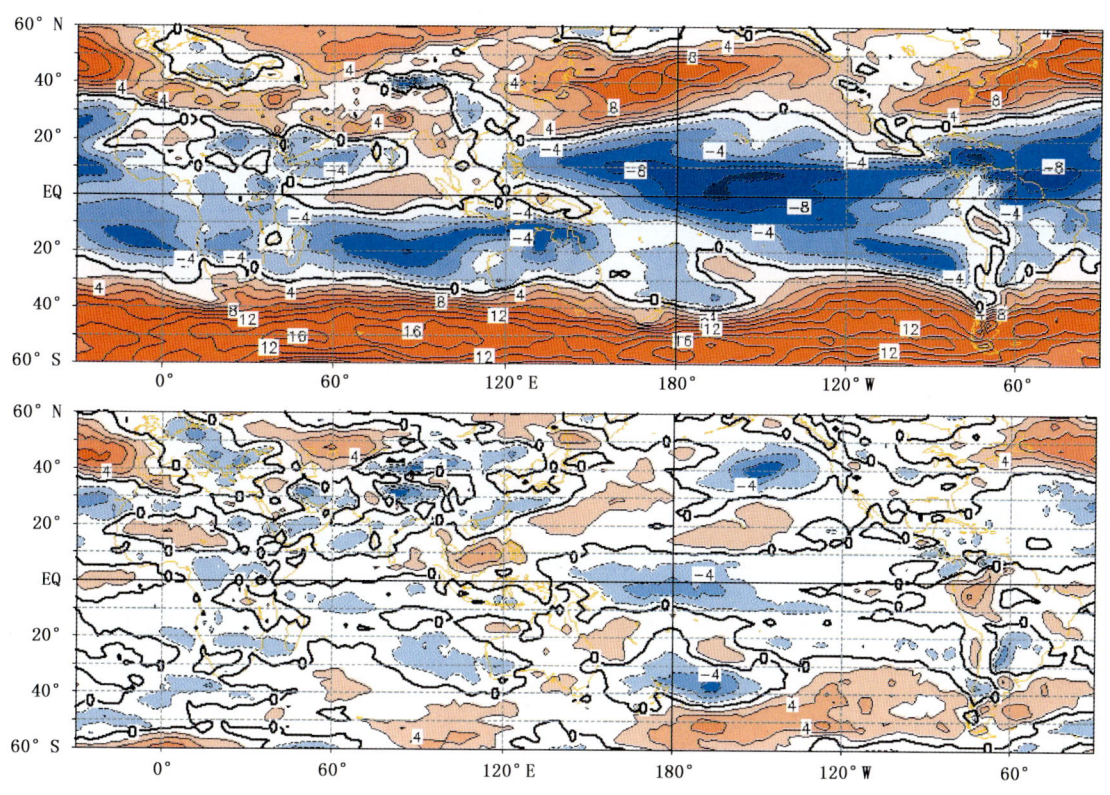

2009.4

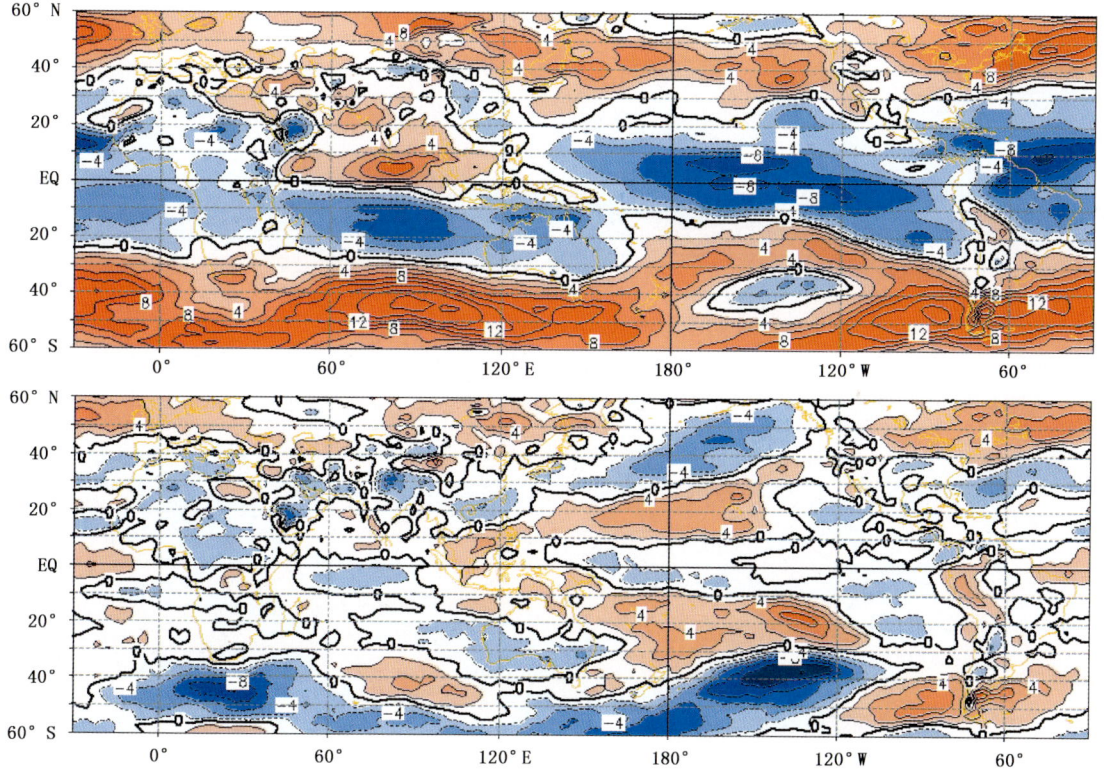

2009.5

图 2.13 （续）

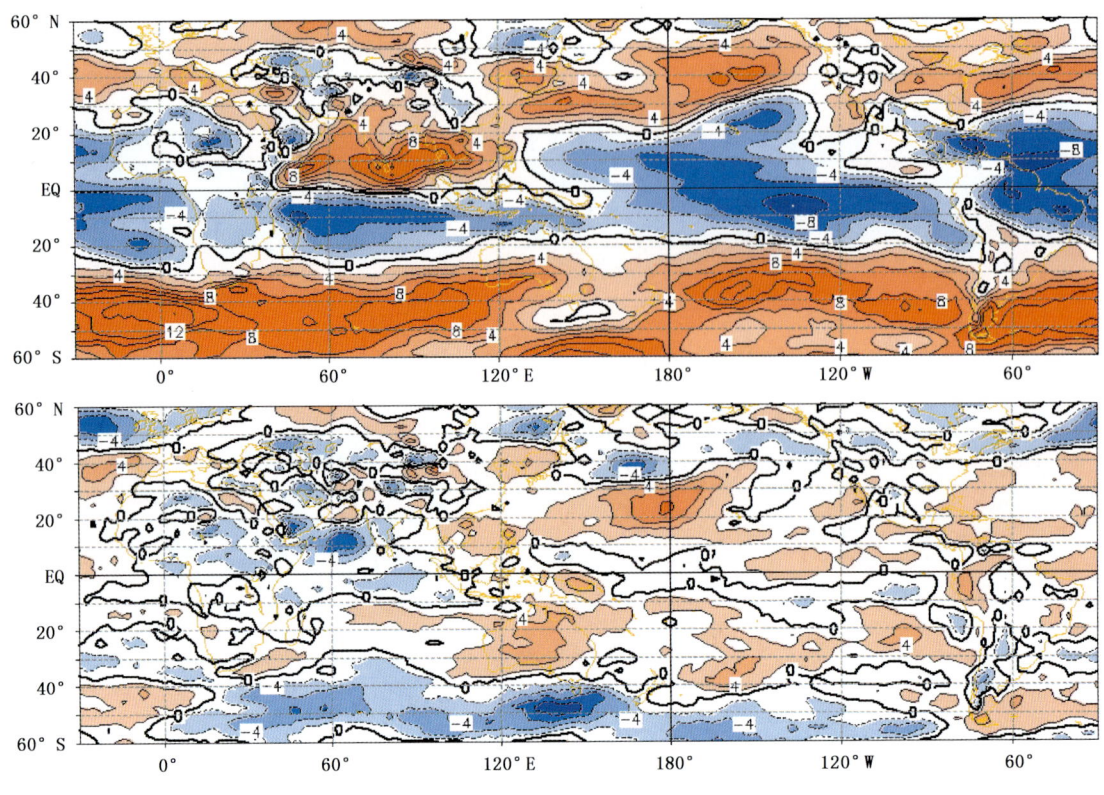

2009.6

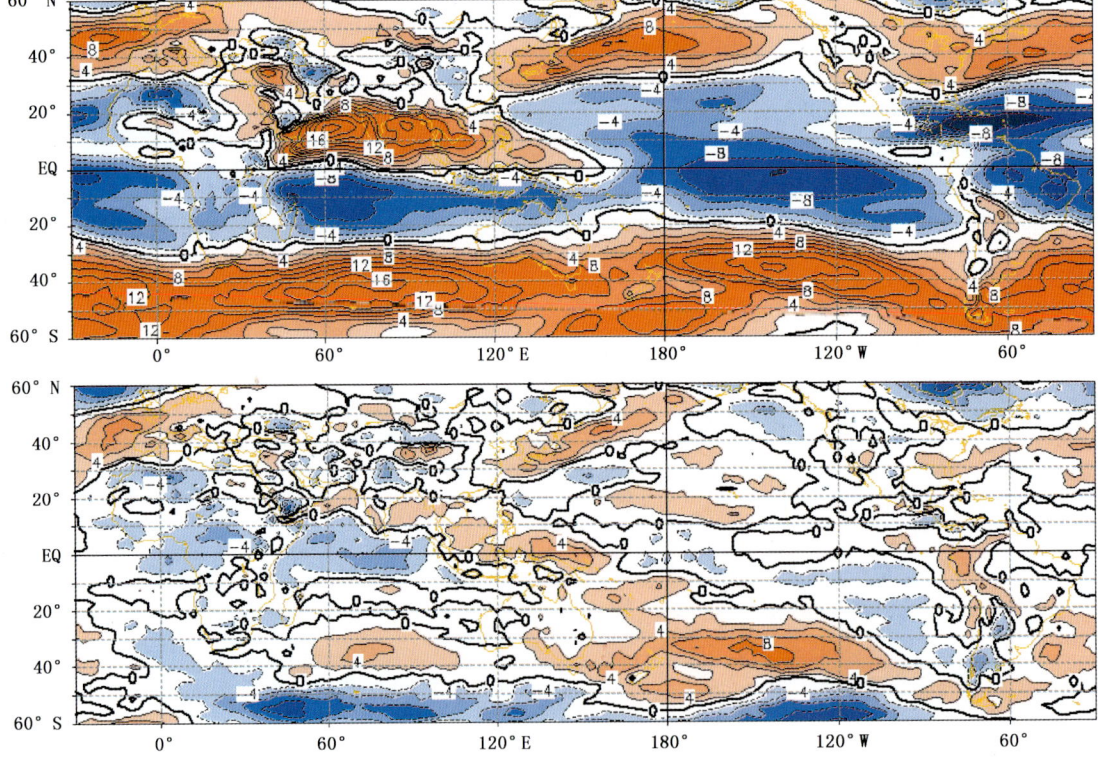

2009.7

图 2.13 （续）

大气环流与亚洲季风　　第二章

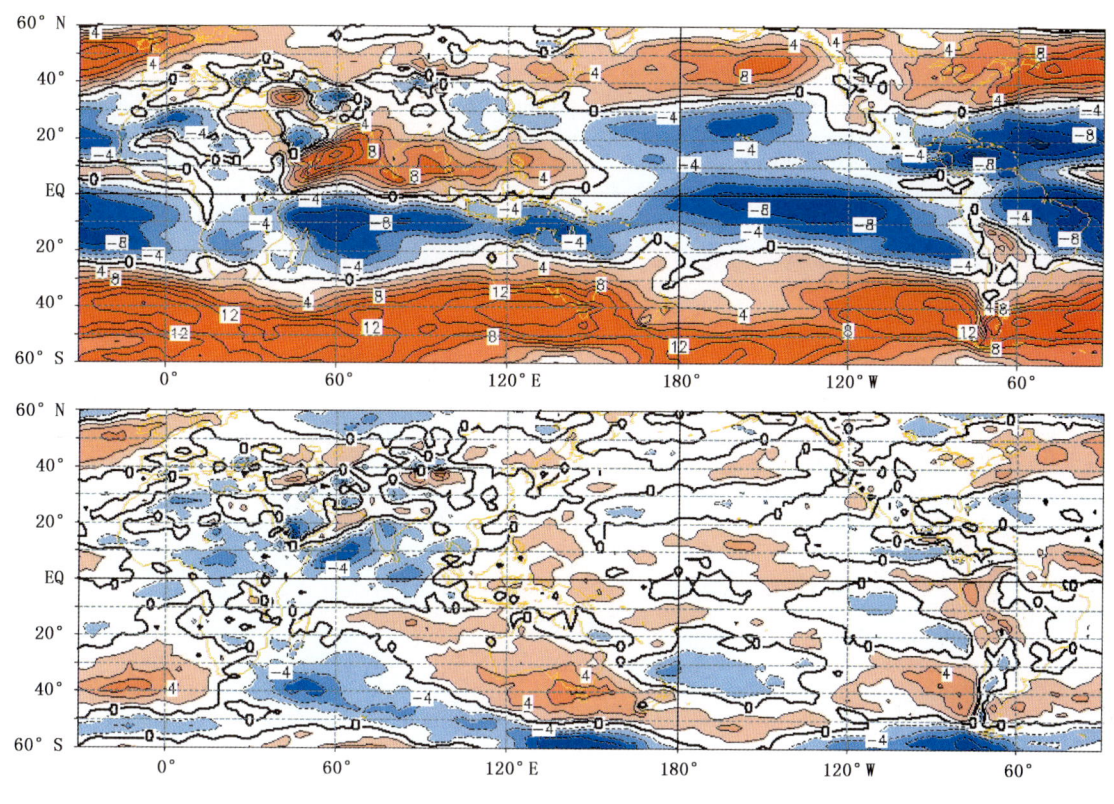

2009.8

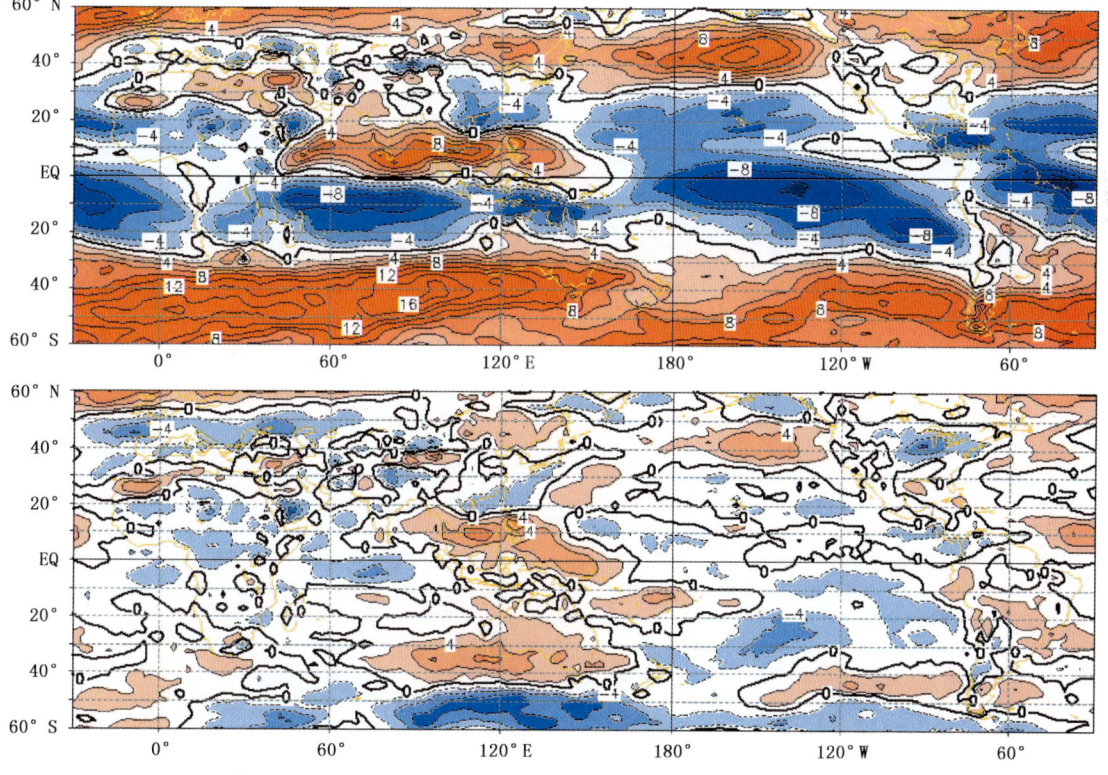

2009.9

图 2.13 （续）

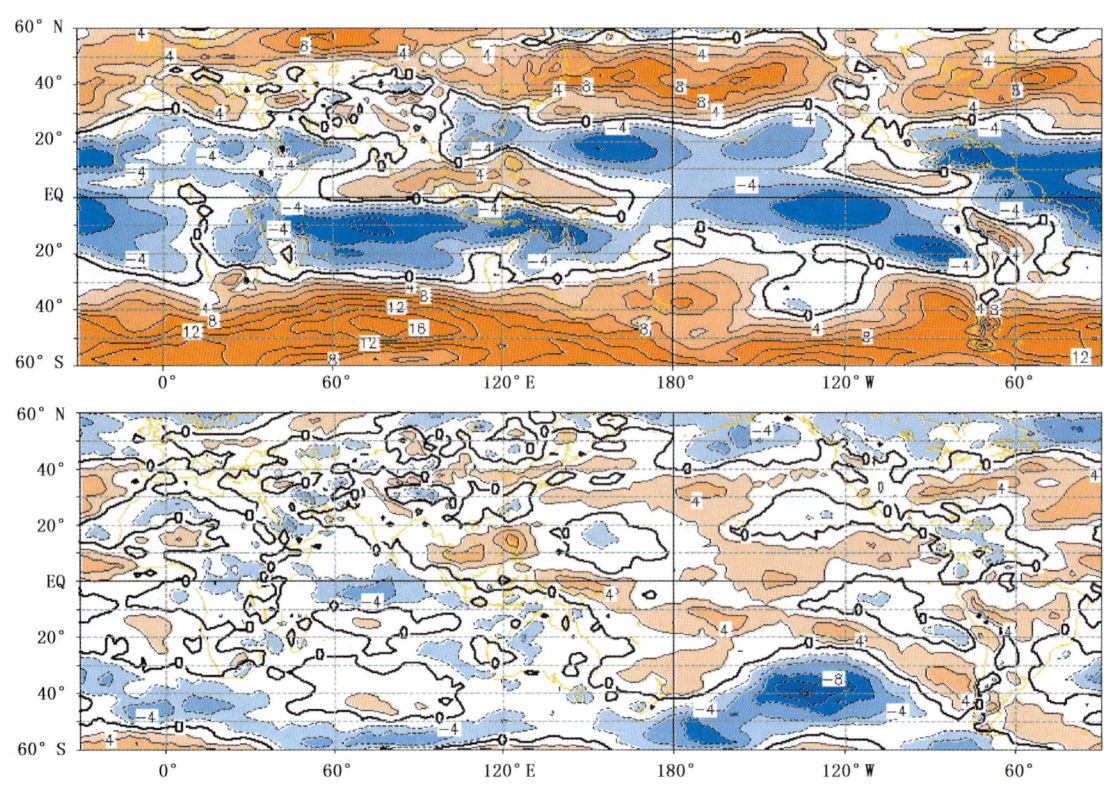

2009.10

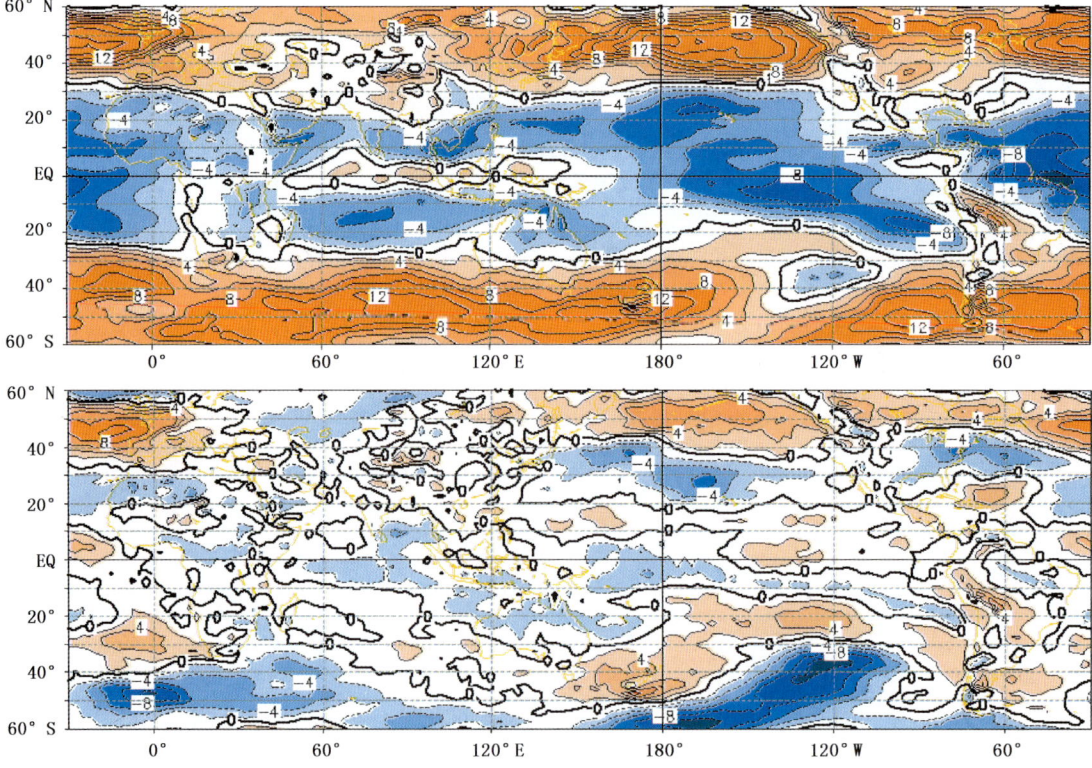

2009.11

图 2.13 （续）

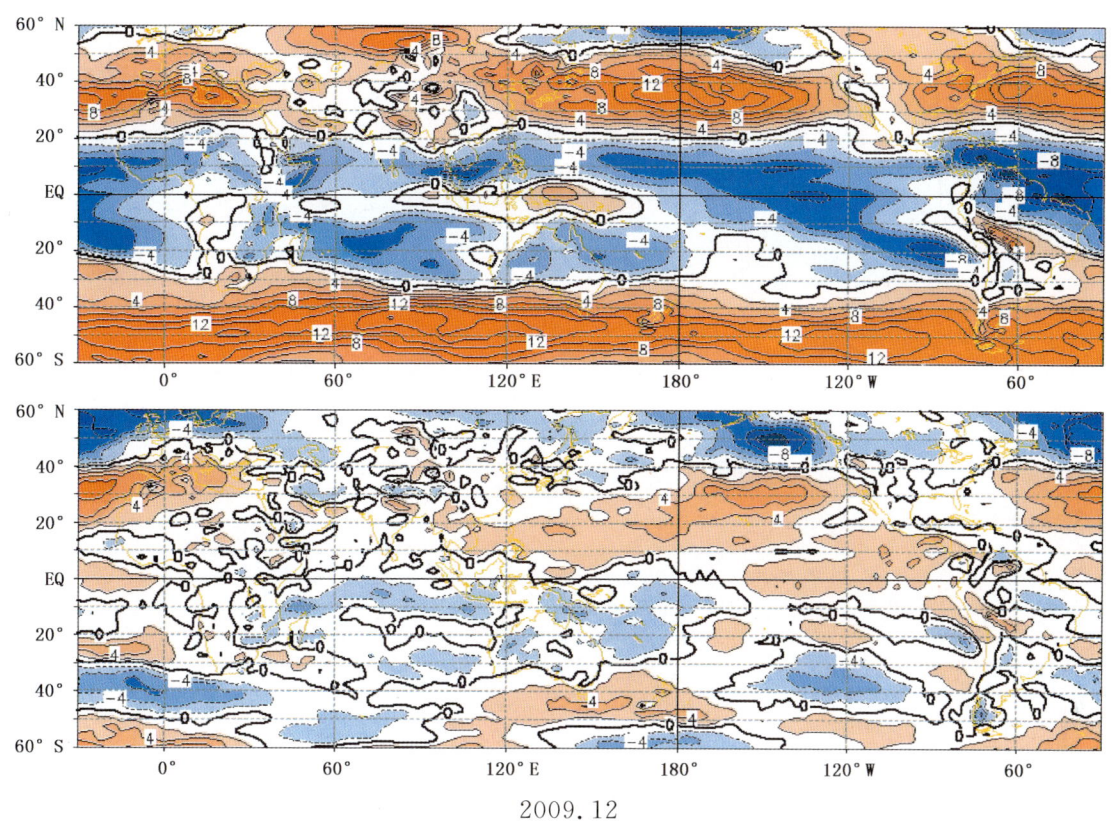

2009.12

图 2.13 （续）

2008.12—2009.2

图 2.14 季平均 850 hPa 纬向风（上）及距平（下）（单位：m/s）

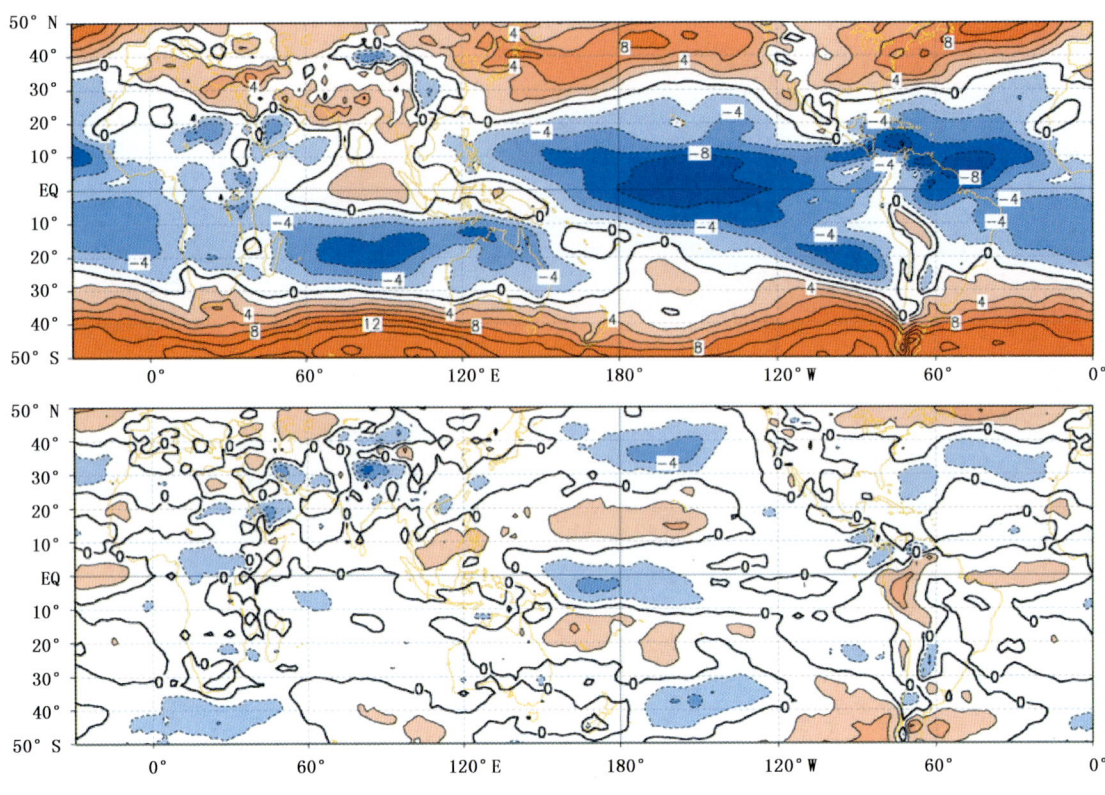

2009.3—2009.5

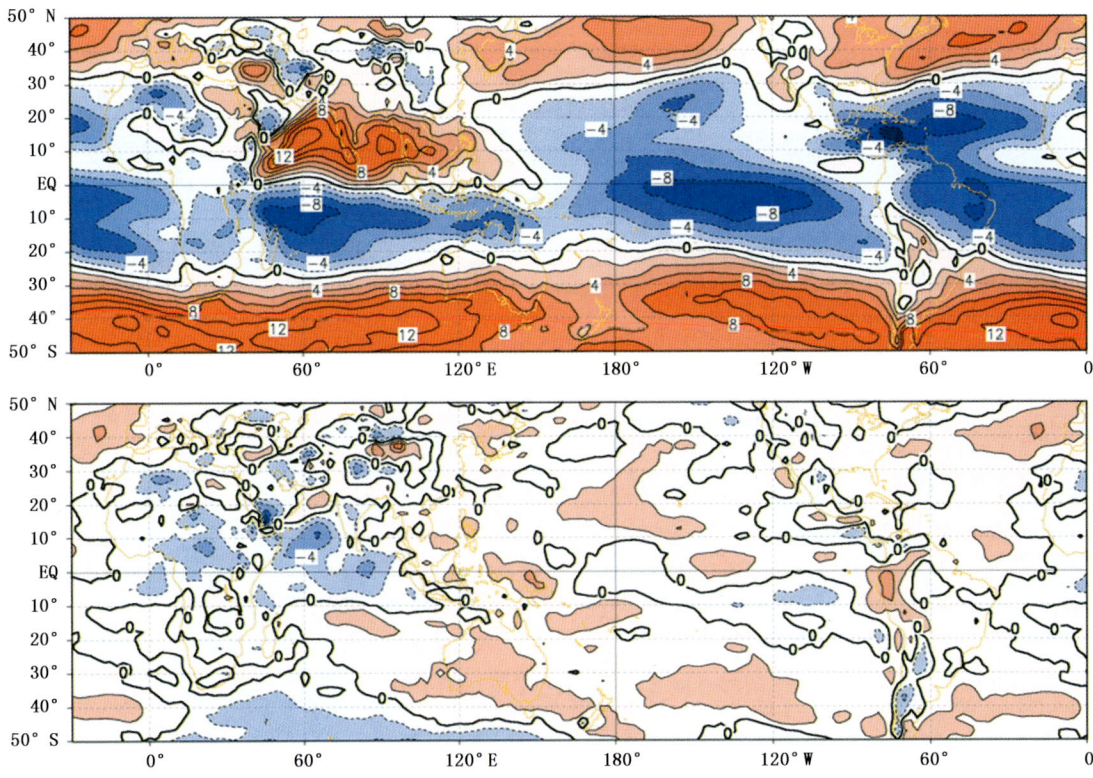

2009.6—2009.8

图2.14 （续）

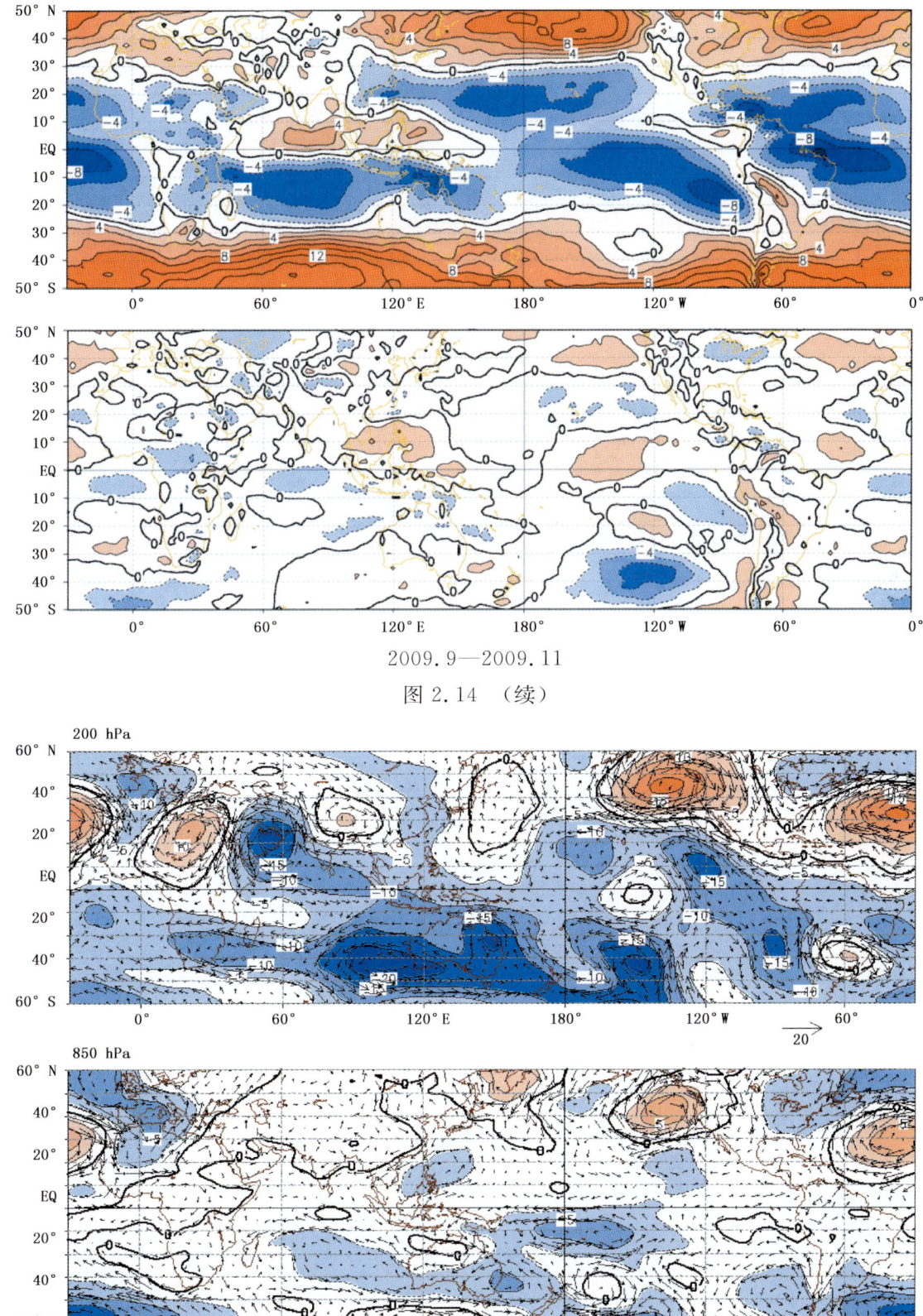

2009.9—2009.11

图 2.14 （续）

2009.1

图 2.15　200 hPa 和 850 hPa 月平均流函数距平($10^6 m^2/s$)及矢量风距平(m/s)

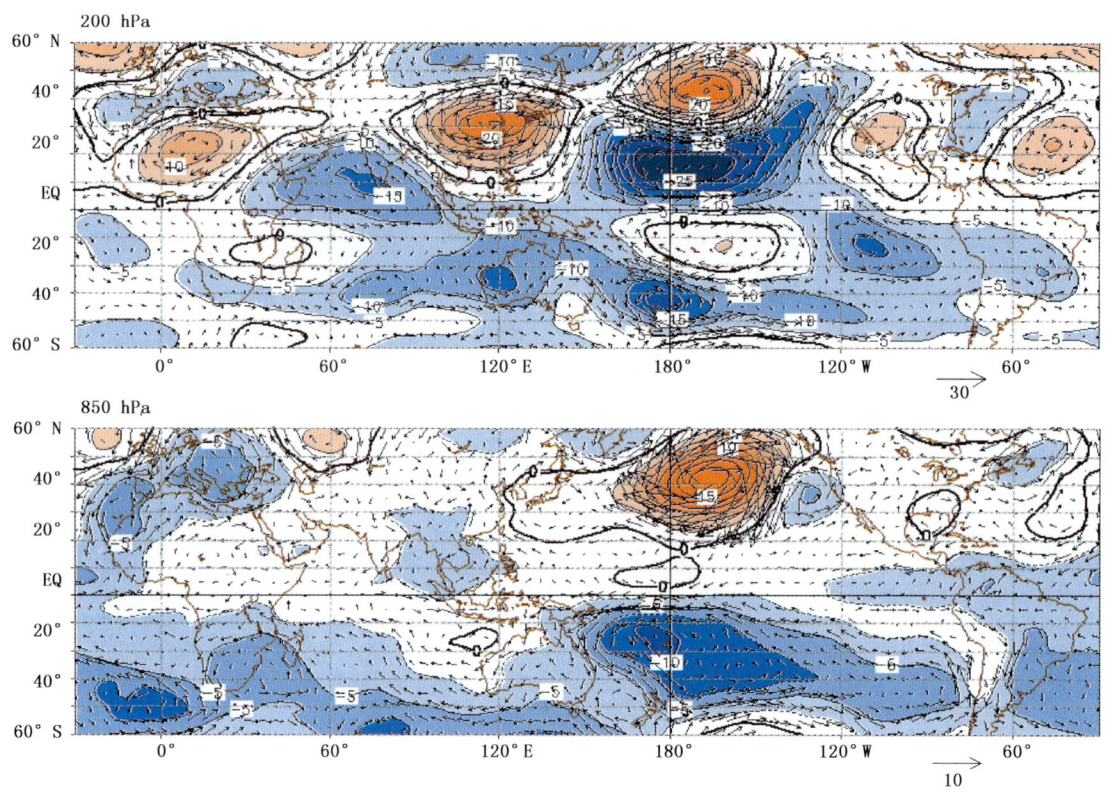

2009.2

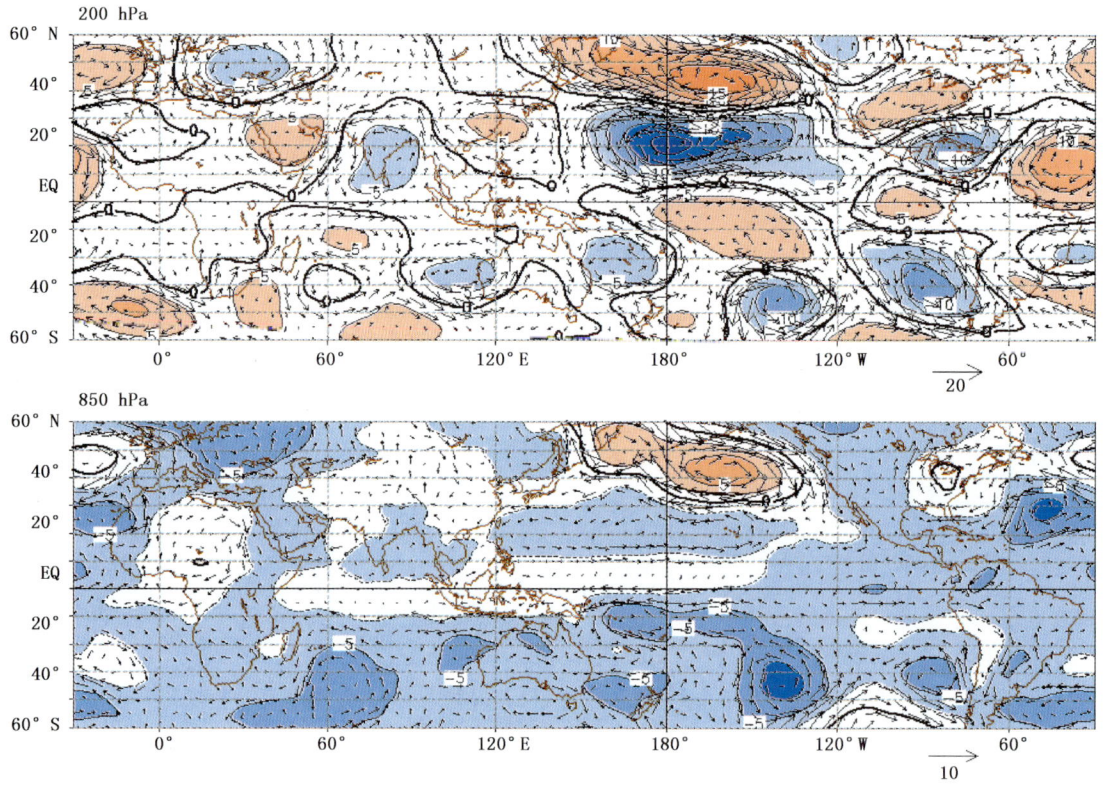

2009.3

图 2.15 （续）

大气环流与亚洲季风 第二章

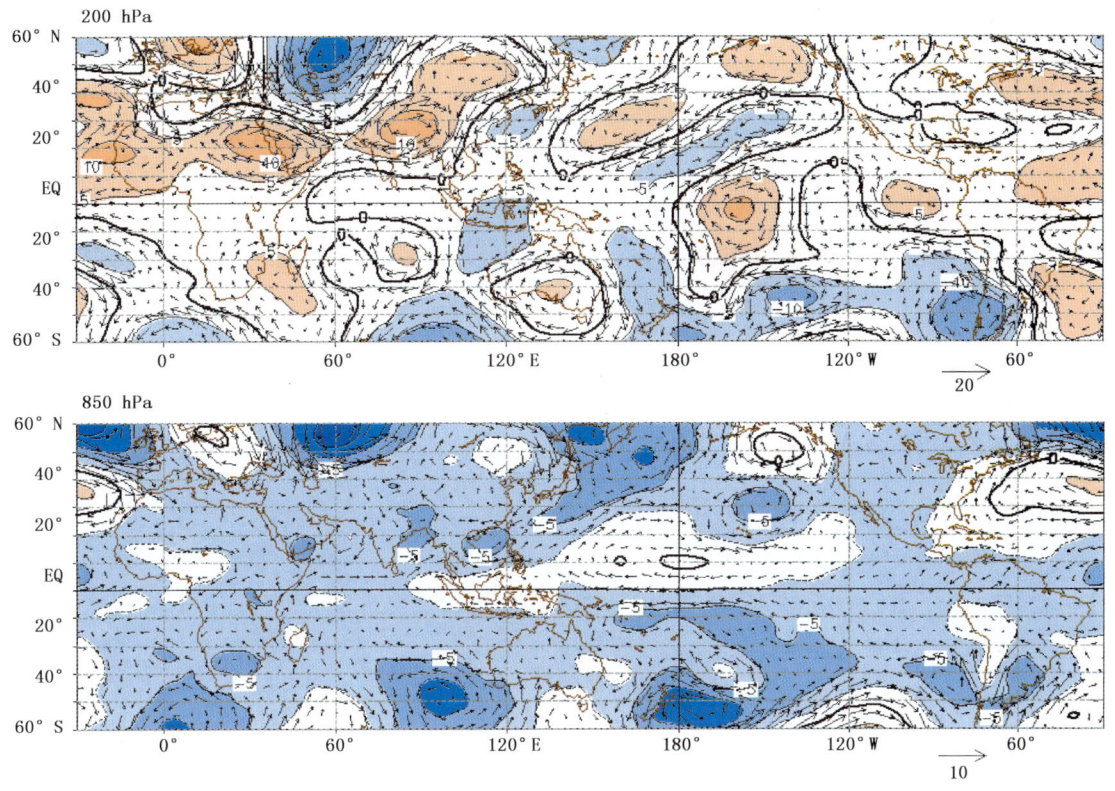

2009.4

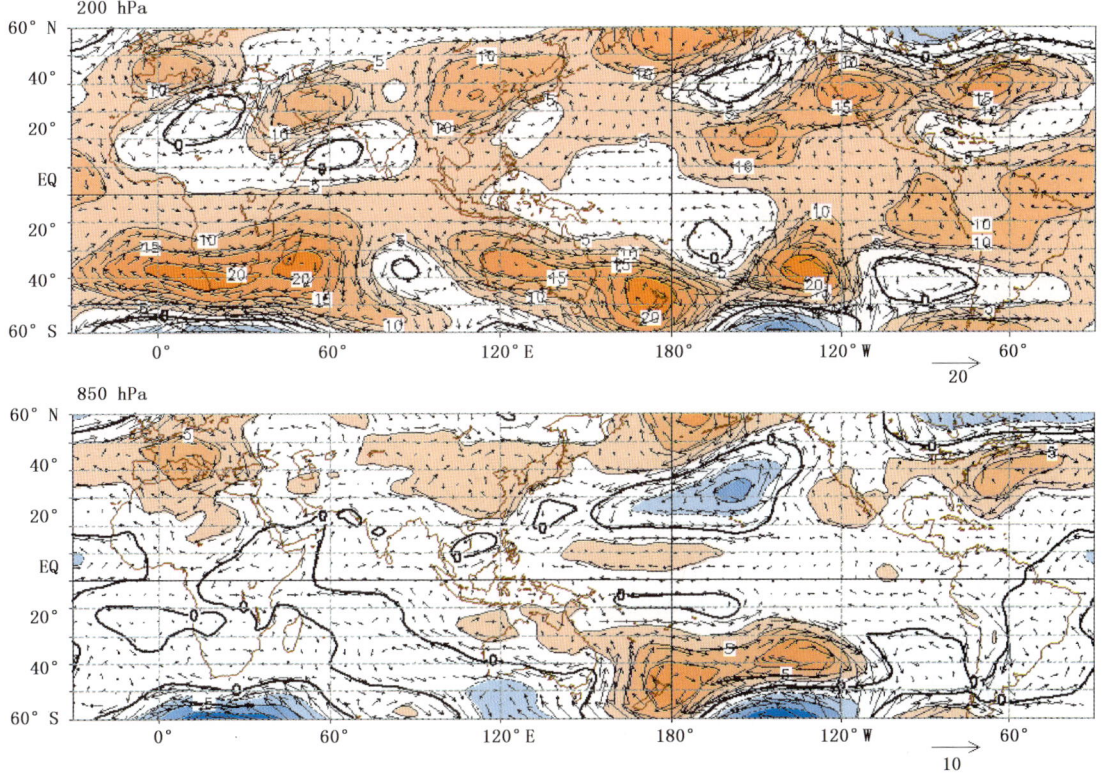

2009.5

图 2.15（续）

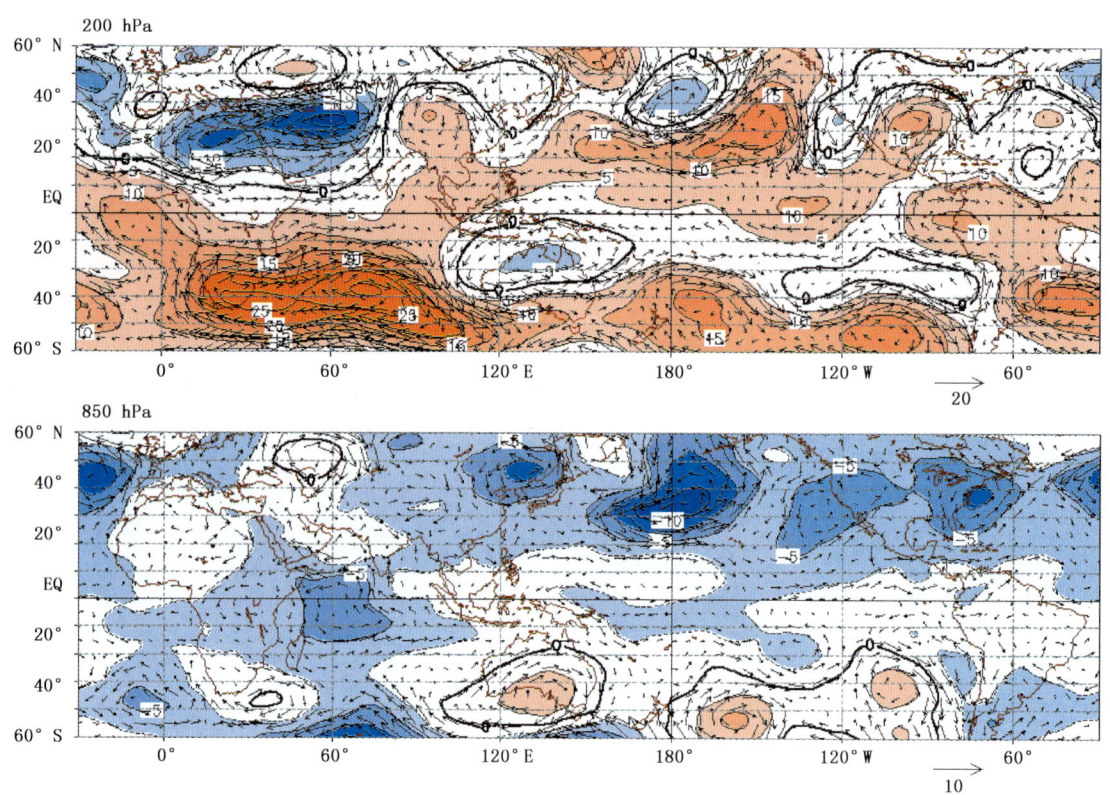

2009.6

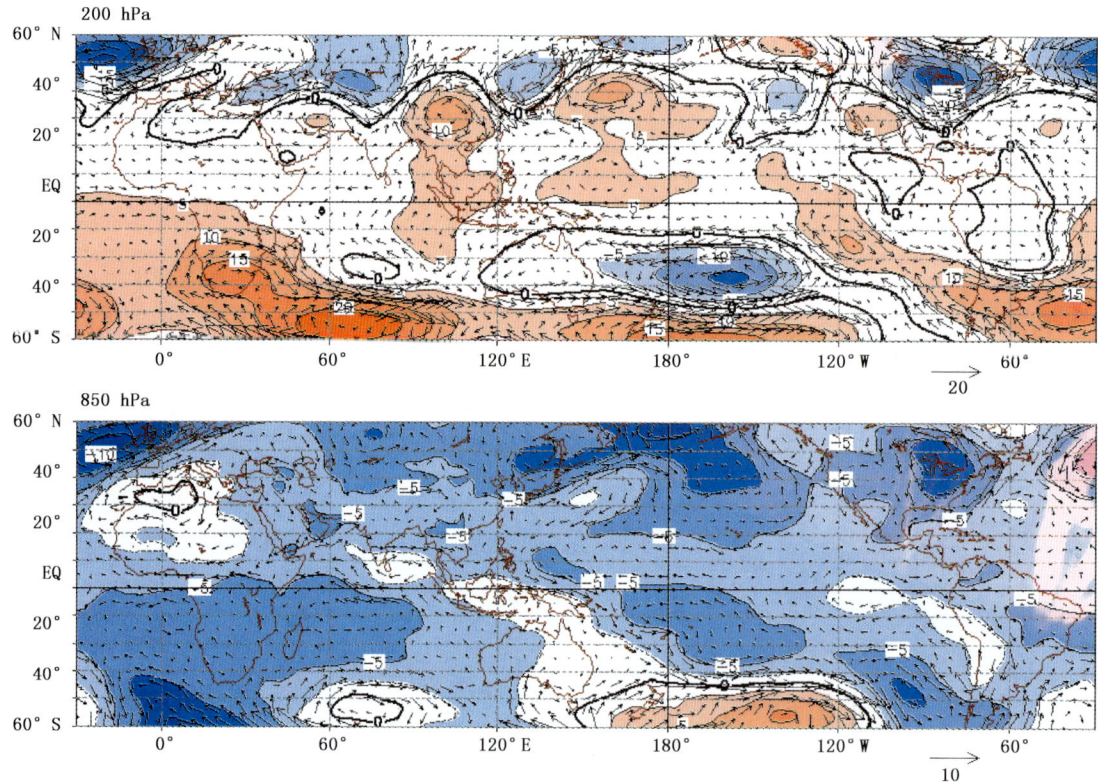

2009.7

图 2.15 （续）

大气环流与亚洲季风　第二章

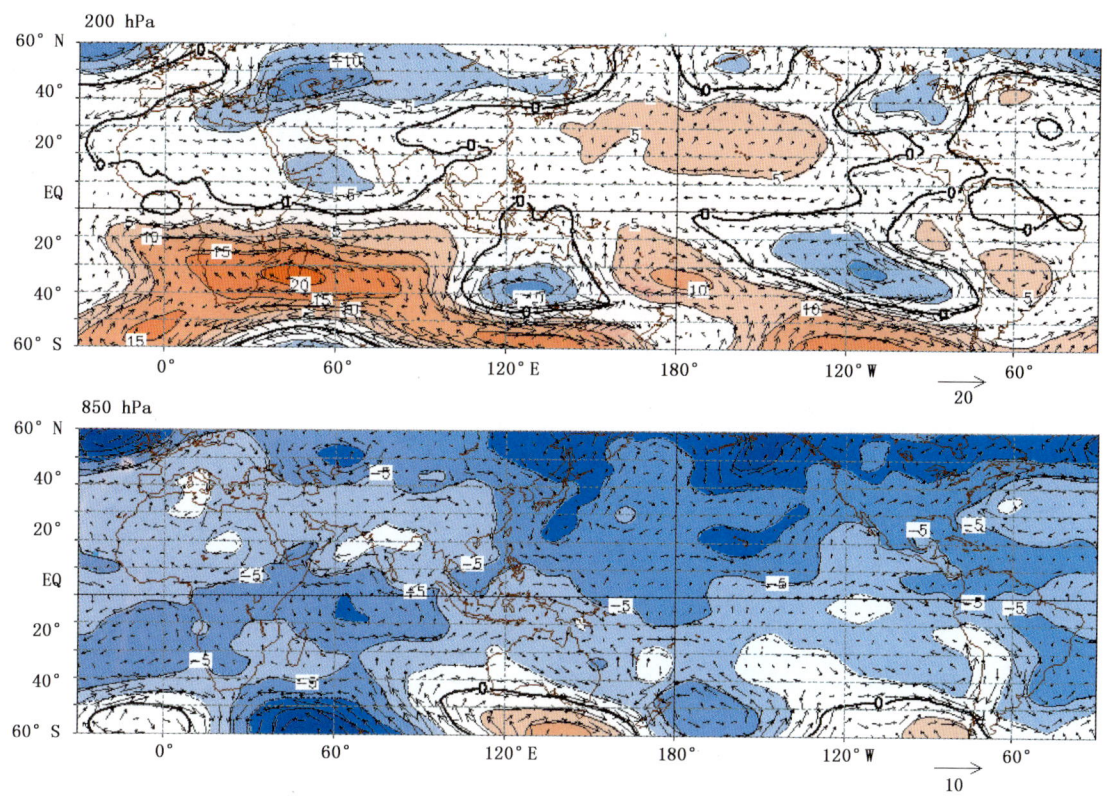

2009.8

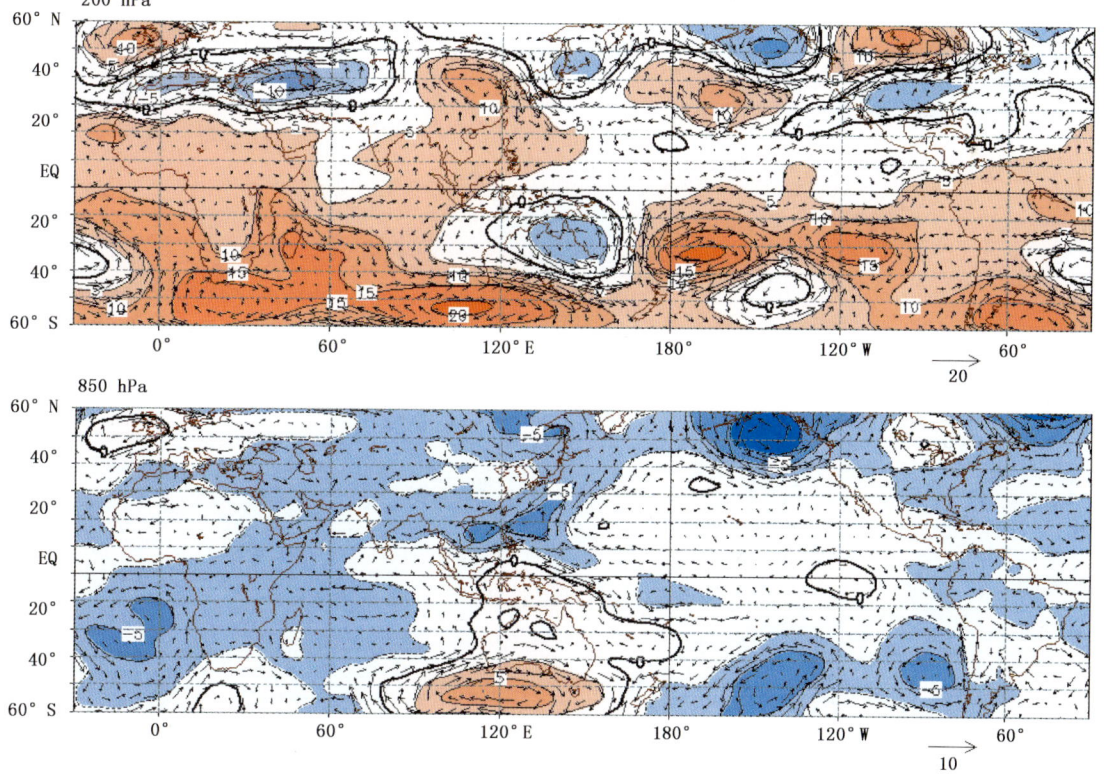

2009.9

图 2.15 （续）

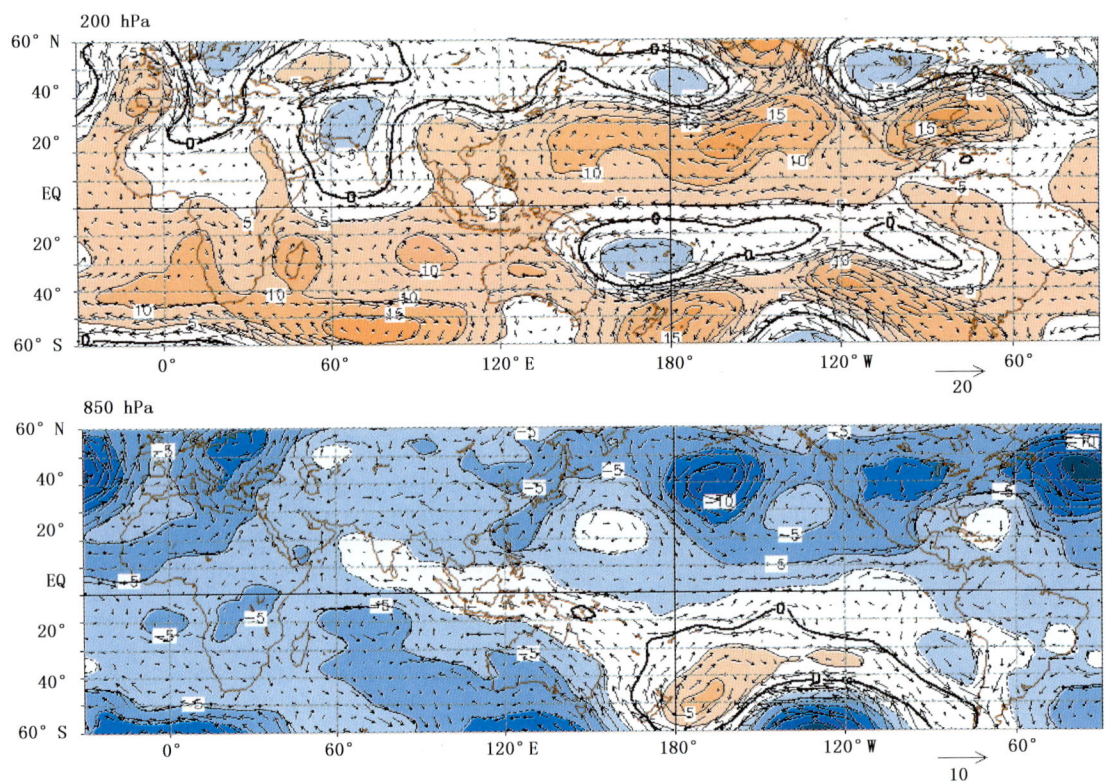

2009.10

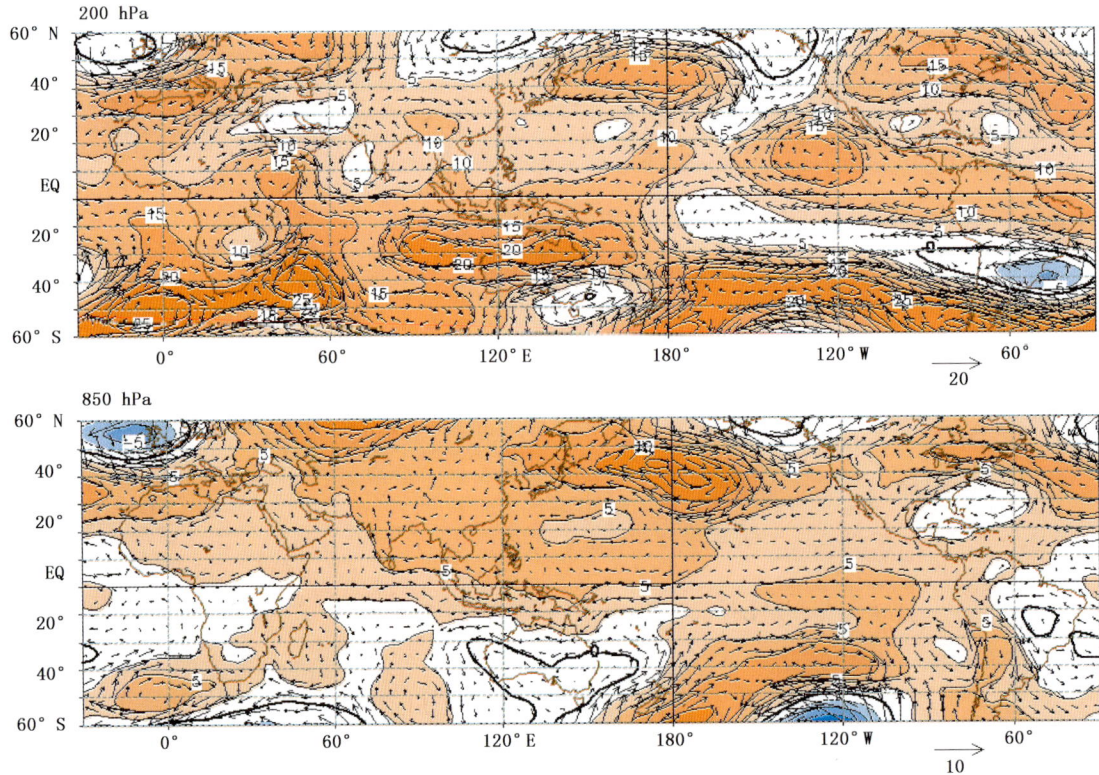

2009.11

图 2.15 （续）

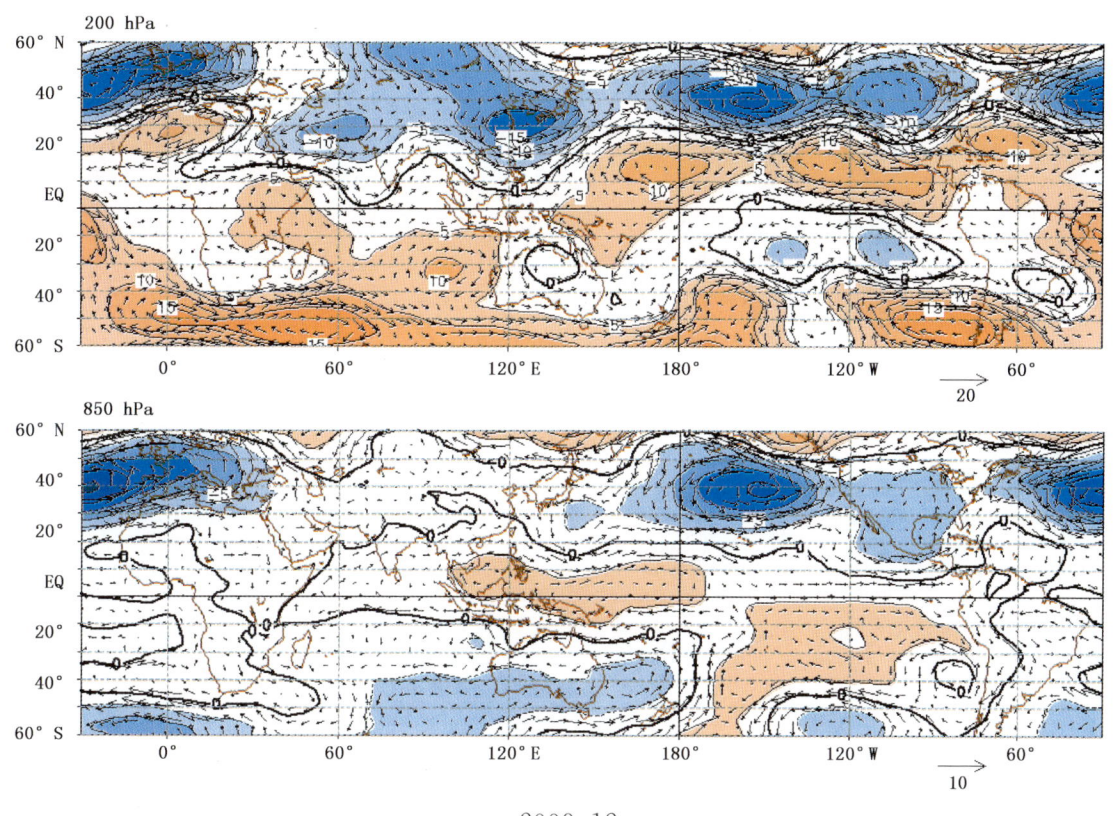

2009.12

图 2.15 （续）

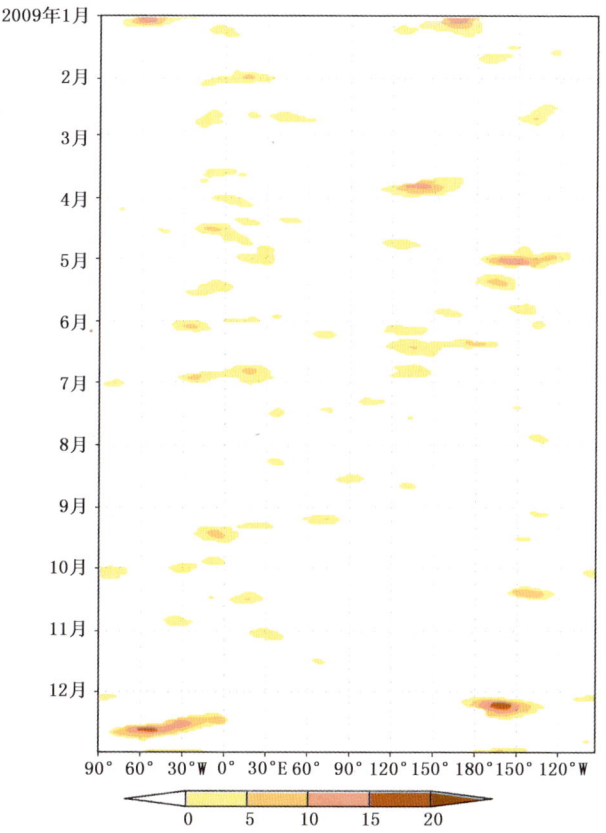

图 2.16　2009 年北半球阻塞高压指数变化

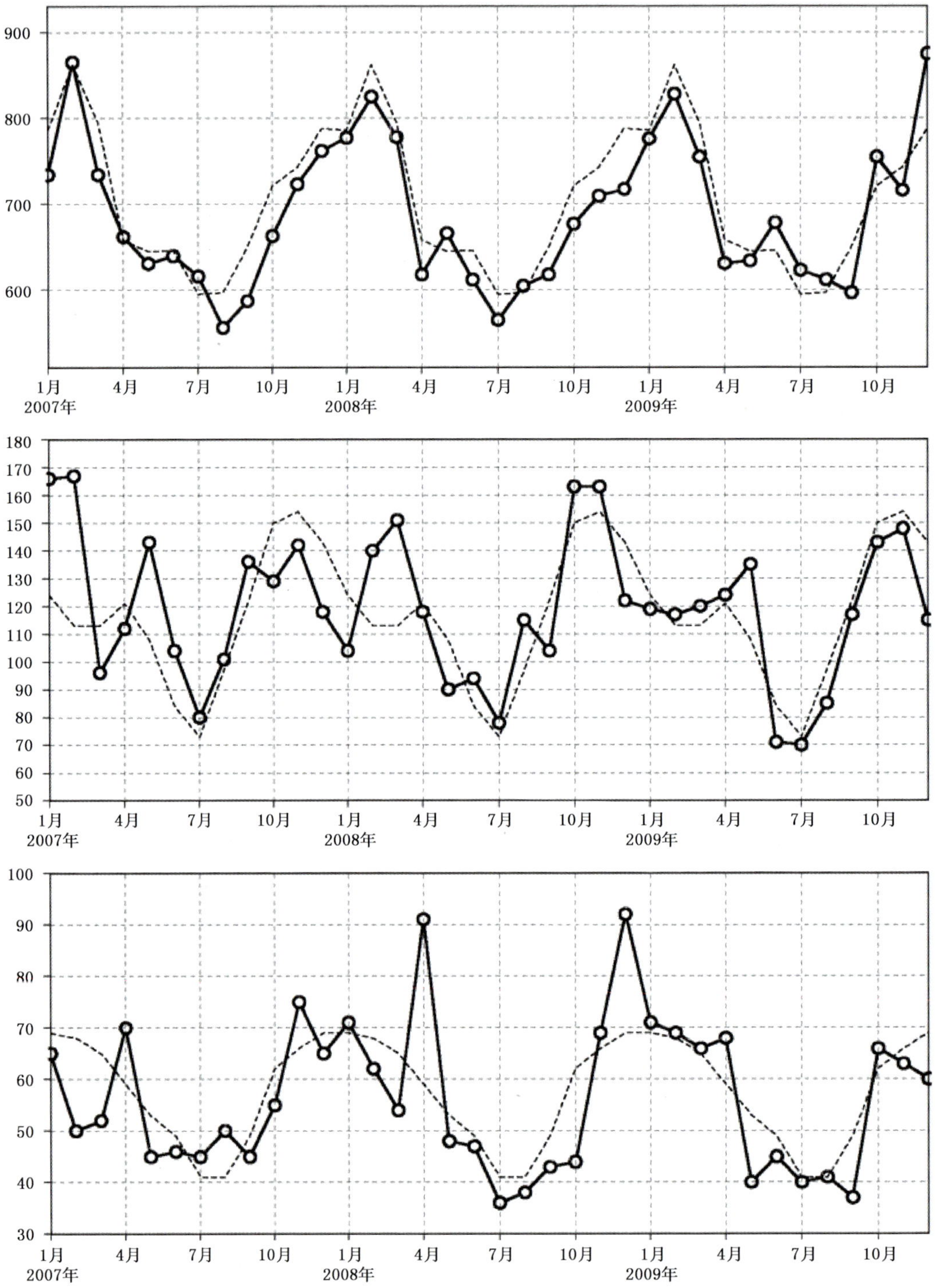

图 2.17 北半球极涡面积(上)、欧亚纬向(中)和经向(下)环流指数序列

注:图 2.17 至图 2.19 和图 2.24 中带"○"实线表示月值,虚线表示 1971—2000 年气候平均值。

大气环流与亚洲季风 第二章

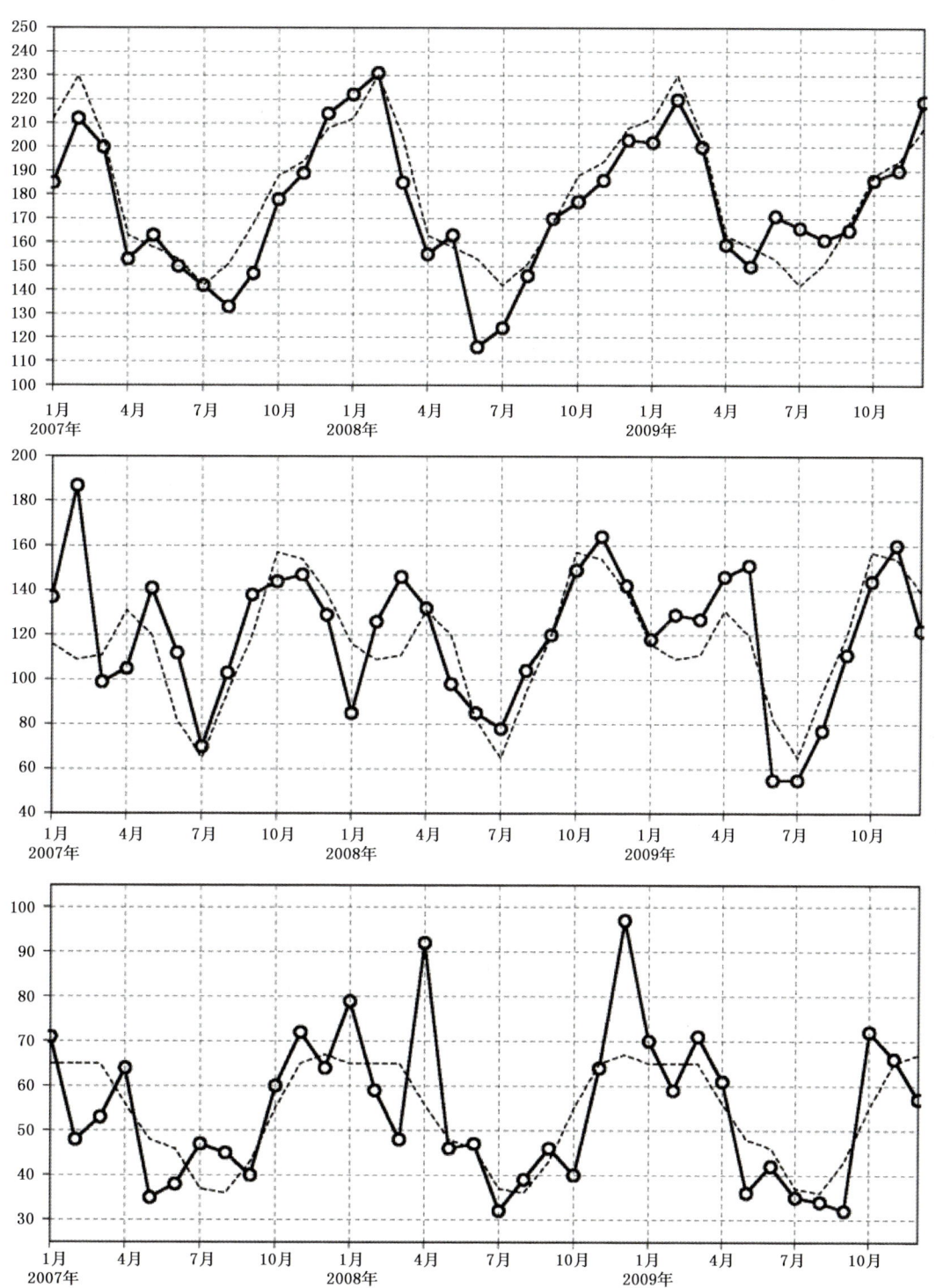

图 2.18 亚洲极涡面积(上)、亚洲纬向(中)和经向(下)环流指数序列

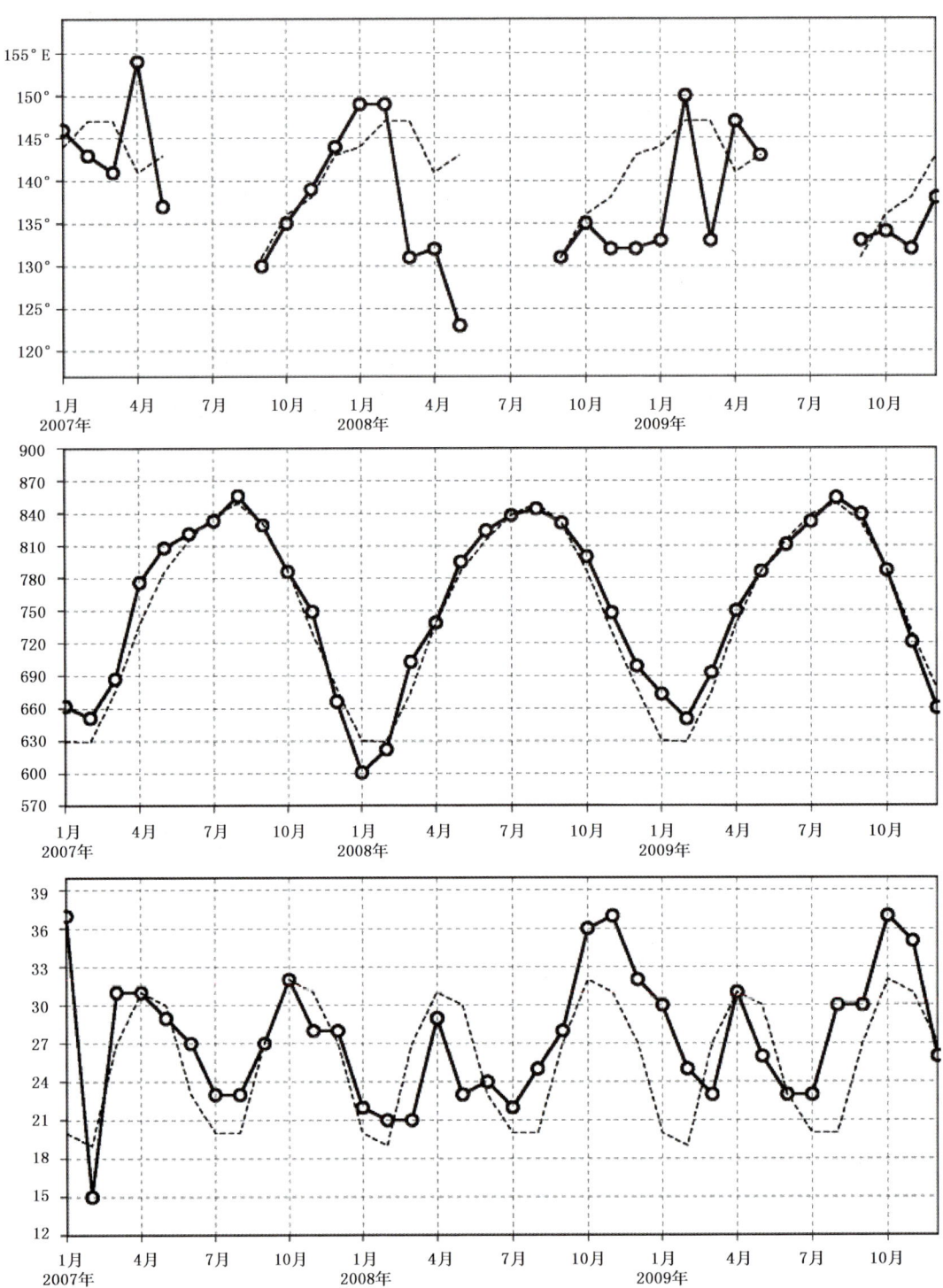

图 2.19 东亚大槽位置(上)、青藏高原指数(中)、印缅槽指数(下)序列

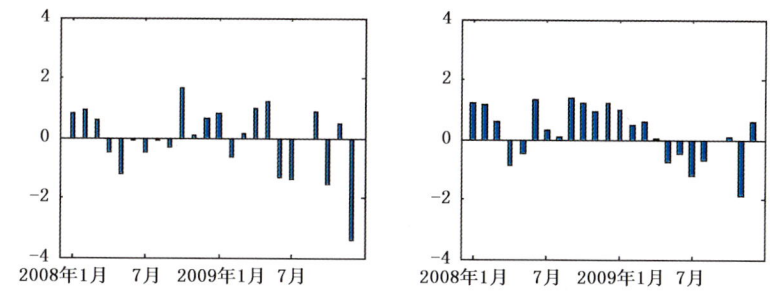

图 2.20　北极涛动（左）和南极涛动（右）指数序列（2008.1—2009.12）

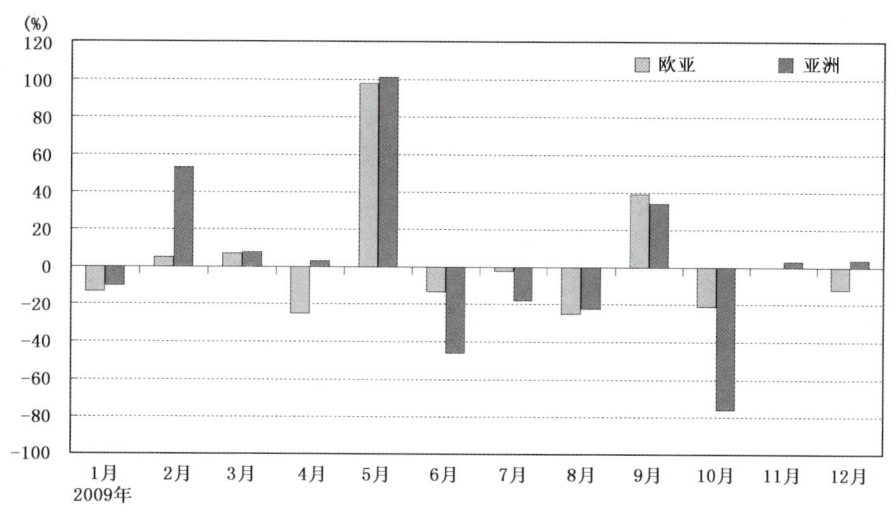

图 2.21　2009 年逐月欧亚和亚洲区西风指数变化

（指数≥0 时，表示西风带纬向环流占优势，指数≤0 时表示西风带经向环流占优势）

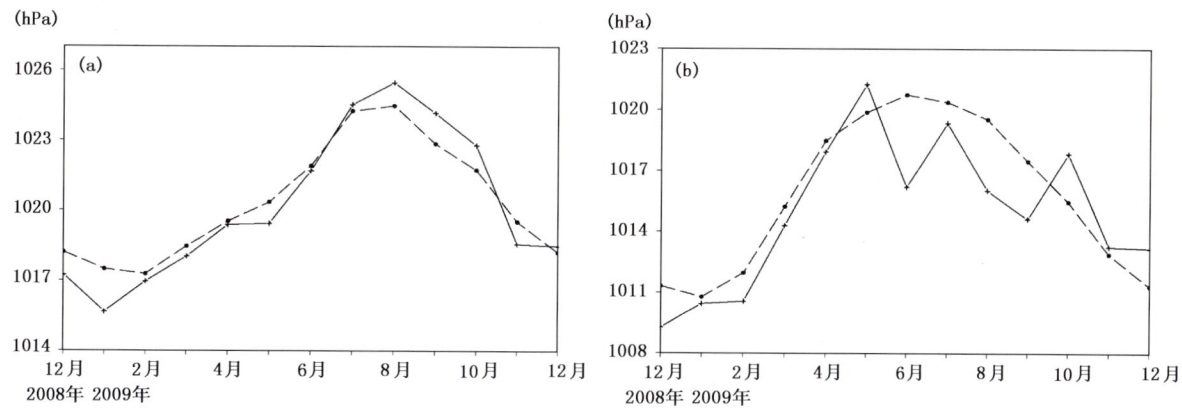

图 2.22　南半球马斯克林高压指数（a）和澳大利亚高压指数（b）

（2008.12—2009.12），虚线为气候平均值

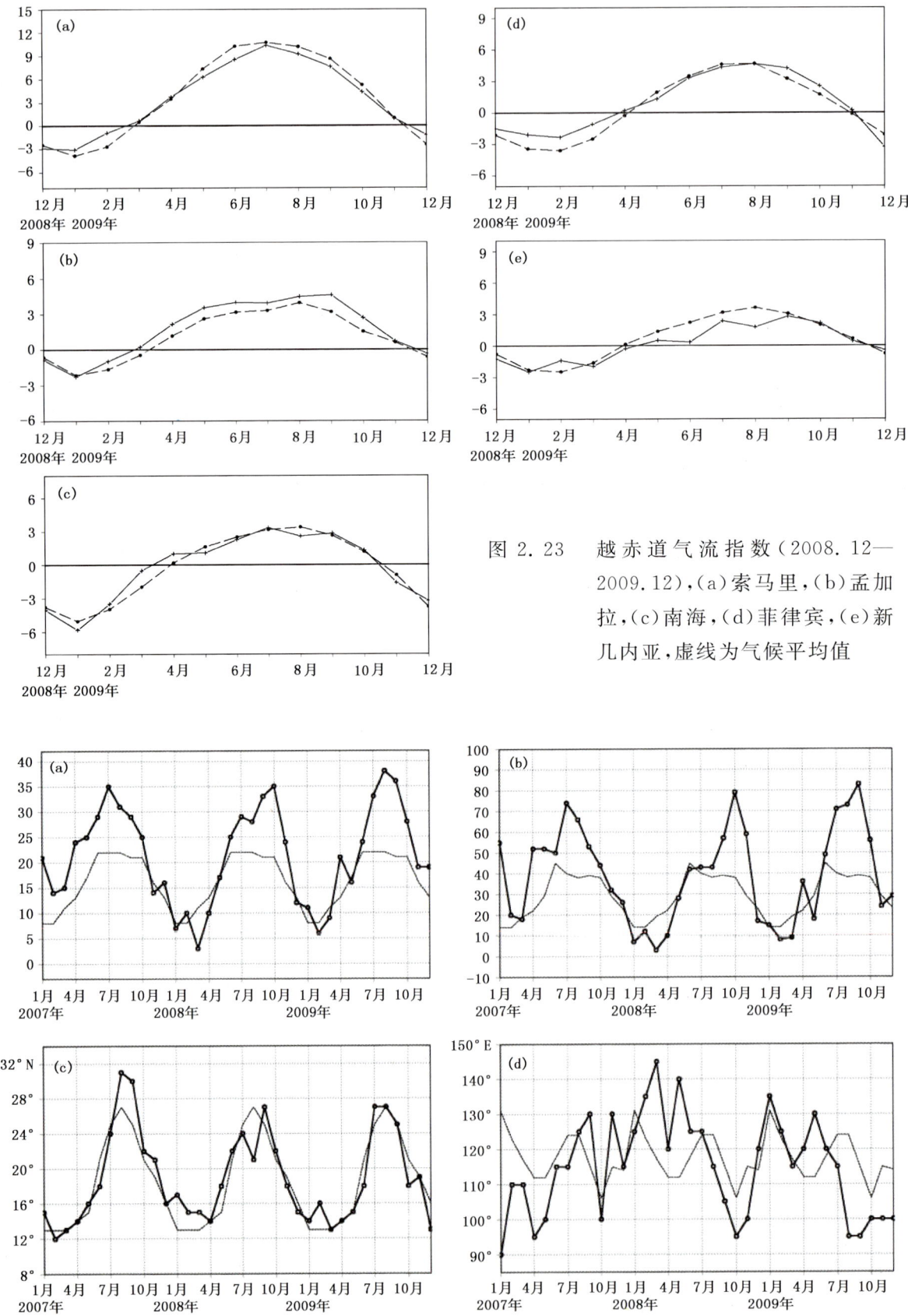

图 2.23 越赤道气流指数（2008.12—2009.12），(a)索马里，(b)孟加拉，(c)南海，(d)菲律宾，(e)新几内亚，虚线为气候平均值

图 2.24 西北太平洋副热带高压面积指数(a)、强度指数(b)、脊线位置(c)和西伸脊点(d)

表 2.1　北半球 500 hPa 环流特征量及太阳黑子相对数

年			2009										
		月份	1	2	3	4	5	6	7	8	9	10	11	12
极涡面积指数		北半球	776	828	755	631	634	678	623	612	597	755	716	875
		亚洲区	202	220	200	159	150	171	166	161	165	186	190	219
		太平洋区	207	204	193	182	191	196	150	157	183	212	194	238
环流指数	欧亚地区	Iz	119	117	120	124	135	71	70	85	117	143	148	115
		Im	71	69	66	68	40	45	40	41	37	66	63	60
	亚洲地区	Iz	118	129	127	146	151	55	55	77	111	144	160	122
		Im	70	59	71	61	36	42	35	34	32	72	66	57
副高指数	北半球	面积指数	17	13	21	61	73	118	165	180	161	99	35	37
		强度指数	21	15	23	102	133	270	530	519	415	157	43	51
		脊线位置	15	15	12	13	15	20	27	28	24	20	17	15
		北界位置	18	18	14	17	20	27	35	36	32	24	20	18
	西北太平洋	面积指数	11	6	9	21	16	24	33	38	36	28	19	19
		强度指数	15	8	9	36	18	49	71	73	83	56	24	29
		脊线位置	14	16	13	14	15	18	27	27	25	18	19	13
		北界位置	18	19	15	18	17	23	32	33	31	22	23	16
		西伸脊点	135	125	115	120	130	120	115	95	95	100	100	100
东亚槽	位置		133	150	133	147	143				133	134	132	138
青藏高原指数	A		520	505	520	552	567	580	592	606	602	578	548	508
	B		673	650	693	750	786	811	832	854	839	787	721	660
印缅槽指数			30	25	23	31	26	23	23	30	30	37	35	26
太阳黑子相对数			1.5	1.4	0.7	1.2	2.9	2.6	3.5	0.0	4.2	4.6	4.2	10.6

2.1.1　北半球冬季(2008.12—2009.2)

北半球:500hPa 位势高度距平场上(图 2.6),北美北部、欧洲西南部至西非北部以及西伯利亚大部为负高度距平控制,中高纬其余大部地区为正高度距平控制。海平面气压(图 2.10)分布表明,欧亚大陆东部为负距平,而中高纬北太平洋为正距平。季平均 200hPa 东亚急流强度略偏弱,急流轴位置略偏北(图 2.12)。北半球和亚洲极涡面积均较常年同期偏小(图 2.17,图 2.18)。2008 年 12 月下旬至 2009 年 1 月上旬,北大西洋北部和鄂霍次克海附近地区有持续强的阻高活动(图 2.16)。青藏高原指数(图 2.19)持续偏强,同期青藏高原地区温度异常偏高。

南半球:南极涛动(图 2.20)表现为明显的高指数。从海平面气压场来看,极区高压偏弱;绕极低压带以偏弱为主,在澳大利亚—南印度洋区域偏强。马斯克林高压和澳大利亚高压均较常年同期偏弱(图 2.22)。

2.1.2　北半球春季(2009.3—2009.5)

北半球:500 hPa 位势高度距平场上,北美北部经极区至欧亚大陆中北部为负高度距平控制,中高纬其余大部地区为正高度距平控制;季内,北半球和亚洲极涡面积均偏小,极涡中心位置偏在西半球;季内欧亚地区以纬向环流为主,尤其在 5 月,纬向环流异常盛行并持续(图 2.21)。与上述环流形势相对应,季平均气温在北美北部较常年同期偏低,而北半球中高纬度其余大部地区以偏高为主。整个春季,北大西洋东北部持续不断有阻高活动,但强度不强;3 月下旬,鄂霍次克海附近地区有持续异常强的阻高活动,4 月底至 5 月上旬,阿留申附近地区有强阻高活动(图 2.16)。

南半球:季内,南极涛动由高指数转变为低指数。从海平面气压场来看,副热带高压带整体接近常年同期,马斯克林高压偏弱,澳大利亚高压基本接近正常(图 2.22);绕极低压带呈 2 波型分布,其脊区分别位于非洲南部和西南太平洋,槽区分别位于东南印度洋和东南太平洋。索马里越赤道气流略偏弱,孟加拉湾越赤道气流偏强,南海越赤道气流在 4 月异常偏强,菲律宾和新几内亚越赤道气流较常年同期偏弱(图 2.23)。

2.1.3　北半球夏季(2009.6—2009.8)

北半球:500 hPa 位势高度距平场上极区为正高度距平控制,40°~60°N 大部出现负高度距平。季内,AO 转为低指数(图 2.20),北半球和亚洲极涡面积由前期的持续偏小转为偏大。整个夏季,欧亚和亚洲地区以经向环流为主。6 月鄂霍次克海阻高持续维持,且其西侧有切断低压存在,造成我国东北地区持续低温阴雨;7—8 月整个北半球无明显阻高活动。随着厄尔尼诺事件的发展,西太平洋副热带高压明显增强,并显著西伸(图 2.24)。

南半球:南极涛动为显著的低指数。从海平面气压场来看,极地高压在西半球偏强,在东半球偏弱;绕极低压带除西南印度洋部分偏弱外,其余大部偏强;副热带高压带的纬向变化与绕极低压带基本一致,马斯克林高压较常年同期正常偏强,澳大利亚高压偏弱。与常年同期相比,索马里和新几内亚越赤道气流偏弱,孟加拉湾越赤道气流偏强,菲律宾和南海越赤道气流接近正常。

2.1.4　北半球秋季(2009.9—2009.11)

北半球:500 hPa 位势高度距平场上,除北太平洋东北部、贝加尔湖以东地区以及北大西洋为弱的负高度距平控制,中高纬其余大部地区为正高度距平控制。10 月中旬至 11 月,北半球中高纬由 9 月的盛行纬向气流转变为经向环流占优势,有利于极地冷空气南下,欧洲和北美分别在 10 月中下旬出现了低温严寒和较早的暴风雪天气,11 月初,中国北方也出现了较早的暴风雪天气。受厄尔尼诺事件的持续影响,西太平洋副热带高压持续偏强并显著西伸。

南半球：南极涛动在前中期较弱，11月为明显低指数。从海平面气压场来看，极地高压偏强；绕极低压带分别在澳大利亚、大西洋和东南太平洋偏弱，其余大部偏强；南半球副热带高压带呈现清晰的南方涛动低指数特征，马斯克林高压在中前期偏强，后期偏弱。

2.2 亚洲季风

2.2.1 2008/2009年东亚冬季风

2008/2009年北半球冬季（2008年12月至2009年2月，下同），东亚冬季风环流特点表现为：季平均的200hPa东亚急流轴位置略偏北，急流轴南侧西风偏弱，而北侧西风异常偏强（图2.12）；东亚大槽位置偏西，强度接近常年同期；季平均海平面气压距平场显示，亚洲大陆东部为负距平，北太平洋大部为正距平，东亚大陆与北太平洋之间的海陆气压差偏小；在近地面层东亚沿岸北风较多年平均偏弱。上述环流特征显示，2008/2009年东亚冬季风整体是偏弱的。

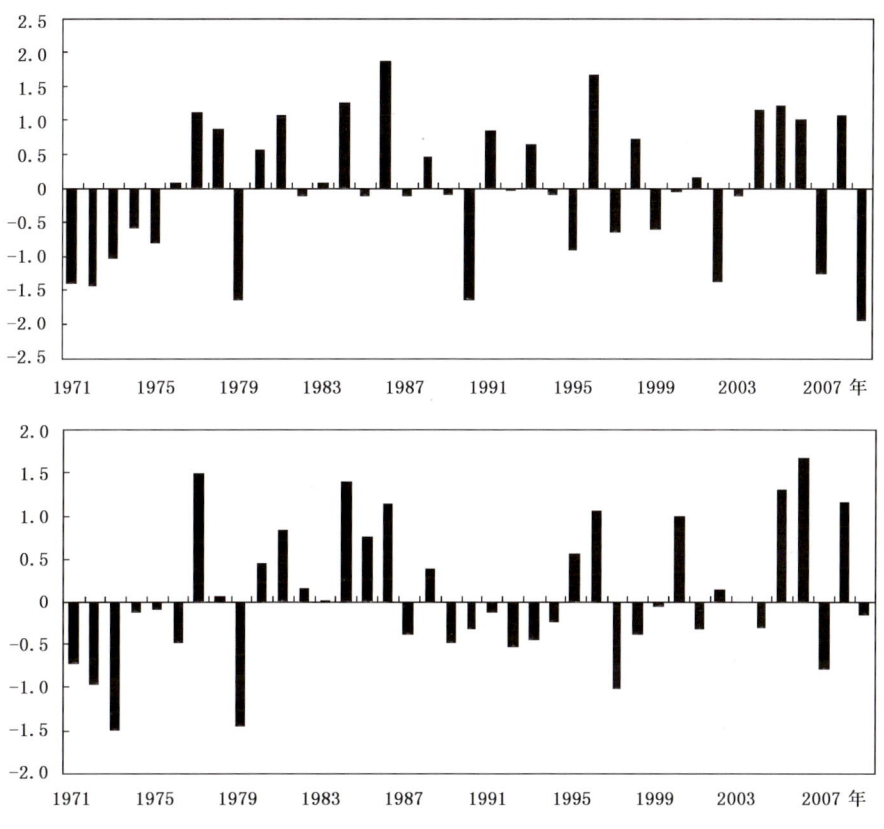

图 2.25　1970/1971—2008/2009年冬季风强度指数变化
（上：海陆气压差指数；下：西伯利亚高压强度指数）

从东亚冬季风监测指标来看(图 2.25):冬季西伯利亚高压强度指数为−0.15,接近常年同期,从月际变化来看,则是 12 月正常(强度指数为 0.1)、1 月偏强(强度指数为 0.86)、2月偏弱(强度指数为−1.38);冬季海陆气压差指数为−1.9,表明东亚冬季风向南扩展的程度异常偏弱,12 月、1 月和 2 月的海陆气压差指数分别为−2.3、−1.8、−1.6,各月均偏弱。逐日的西伯利亚高压强度监测显示(图 2.26):2008 年 12 月 20 日至 2009 年 1 月 15 日,西伯利亚高压强度持续偏高,这表明这个时期东亚冬季风处于偏强的阶段,有利于极地锋区向东亚中纬度扩展和冷空气入侵我国。总的来说,2008/2009 年冬季,东亚冬季风以偏弱为主,但在 2008 年 12 月下旬至 2009 年 1 月中旬,冬季风出现阶段性偏强的波动。与上述东亚冬季风活动特征相对应,我国的气温异常表现为:冬季平均气温除了在内蒙古北部、黑龙江北部冬季气温较常年同期略偏低外,中国其余大部分地区温度较常年同期偏高 0.5℃以上,其中青藏高原大部温度偏高 2℃以上;但 2008 年 12 月 20 日至 2009 年 1 月 15 日期间,受东亚冬季风活动阶段性偏强的影响,中国东部大部地区气温较常年同期偏低 1~2℃(图 2.27)。

2008/2009 年冬季,影响我国的主要冷空气过程有 7 次,分别是 12 月 4 次、1 月 1 次、2月 2 次,季内冷空气活动次数与多年平均次数持平。

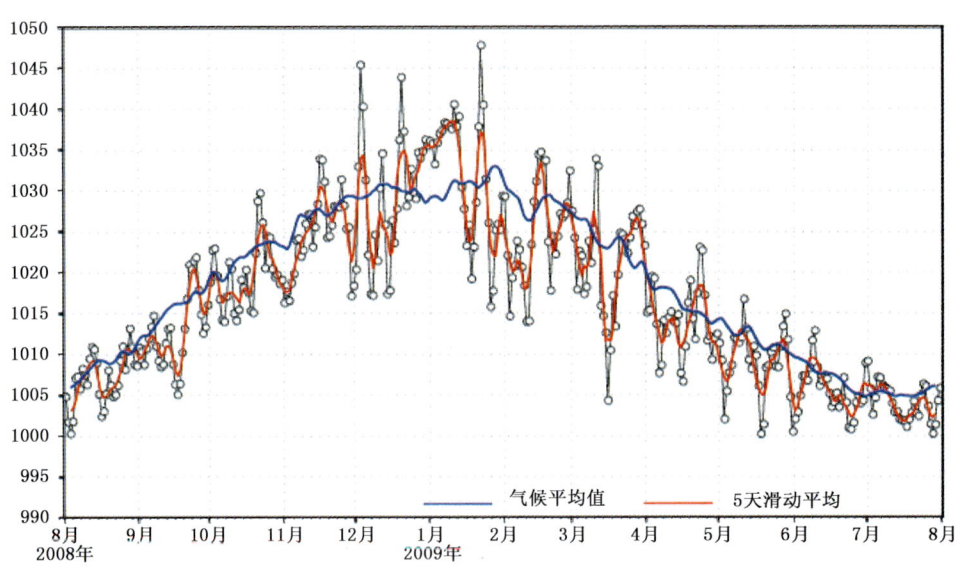

图 2.26　2008 年 8 月 1 日至 2009 年 7 月 31 日逐日西伯利亚高压强度监测(单位:hPa)

2.2.2　东亚夏季风

2009 年南海夏季风于 5 月第 6 候(5 月 26 日至 5 月 31 日)全面爆发,10 月第 3 候(10月 11 日至 10 月 15 日)撤退(图 2.28),其爆发和撤退时间均较多年平均时间偏晚。2009 年南海夏季风强度指数为−0.35,属于正常年(正常值范围为−0.5~0.5)(图 2.29)。

2009 年南海夏季风于 5 月第 6 候全面爆发后至 6 月第 5 候(6 月 21—25 日),东亚夏季风前沿主要维持在华南至江南一带(图 2.30)。6 月第 6 候(6 月 26—30 日)随着西太平洋副热带高压加强北推,夏季风的前沿推进到长江中下游地区。7 月第 2 候(7 月 6—10 日),夏季风前沿继续向北推进,江淮、黄淮地区相继出现大范围降水过程。7 月中旬夏季风前沿

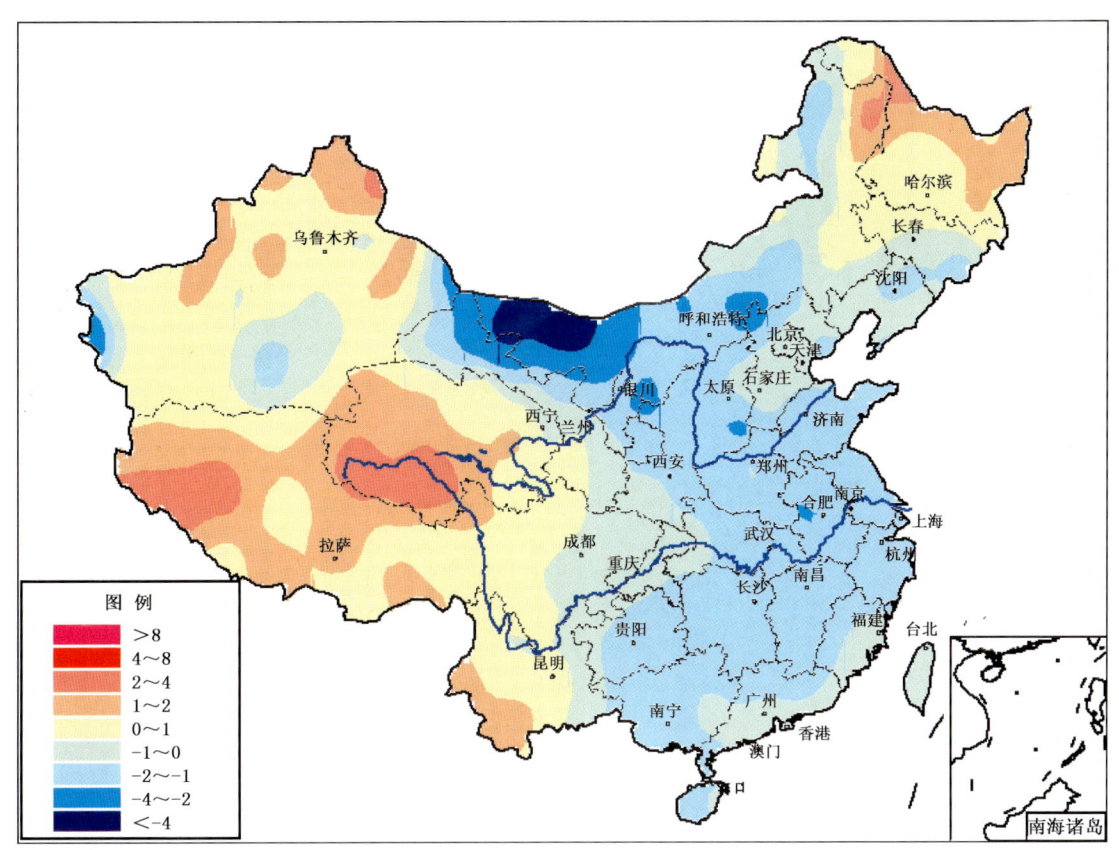

图 2.27　2008 年 12 月 21 日—2009 年 1 月 15 日全国气温距平分布图(单位:℃)

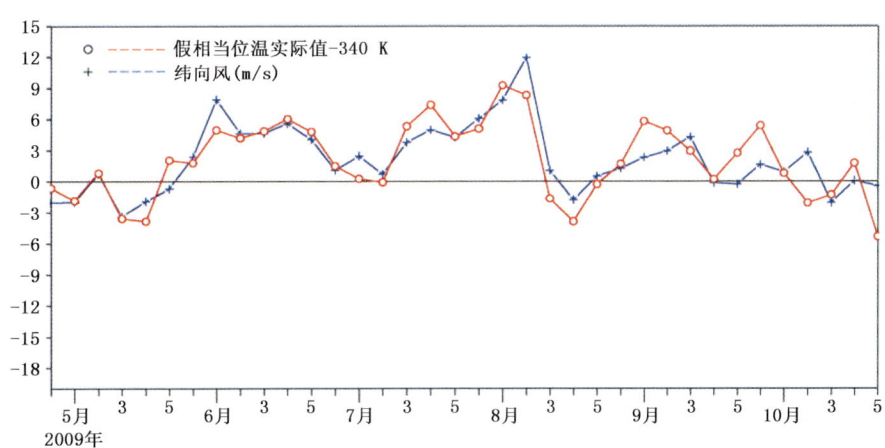

图 2.28　南海监测区(10°～20°N,110°～120°E)平均纬向风(单位:m/s)和假相当位温(单位:K)

抵达 40°N 附近,这时华北降水偏多。7 月末至 8 月初,副热带高压位置较常年偏南,暖湿气团主要位于长江流域及其以南地区。8 月中旬至 9 月初,虽然副热带高压脊线表现出明显的南北变化,但总体上副热带高压强度较常年同期异常偏强,位置偏北,我国南方大部分地区为副热带高压控制下的持续高温少雨天气。9 月下旬,暖湿气团迅速南撤到 25°N 以南地区,10 月第 3 候,夏季风撤离南海地区。南海夏季风强度的逐候演变显示,2009 年的主要变化特征为前期强后期弱:自 5 月第 6 候南海夏季风全面爆发至 8 月第 2 候,强度总体较常

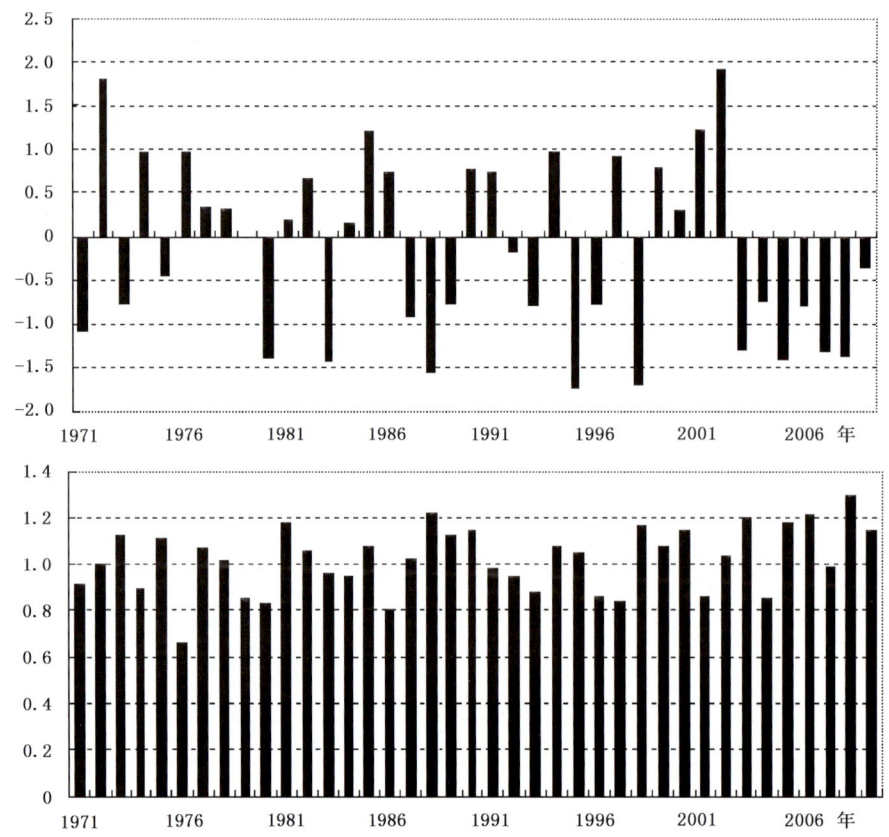

图 2.29　1971—2009 年南海夏季风强度指数(上)和夏季海-陆气压差季风指数(下)

年同期明显偏强,8 月中旬以后虽呈强弱相间的波动变化,但主要表现为偏弱特征(图 2.31)。

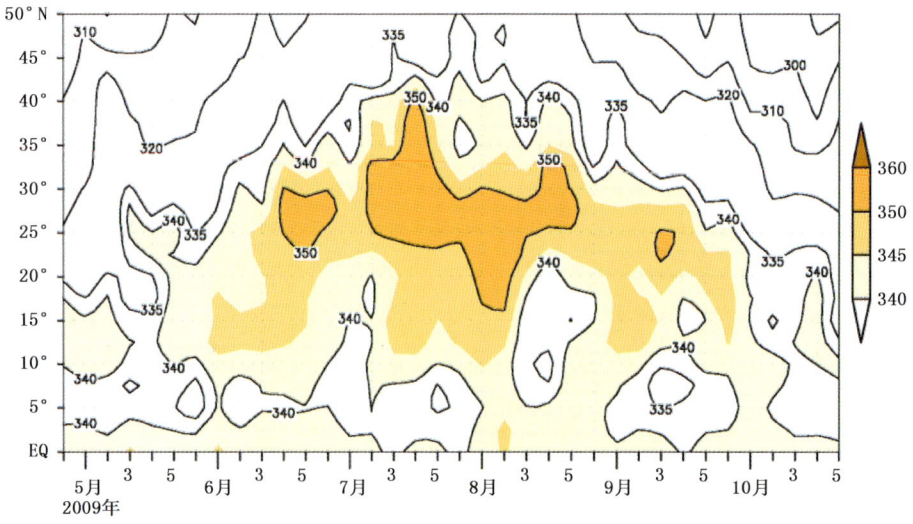

图 2.30　沿 110°~120°E 候平均的假相当位温纬度-时间剖面(单位:K)

2009 年夏季(6—8 月),东亚大陆—西北太平洋的海陆气压差强度指数为 1.14,略偏强(常年值为 0.93~1.07)(图 2.29)。季内,西北太平洋副热带高压主要呈带状分布,面积偏

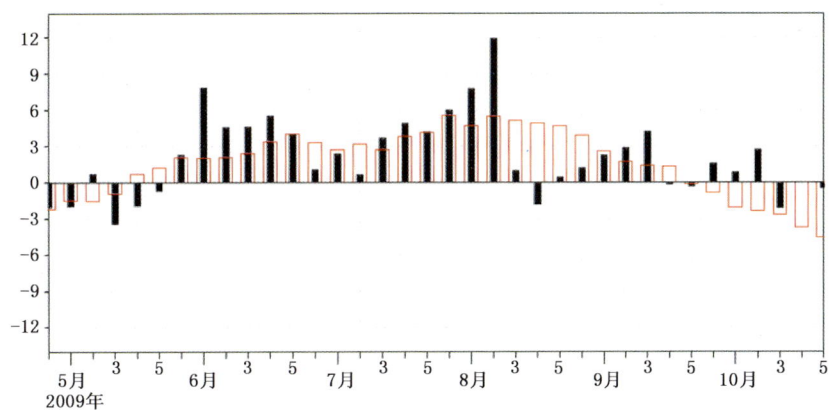

图 2.31　南海监测区(10°～20°N,110°～120°E)纬向风强度指数变化图(单位:m/s)
（红色方框为气候平均值）

大、强度偏强,其中 7—8 月西太副高的西脊点位置明显偏西。夏季,我国东部地区降水量以正常和偏少为主要特征,降水量较常年同期偏多 3 成以上的区域仅出现在黑龙江大部和东南沿海局部地区,东北地区南部和内蒙古中部降水较常年同期偏少 3 成左右(图 1.30)。

2009 年,长江中下游出现了空梅(图 2.32),梅雨量 244 mm,比常年偏少 79%(图 2.33)。

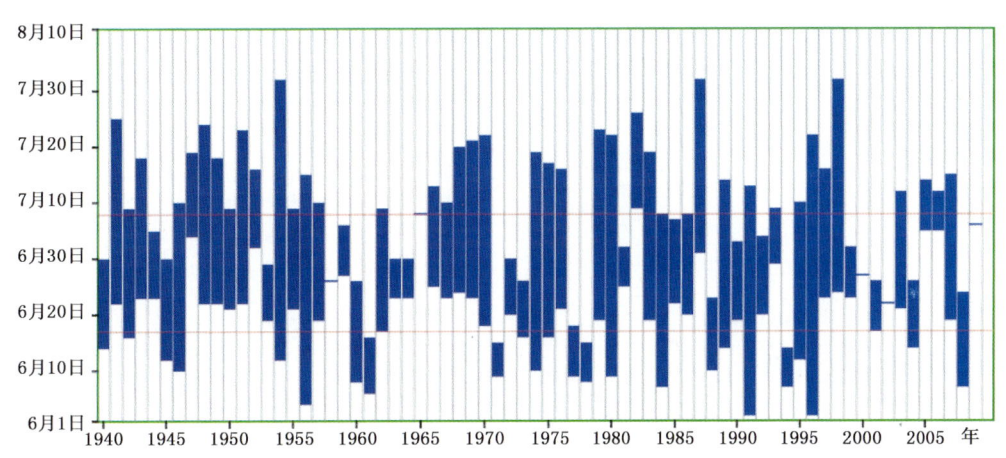

图 2.32　长江中下游梅雨开始及结束日期历史演变序列

2.2.3　印度夏季风

2009 年 5 月 23 日,印度夏季风(以下文字中或称西南季风)在印度西南部喀拉拉邦地区爆发,较多年平均日期(6 月 1 日)偏早一周左右。与此相联系,印度夏季风在印度东北地区的推进也较多年平均日期偏早(图 2.34)。

印度夏季风在喀拉拉邦地区爆发后,5 月第 5 候印度南部对流活动突然加强,气旋性风暴(Aila)在孟加拉湾地区形成。5 月第 6 候索马里越赤道气流变弱,印度夏季风迅速减弱。在经过大约一周的中断后,6 月 7 日西南季风沿着西海岸进一步推进到 17°N。6 月 8—20 日西南季风在推进过程中再次出现一次明显中断,6 月下旬季风前沿维持在印度中南部,较多年平均位置明显偏南,同时印度的季风降水也异常偏少。随后西南季风迅速向北推进,

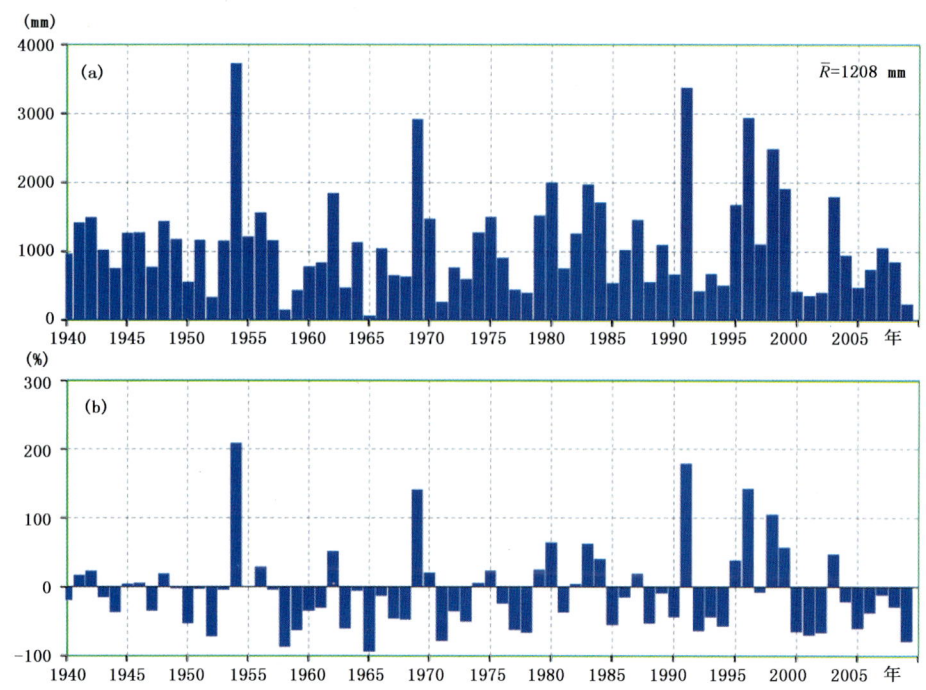

图 2.33 长江中下游梅雨量（a,单位:mm）及距平百分率历史演变序列（b,单位:％）

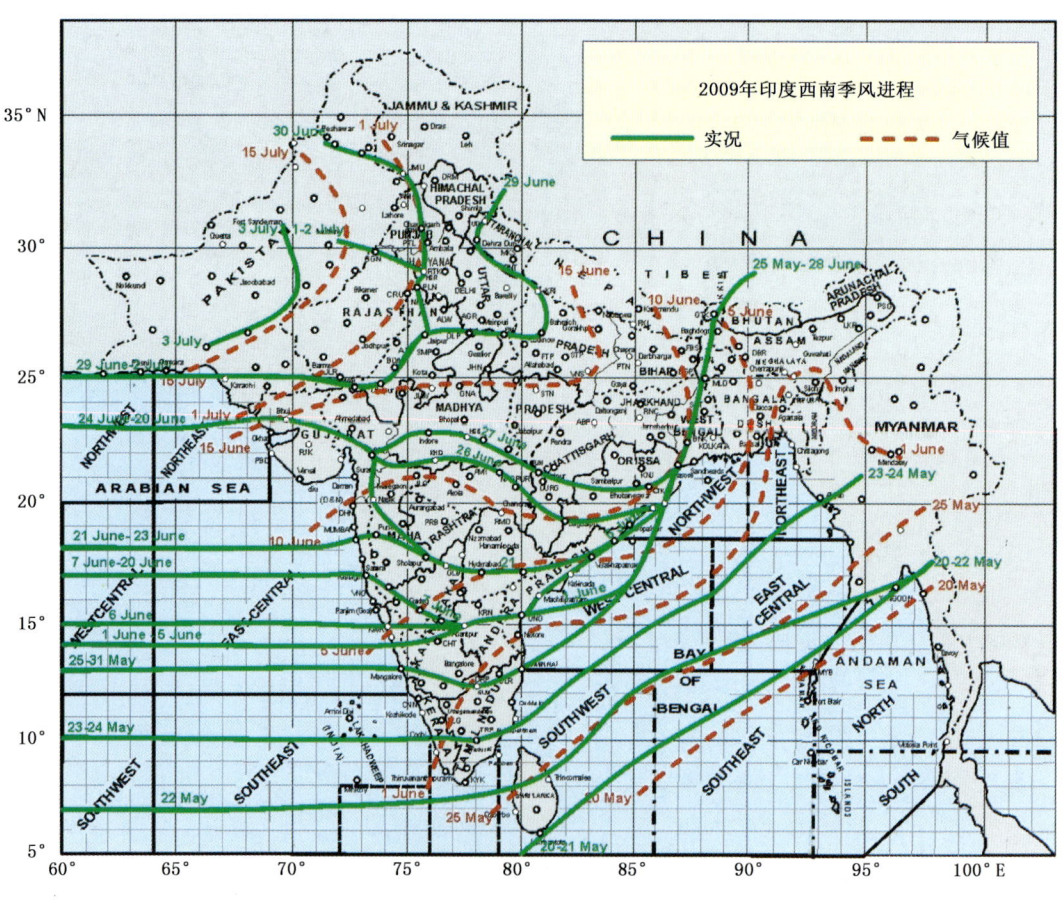

图 2.34 2009 年印度季风的推进

（引自印度气象局：http://www.imd.gov.in/main_new.htm）

到7月3日,全印度地区基本处在西南季风的控制下,这较多年平均日期(7月15日)明显偏早一周时间(图2.34)。2009年西南季风的撤退较迟,9月25日西南季风首先在印度西北部地区拉贾斯坦邦撤退,这较多年平均日期(9月1日)晚3周多时间。随后,西南季风从印度西北部的大部分地区撤退,9月28日已经撤退到西部地区古吉拉特。

2009年印度夏季风活动期内,季风活动出现两次明显的中断过程。从季风降水的逐周演变可以看出,除7月中的两周、8月的最后一周至9月的第一周外,其余时段降水都是偏少的(图2.35)。

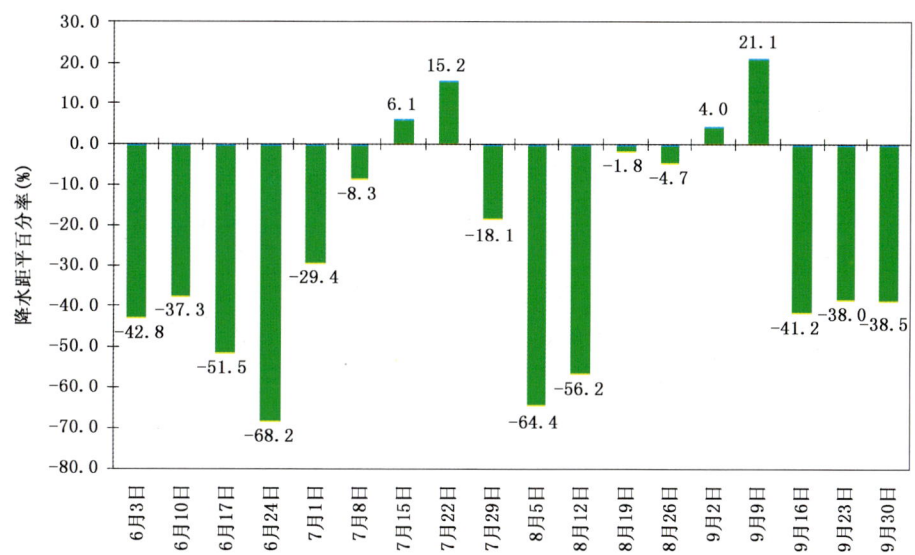

图2.35 2009年印度季风降水距平百分率的逐周演变(单位:%)
(引自印度气象局:http://www.imd.gov.in/main_new.htm)

第三章 海洋和热带气旋监测

3.1 海洋监测

2009年赤道太平洋海温变化起伏较大。2008年末伊始的赤道中东太平洋的拉尼娜状态(冷状态)持续到2009年3月后迅速衰减,随后赤道中东太平洋海表温度很快升高,一次厄尔尼诺事件在6月份开始形成。此次厄尔尼诺事件于2009年12月达到峰值,Nino Z指数的峰值高达1.82℃,与历史上暖事件峰值相比,排名第4位(图3.1)。

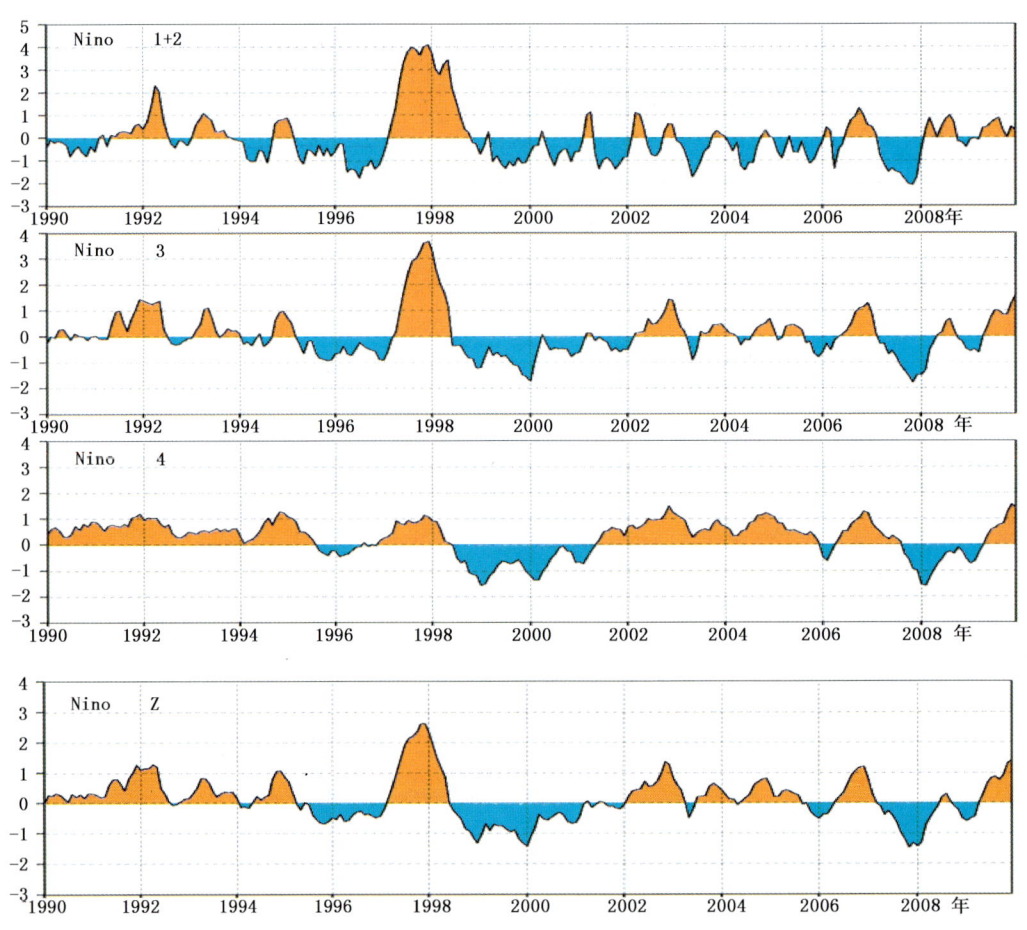

图3.1 赤道太平洋海温各Nino区指数序列

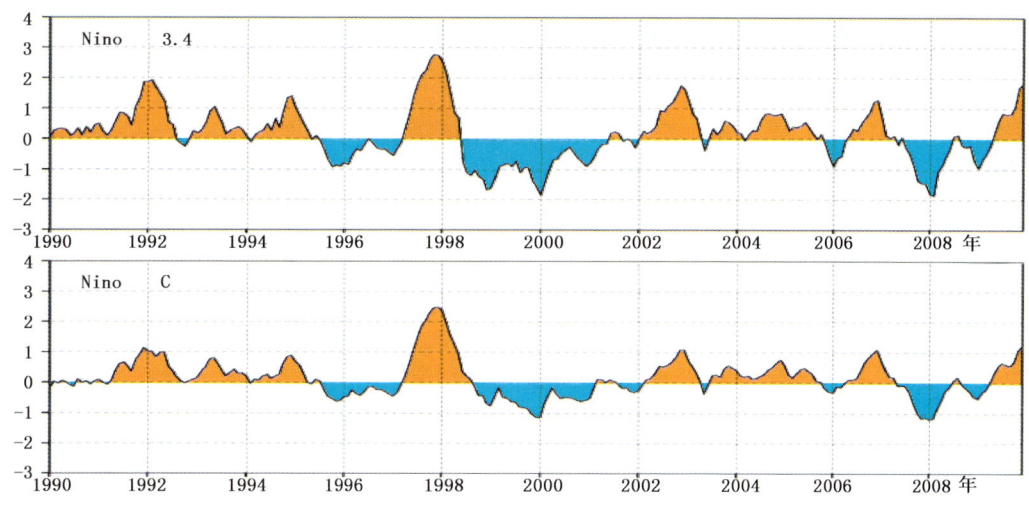

图 3.1 （续）

3.1.1 海表温度演变特征

2009年1—3月，赤道太平洋维持"西暖东冷"的拉尼娜状态，赤道中东太平洋大部海表温度距平低于-0.5℃。进入4月份后，赤道中东太平洋海温距平迅速上升，并恢复到正常状态。至6月份，赤道中东太平洋海温距平超过0.5℃，并向东扩展形成东、西热带太平洋一致偏暖的形势，赤道太平洋进入到厄尔尼诺状态。随后，伴随着暖水东移，赤道中东太平洋持续增暖，而赤道西太平洋海表温度逐渐下降，恢复到正常状态，于12月份左右发展成熟，最大增暖位置出现在赤道中东太平洋地区，中心距平值高于2℃，显示出中部型 El Nino 的特征(图3.2)。2009年1—12月逐月海表温度演变见图3.3。

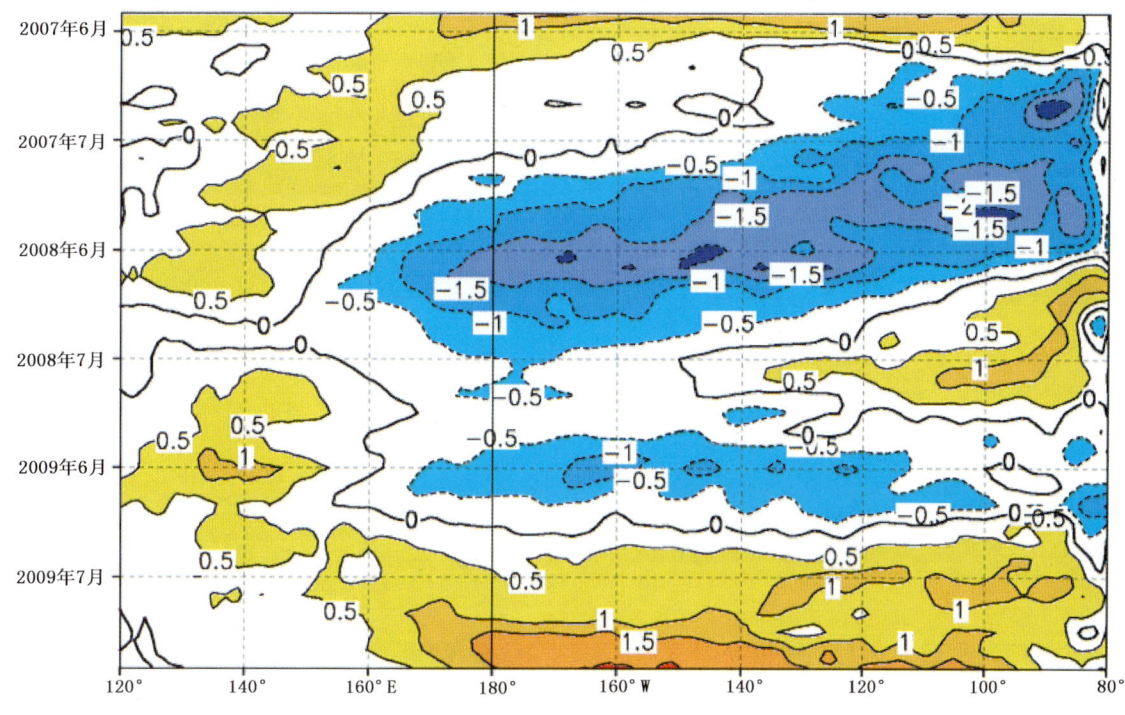

图 3.2 赤道太平洋海表温度距平时间-经度剖面(℃)

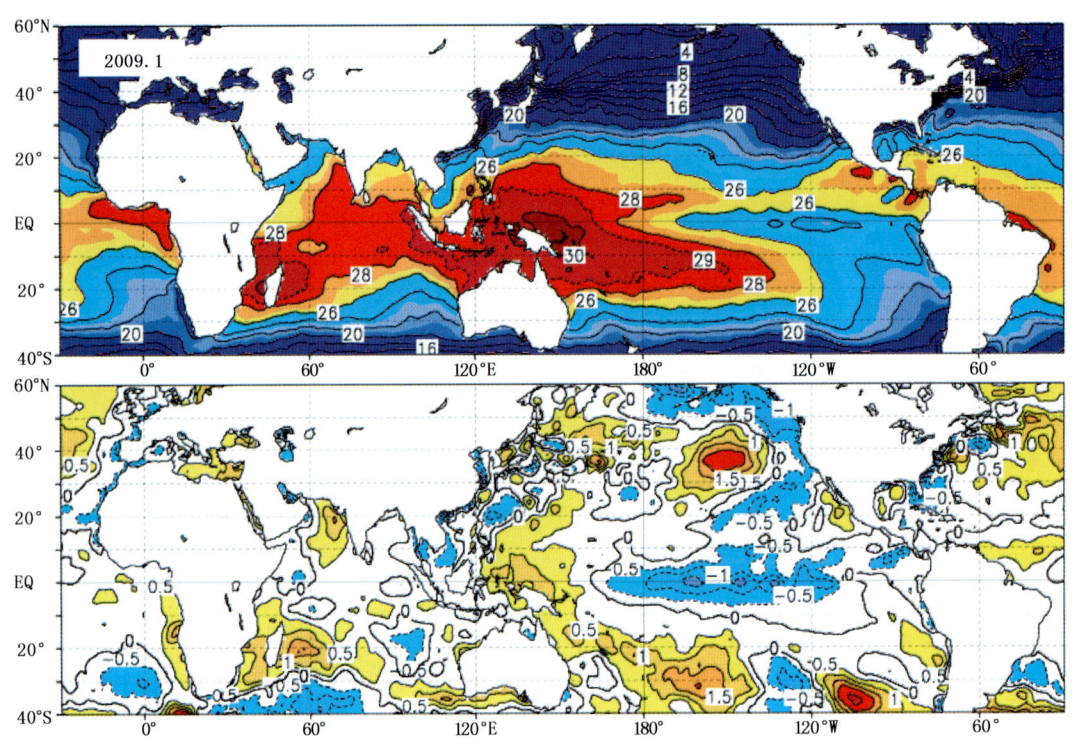

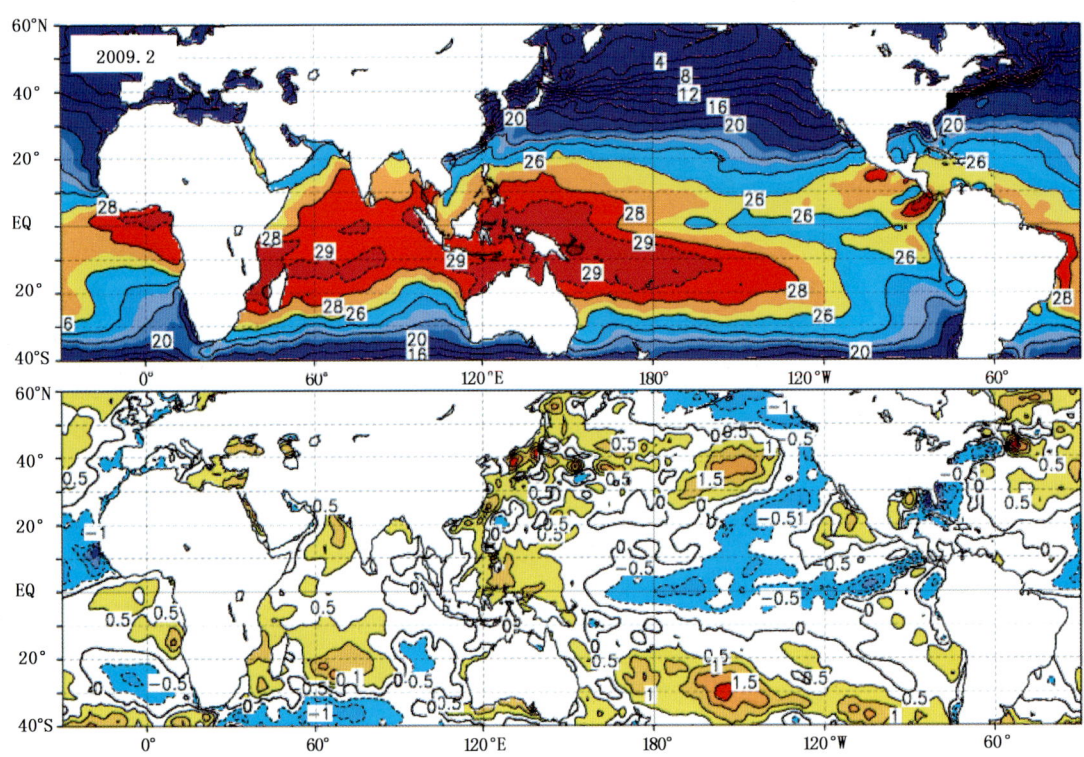

图 3.3　2009 年 1—12 月月平均海表温度（上）及距平（下）（℃）

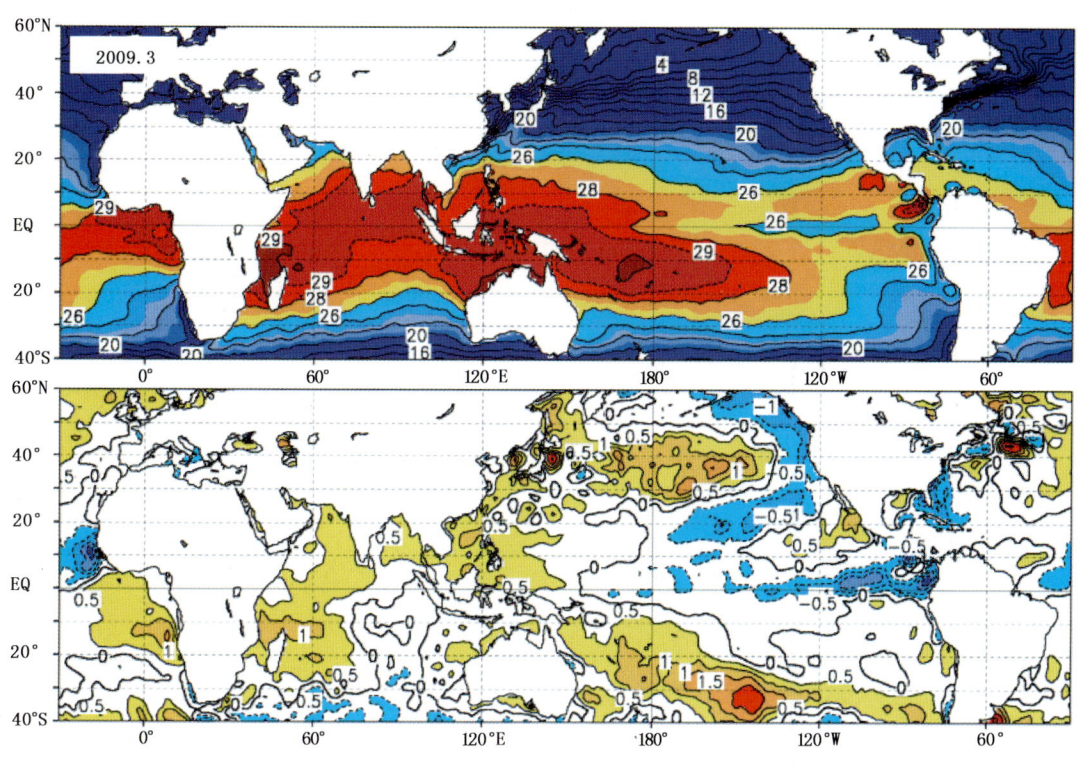

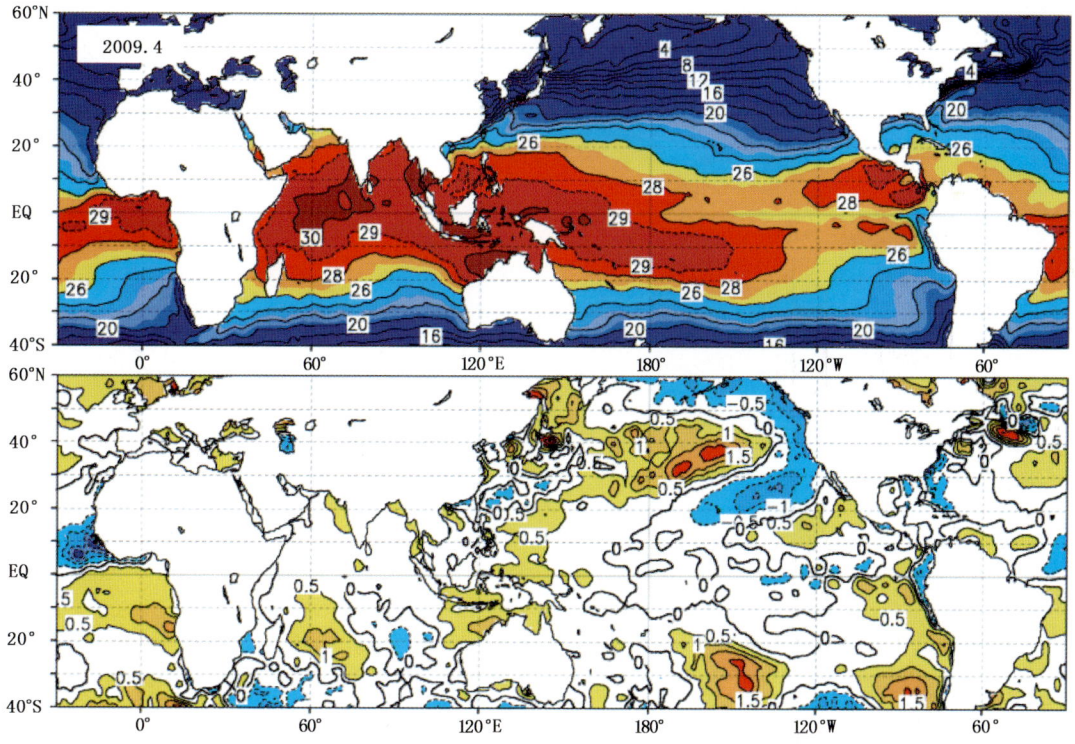

图 3.3（续）

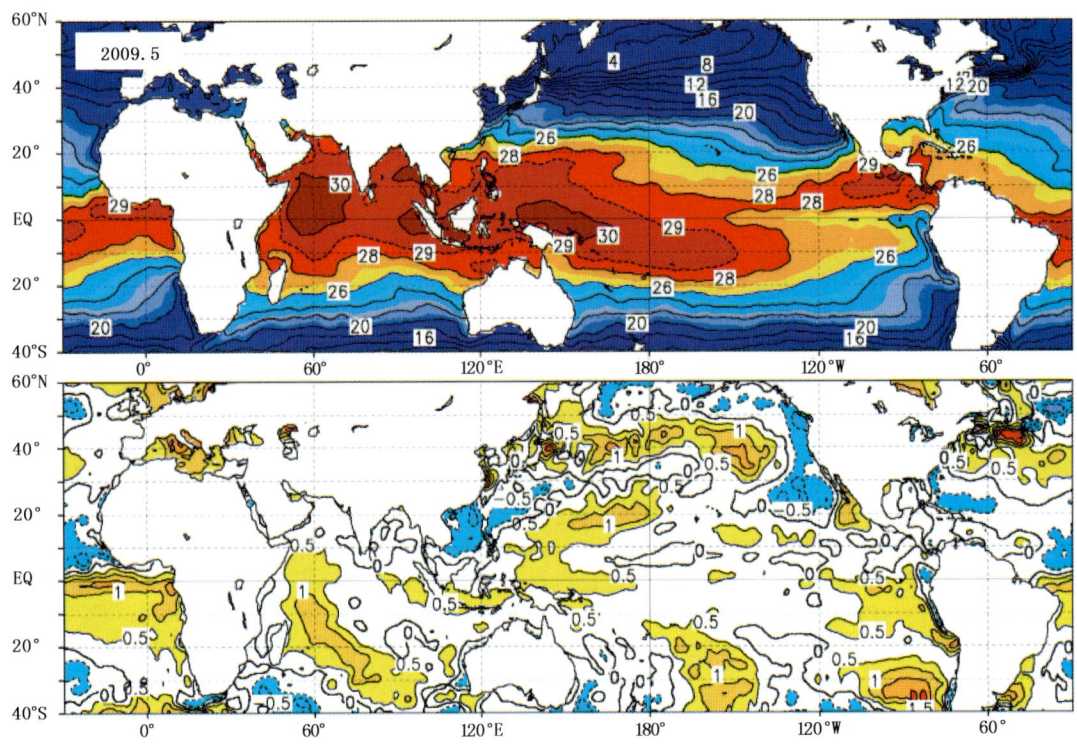
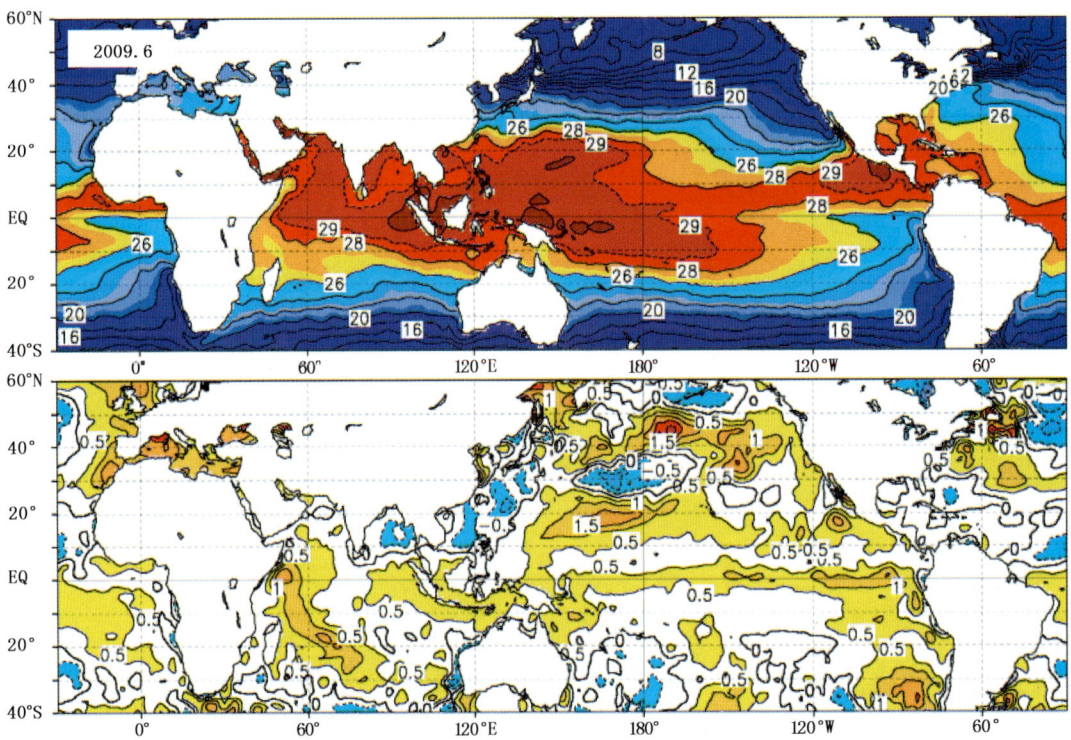

图 3.3 （续）

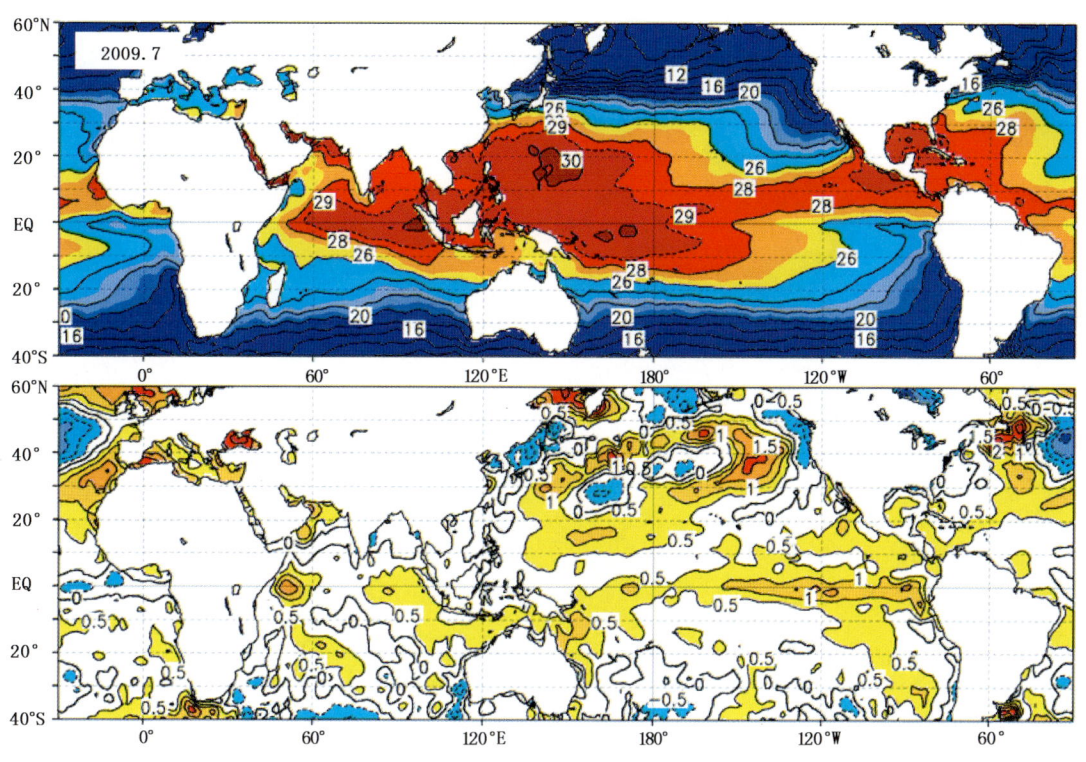

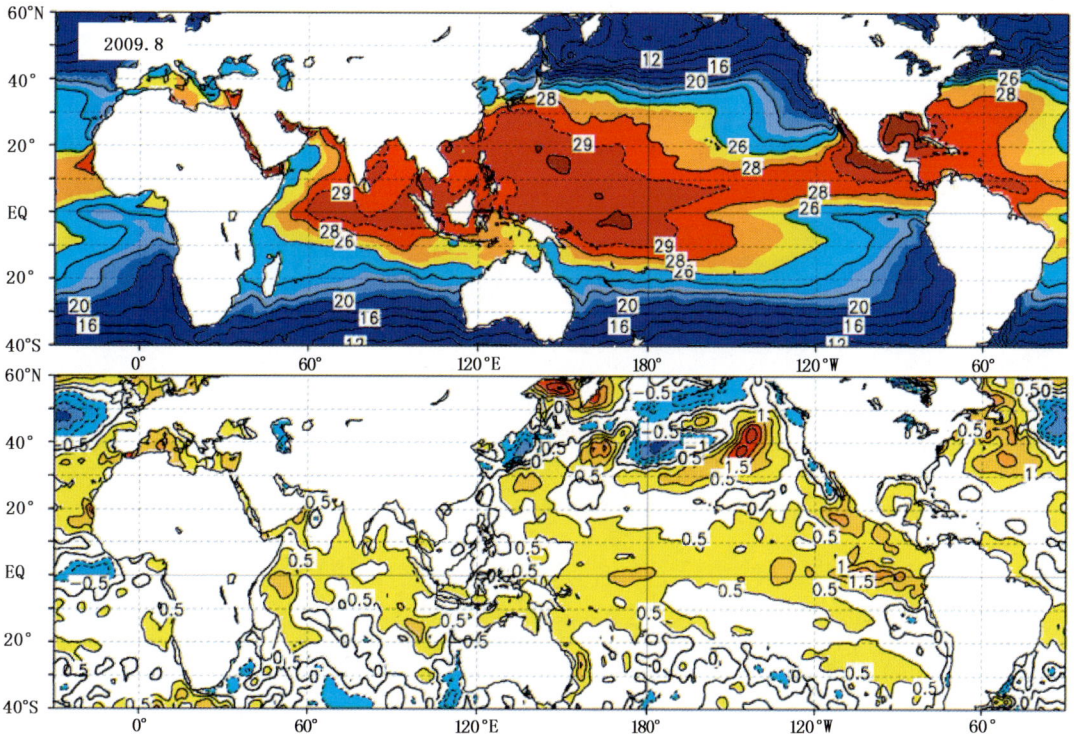

图 3.3 （续）

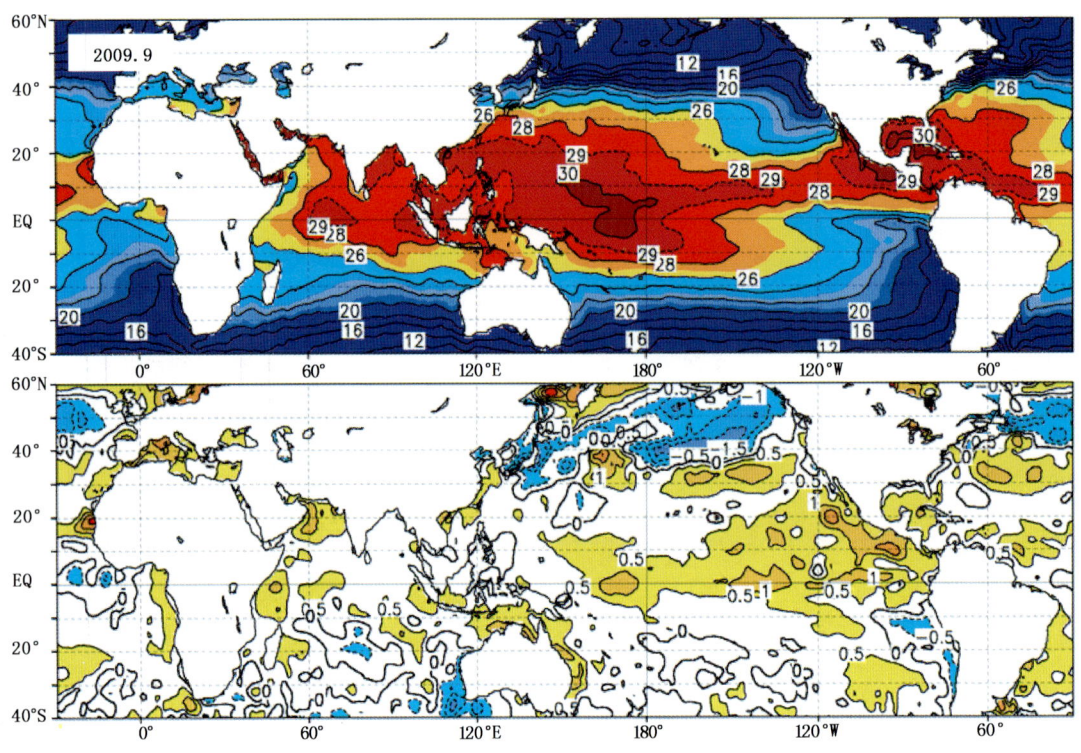
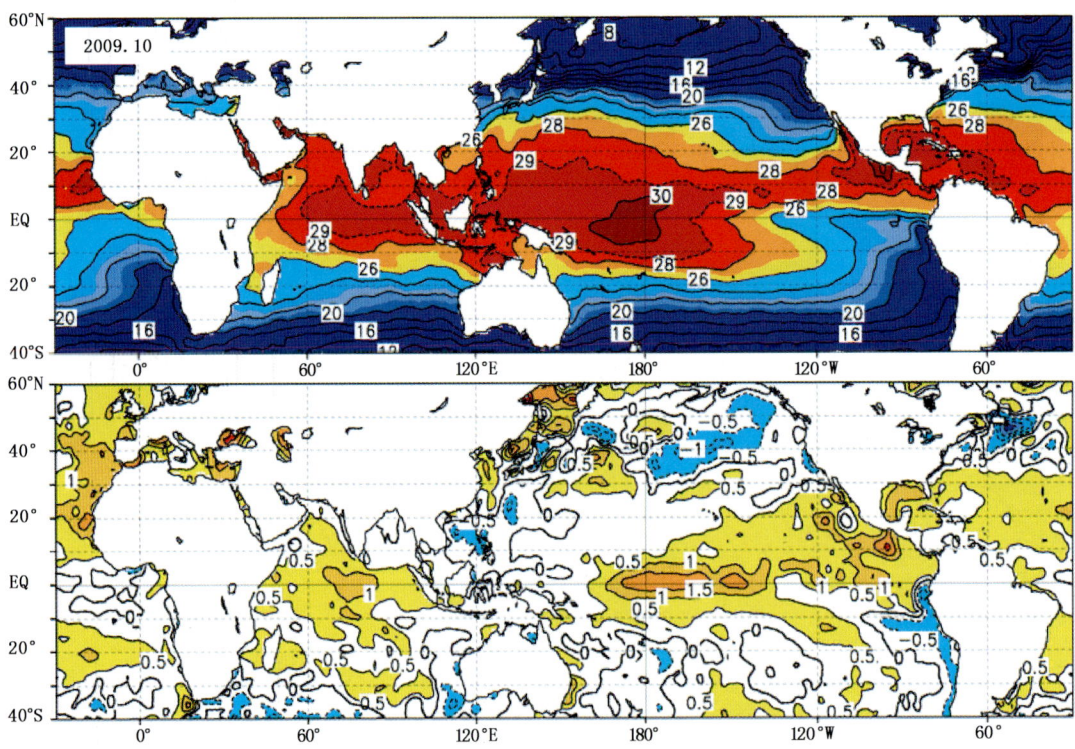

图 3.3 （续）

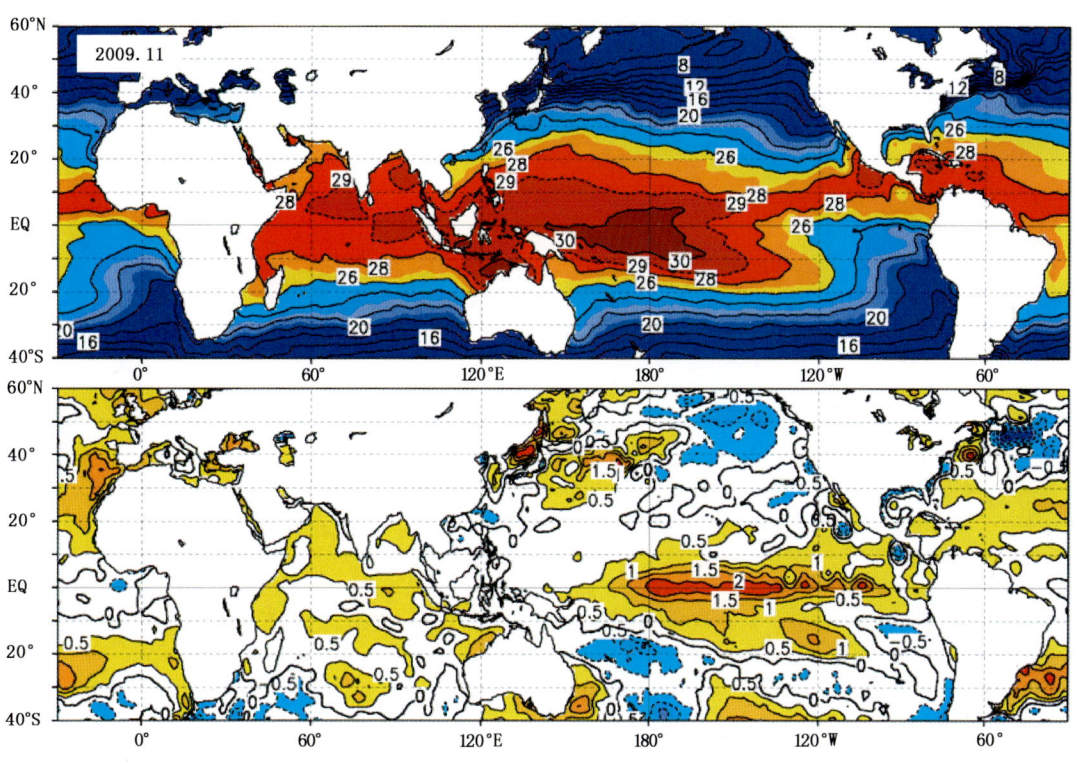

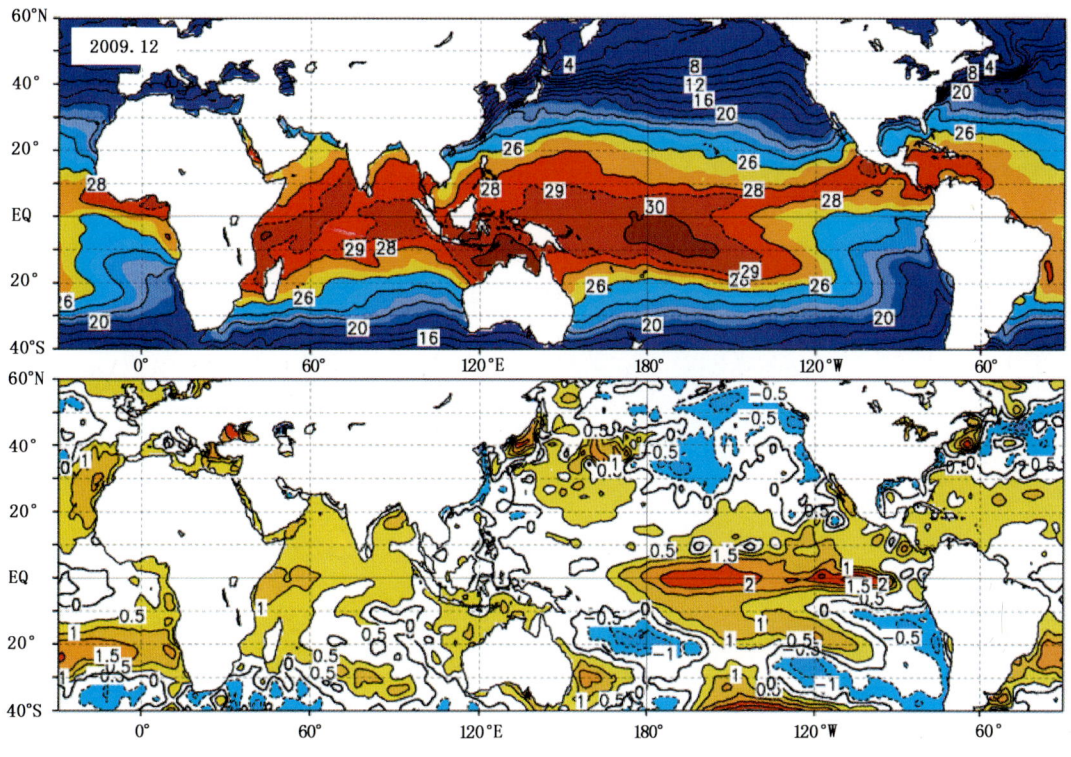

图 3.3 （续）

3.1.2 暖池演变特征

2009年赤道西太平洋和印度洋暖池持续偏暖(图3.4),范围比常年偏大(图略)。

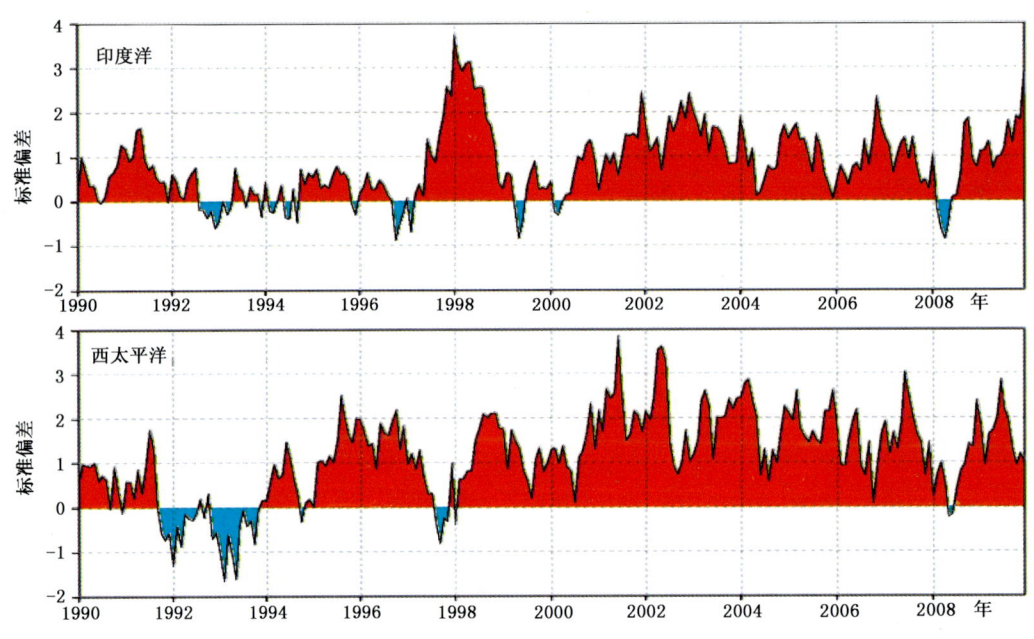

图3.4 赤道西太平洋和印度洋暖池指数

3.1.3 次表层海温演变特征

2009年1—3月,赤道太平洋次表层海温维持西部偏暖、中东部偏冷状态。4—6月,次表层异常暖水迅速向赤道中东太平洋地区扩展,在6月份厄尔尼诺发生时占据整个赤道太平洋。7—12月,次表层异常暖水中心继续向赤道太平洋中东部移动,且强度不断增强,到11—12月厄尔尼诺达到成熟时,已移到赤道中东太平洋地区,其距平值达到最大,中心值超过5℃(图3.5)。

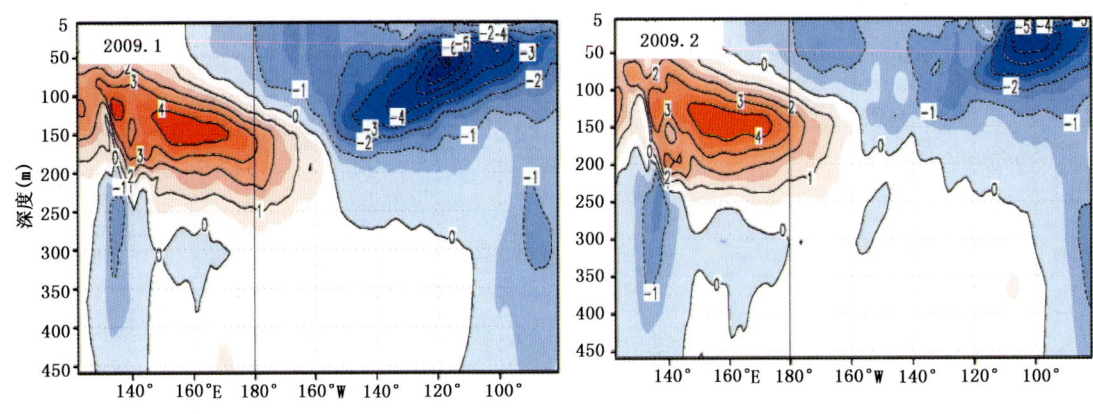

图3.5 2009年1—12月月平均次表层海水温度距平(℃)

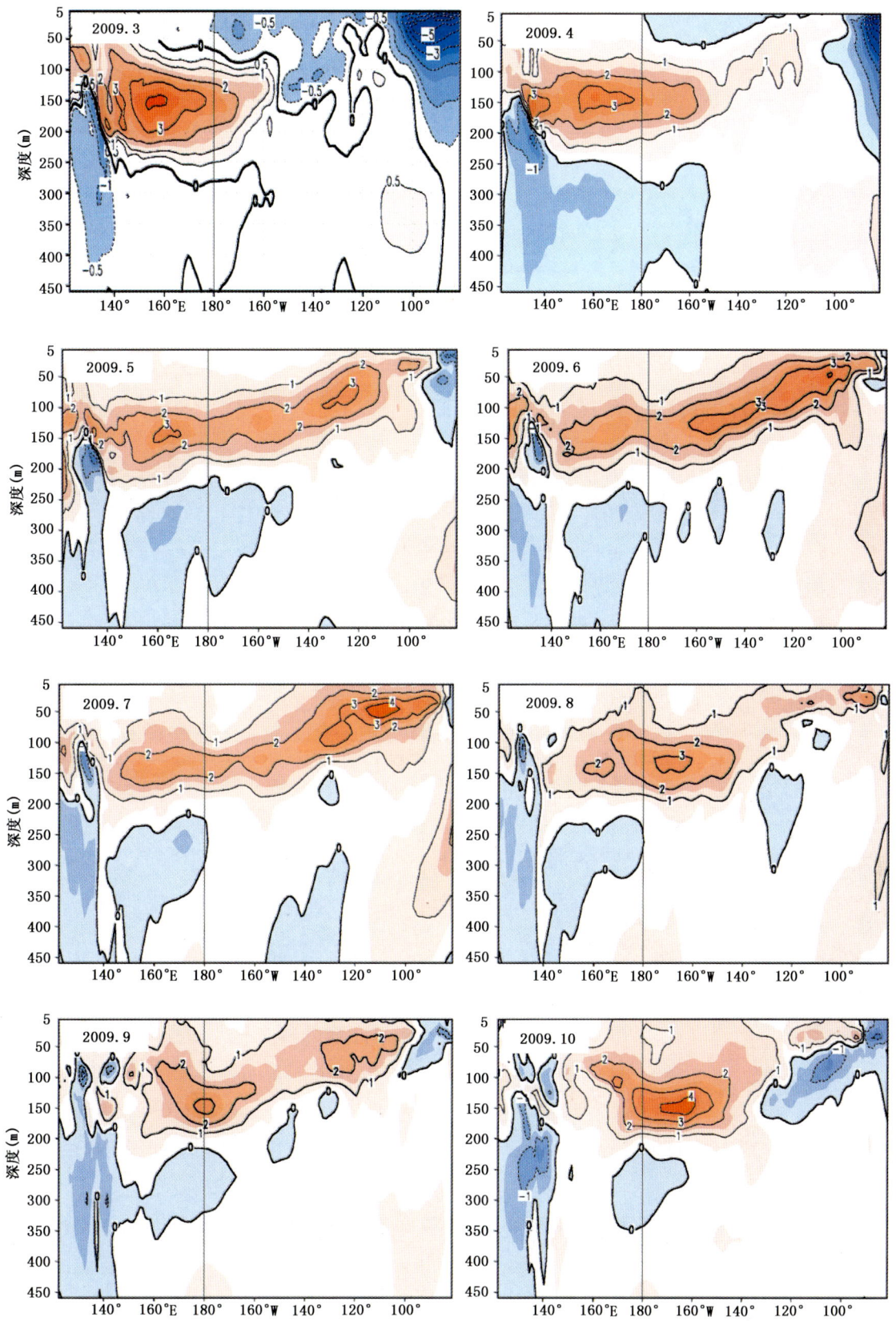

图 3.5 （续）

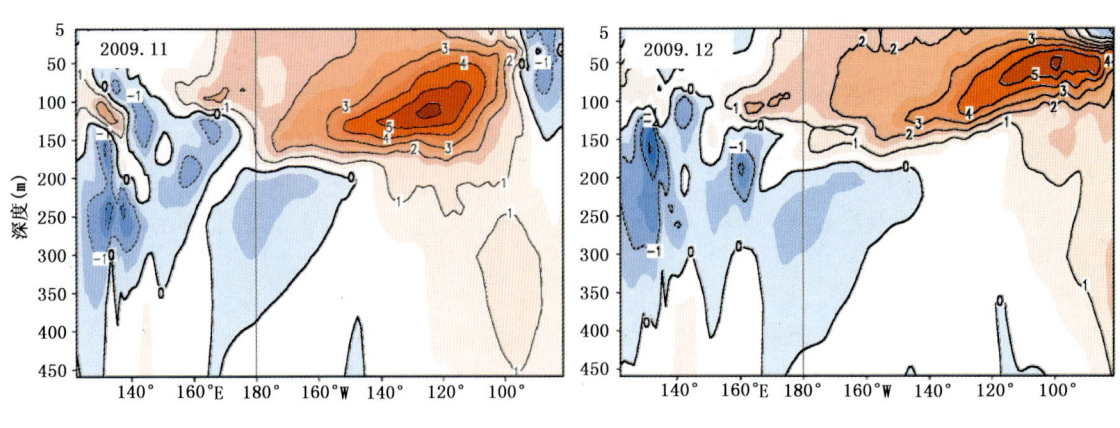

图 3.5 （续）

3.1.4 南方涛动(SOI)演变特征

2009 年 1—4 月 SOI 表现为持续的正值，5—9 月厄尔尼诺发展初期 SOI 振荡明显，10—12 月厄尔尼诺发展到成熟时，SOI 表现为持续的负值(图 3.6)。

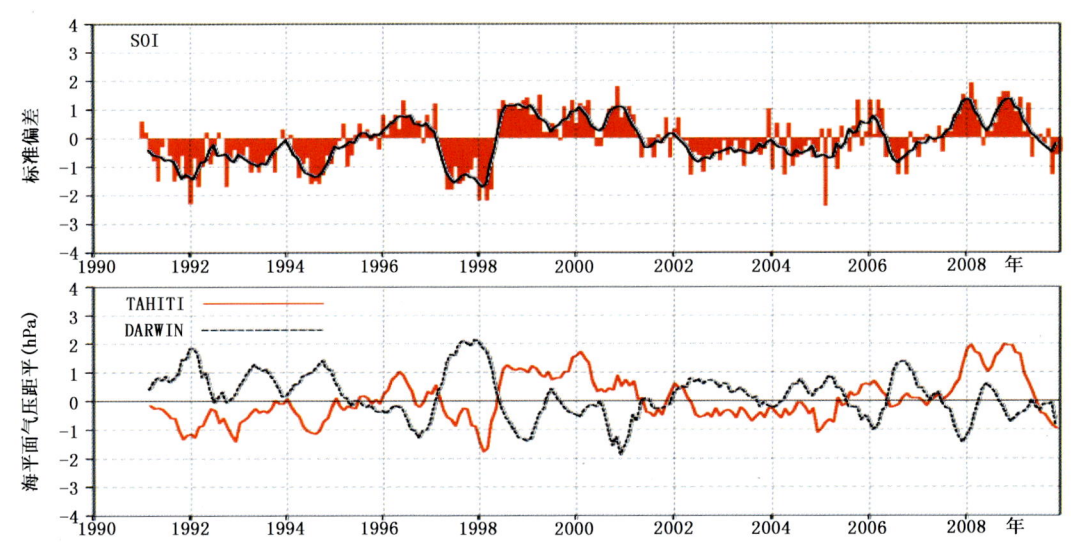

图 3.6　1990.1—2009.12 南方涛动指数序列及 TAHIJI 与
DARWIN 站海平面气压距平序列(hPa)

3.1.5 风场演变特征

对流层低层 850 hPa，El Nino 爆发前的 1—5 月间，赤道中东太平洋地区为东风异常控制，而赤道西太平洋和东太平洋则为西风异常控制。6 月 El Nino 爆发后至 11 月间，赤道西太平洋的西风异常明显加强并向赤道中东太平洋地区扩展，使得整个赤道太平洋地区为西风异常所覆盖(图 3.7)。

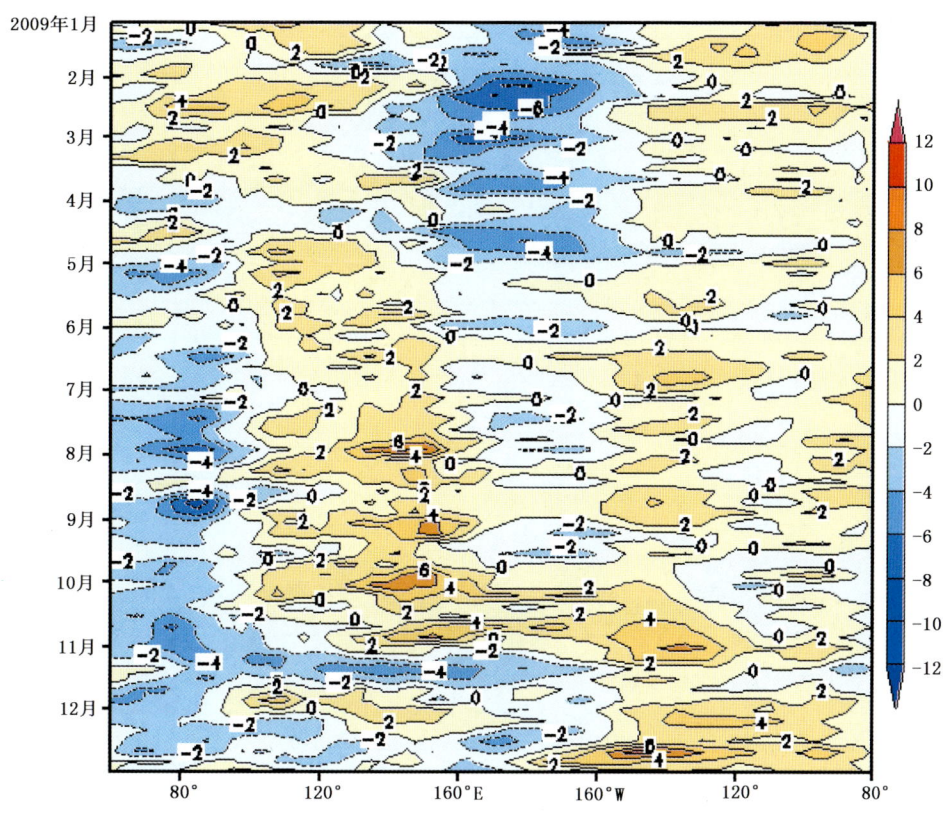

图 3.7　850 hPa 逐候赤道纬向风距平时间—经度剖面(m/s)

3.1.6　赤道太平洋纬向风指数

850 hPa，2009 年 1—5 月赤道西太平洋纬向风指数为异常东风位相，赤道中东太平洋纬向风指数同样表现为负值，显示整个赤道太平洋地区基本为东风距平控制；6 月赤道西太平洋纬向风指数迅速转为正值，并在下半年 11 月之前基本维持正值；而赤道中东太平洋纬向风指数在 6 月以后也表现为正值，显示随着厄尔尼诺的发生，赤道太平洋基本处于西风距平控制下。而在 200 hPa 上，赤道太平洋纬向风指数表现与 850 hPa 相反。上述特征也反映了 Walk 环流随厄尔尼诺发展的变化特征(图 3.8)。

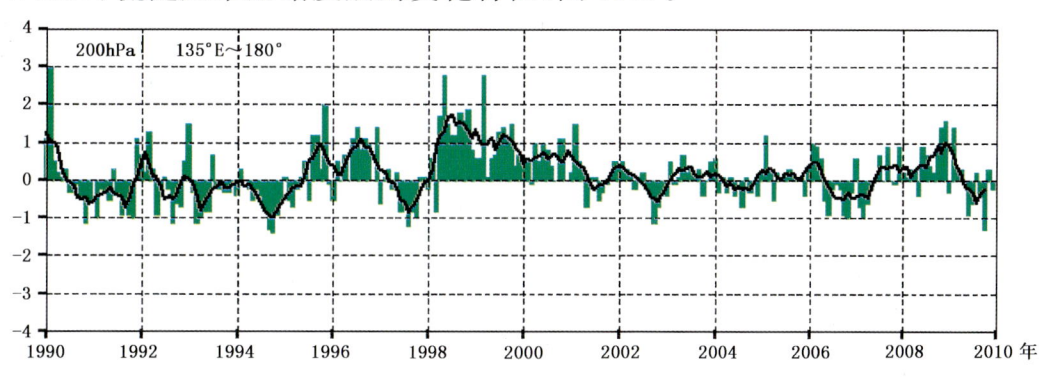

图 3.8　赤道太平洋纬向风指数序列

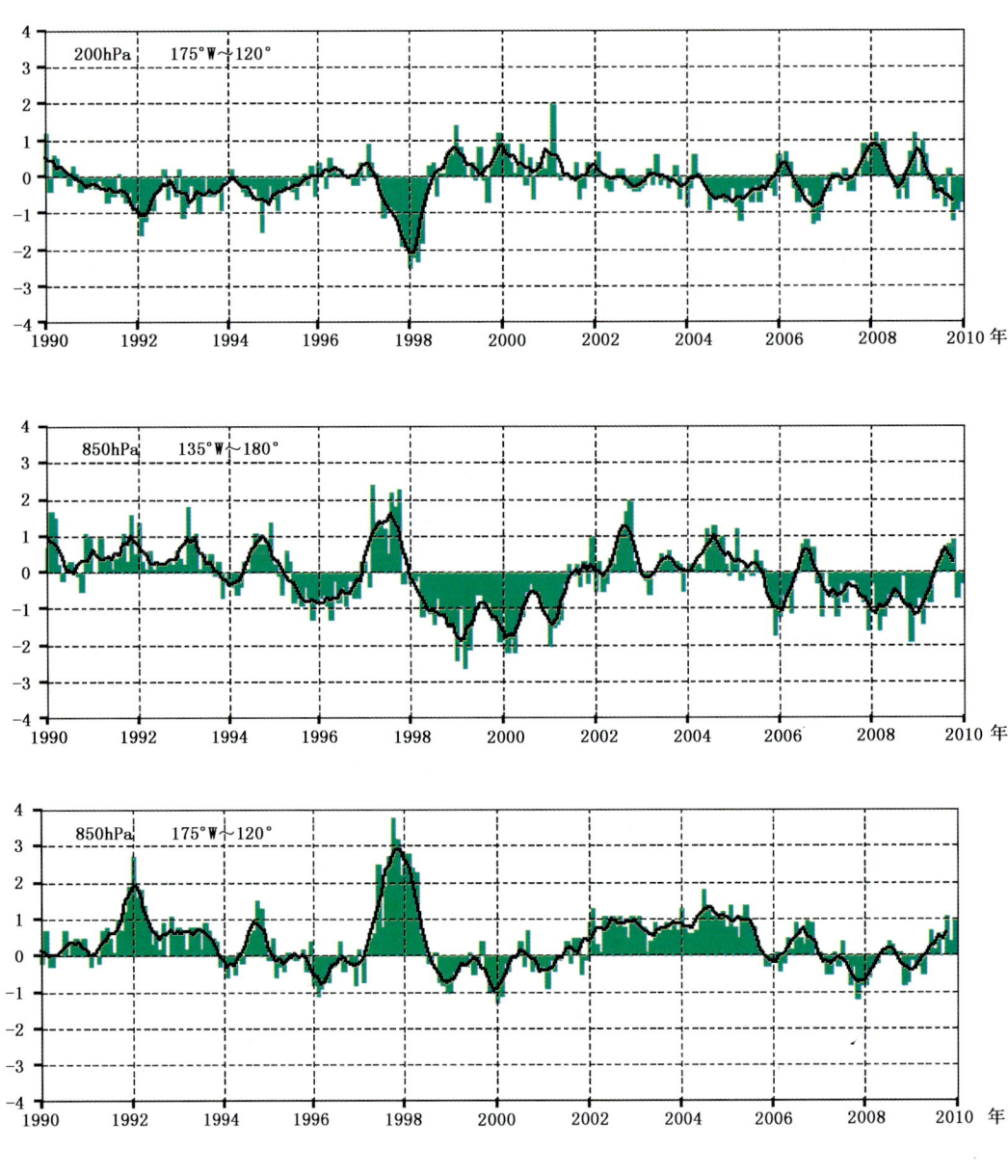

图 3.8 （续）

3.1.7 对流演变特征

从 2009 年 1—12 月，对流活跃区不断从赤道西太平洋西部向东移向日界线附近，显示厄尔尼诺发展时异常 Walk 环流特征（图 3.9）。

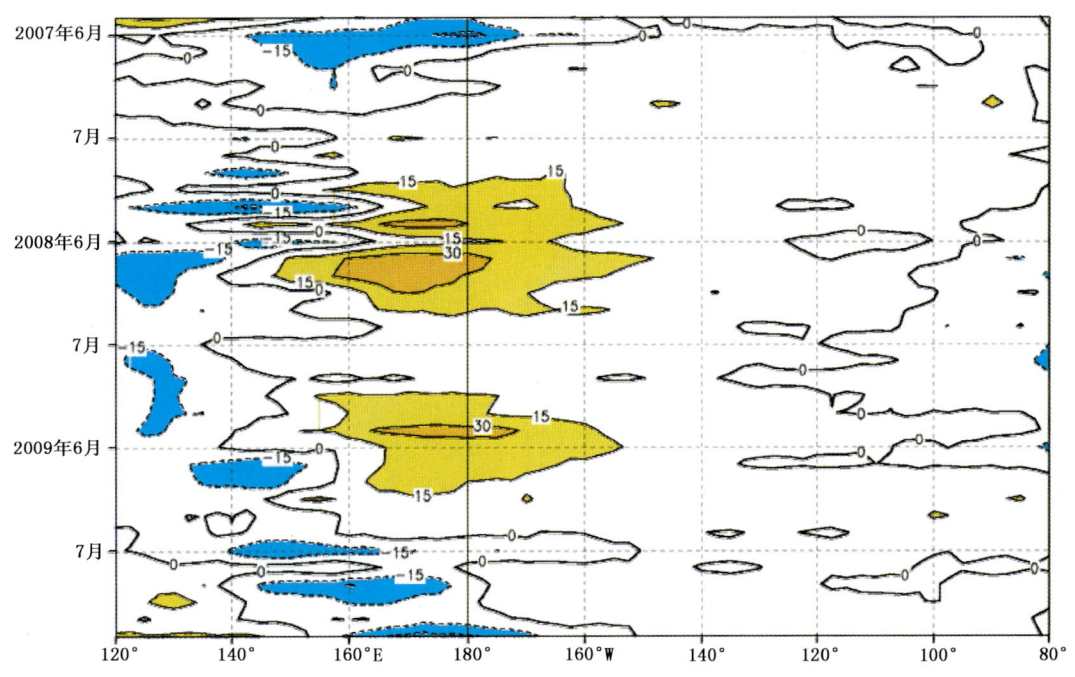

图 3.9　赤道太平洋射出长波辐射量距平时间—经度剖面（W/m²）

3.2　热带气旋监测

3.2.1　西北太平洋热带气旋

2009 年，西北太平洋共有 23 个热带气旋生成，较多年平均值（27 个）异常偏少。其中 11 个达到台风级别，较多年平均值（14 个）偏少。具体特征表现为：

（1）热带气旋全年生成总频数偏少明显，活跃期生成频数较常年略偏少

2009 年，西北太平洋共有 23 个热带气旋生成，较常年平均 27 个偏少 4 个（图 3.10）。在生成热带气旋集中的 7—10 月间（活跃季节），共有 19 个热带气旋生成，接近常年平均。但在 9 月份热带气旋生成频数明显偏多，占热带生成活跃季节生成总数的 42%，反映 2009 年热带气旋生成时间相对集中的特点（图略）。

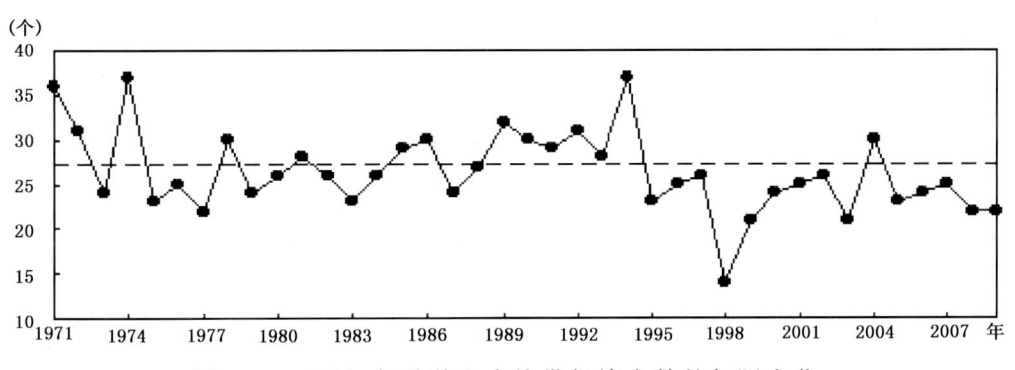

图 3.10　西北太平洋生成热带气旋个数的年际变化

(2) 起编时间比常年偏晚,停编时间较常年偏早

2009年西北太平洋生成的热带气旋起编时间为 5 月 3 日,偏晚于常年平均的 3 月 8 日,停编时间为 12 月 3 日,较平均结束时间 12 月 15 日偏早(图 3.11)。

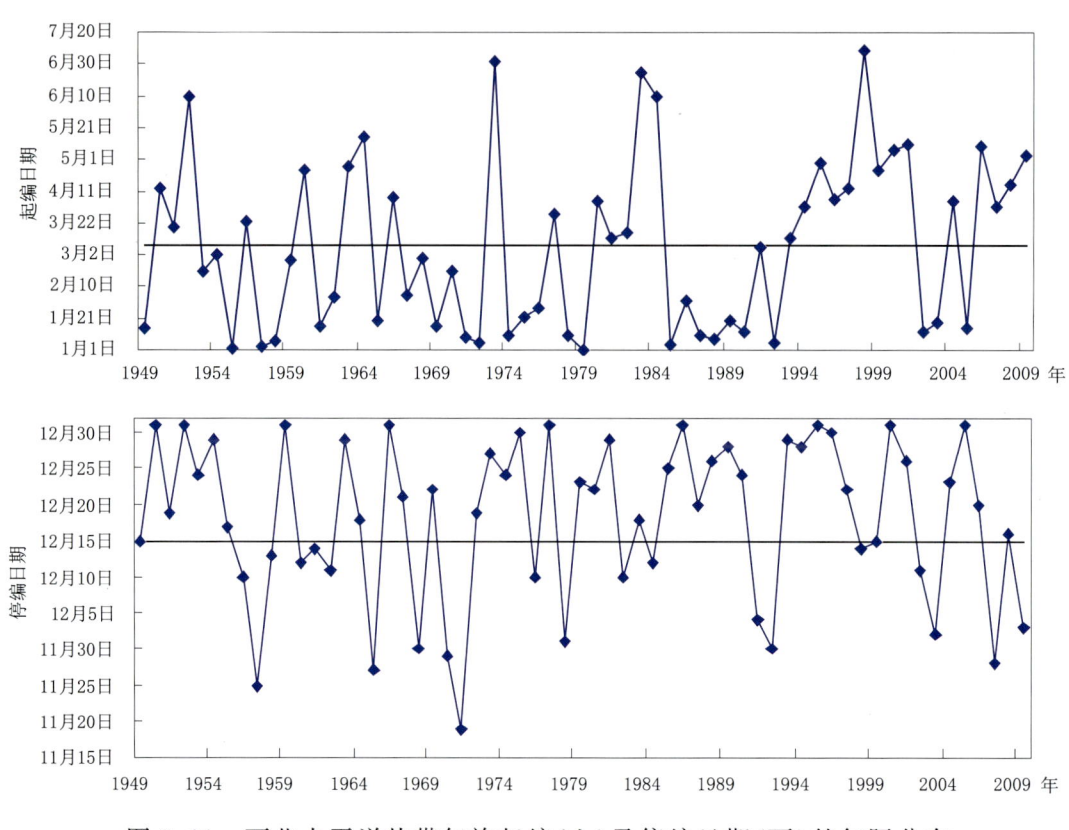

图 3.11　西北太平洋热带气旋起编(上)及停编日期(下)的年际分布

(3) 登陆热带气旋个数偏多,初台登陆时间偏早,末台登陆时间接近常年

2009年西北太平洋生成的热带气旋有 10 个在我国登陆,较常年平均 7 个偏多 3 个(图 3.12),生成登陆我国比率达 43.5%,较常年同期(31%)显著偏高。初台登陆时间为 6 月 21 日,接近常年平均的 6 月 29 日,末台登陆时间为 10 月 12 日,接近平均结束时间 10 月 10 日(图 3.13)。

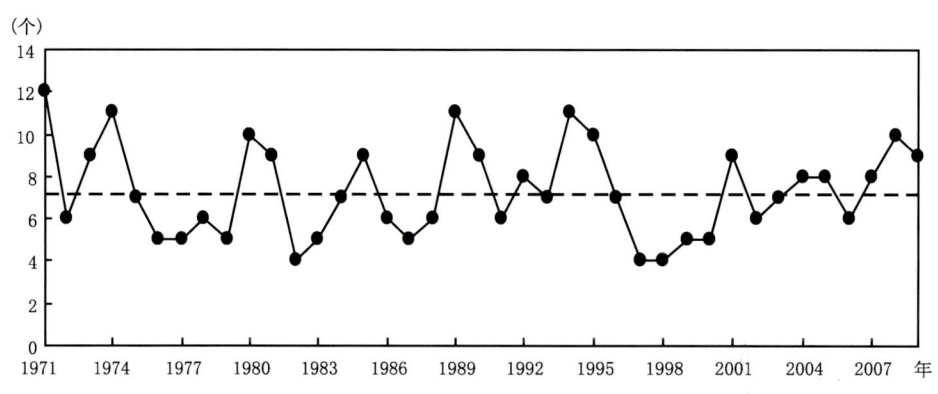

图 3.12　登陆我国西北太平洋热带气旋个数年际分布特征

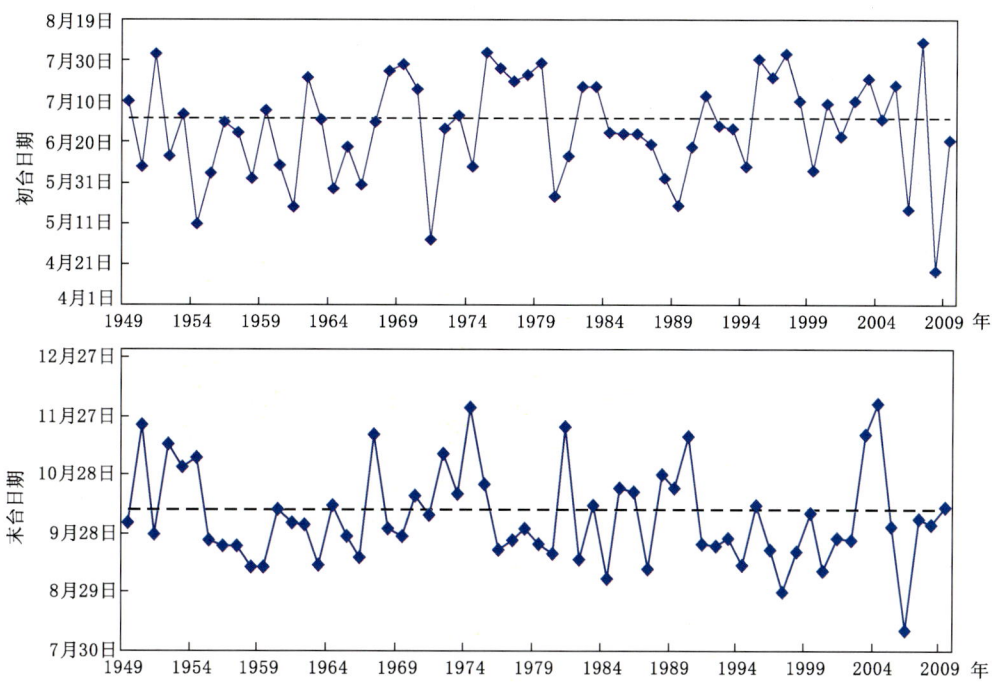

图 3.13 西北太平洋热带气旋初台(上)及末台日期(下)的年际分布

(4)活跃季节内热带气旋生成源地分布较分散,位置较偏东

从图 3.14 所示的 2009 年西北太平洋热带气旋活跃季节(7—10 月)热带气旋生成源地分布特征看:热带气旋的生成位置空间散布较为分散,广泛分布于 110°~160°E 的广阔洋面上。热带气旋的生成位置最东可达 160°E,比较偏东。但也可以看出,生成位置大致可分为两类:一类分布于 130°E 以西的南海及菲律宾群岛附近区域(8 个),另外一类约 10 个热带气旋则生成于 135°~160°E 的洋面上。

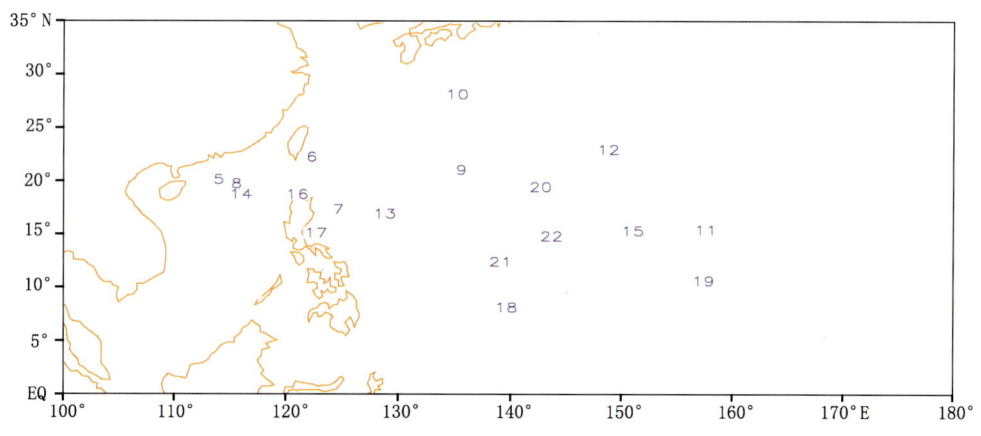

图 3.14 2009 年 7—10 月间热带气旋的生成位置(数值为编号顺序)

3.2.2 全球其他海域热带气旋活动特征

2009 年东北太平洋形成 17 个冠名的风暴,其中 7 个达到飓风级别,均接近多年平均值;在 2009 年大西洋飓风季节,共生成 10 个热带风暴,多年平均值为 12 个,其中 3 个达到飓风级别,较多年平均值 6 个偏少 3 个;在北印度洋热带气旋活动季节共生成了 8 个热带气旋,其中 4 个为气旋性风暴。

第四章　冰雪监测

4.1　北半球积雪监测

4.1.1　积雪面积

2008/2009年冬季（2008年12月至2009年2月）、2009年春季（3—5月）和夏季（6—8月），北半球、欧亚、中国积雪面积均较常年同期略偏小；2009年秋季和2009/2010年冬季（2009年12月至2010年2月），北半球、欧亚、中国积雪面积分别较常年同期偏大。中国积雪主要分布区有青藏高原、新疆北部、东北和内蒙古东部地区（简称东北地区，下同）。2008/2009年冬季至2009年夏季，除新疆前期积雪面积略偏大外，各主要积雪区积雪面积以偏小或者接近常年为主。2009年秋季（9—11月），中国三大主要积雪区面积较常年同期明显偏大，青藏高原、新疆北部和东北地区积雪面积分别偏大37.7%、20.4%和18.4%。2009/2010年冬季，青藏高原积雪面积较常年同期略偏小，新疆北部和东北地区分别偏大35%和21%（各季积雪面积距平百分率见表4.1）。逐月各区积雪面积变化表明：1—9月，各区域积雪面积总体上以偏少为主，10—12月，北半球、欧亚、中国积雪面积均偏大，青藏高原10月和新疆11月积雪面积达到历史同期最大值（见图4.1）。

图4.2为北半球及各区域冬季积雪面积距平百分率的历史曲线。

表4.1　年内各季不同区域积雪面积距平百分率（%）

各季积雪面积距平百分率%	北半球	欧亚	中国	青藏高原	新疆北部	东北地区
2008.12—2009.2	−2.4	−3.3	−4.9	−14.1	7.7	−0.6
2009.3—5	−7.0	−9.3	−5.9	−9.3	−13.2	0.5
2009.6—8	−8.9	−7.8	−7.8	−18.1	−12.0	0.0
2009.9—11	2.4	6.3	31.0	37.7	20.4	18.4
2009.12—2010.2	5.2	4.7	20.8	−5.2	35.0	21.0

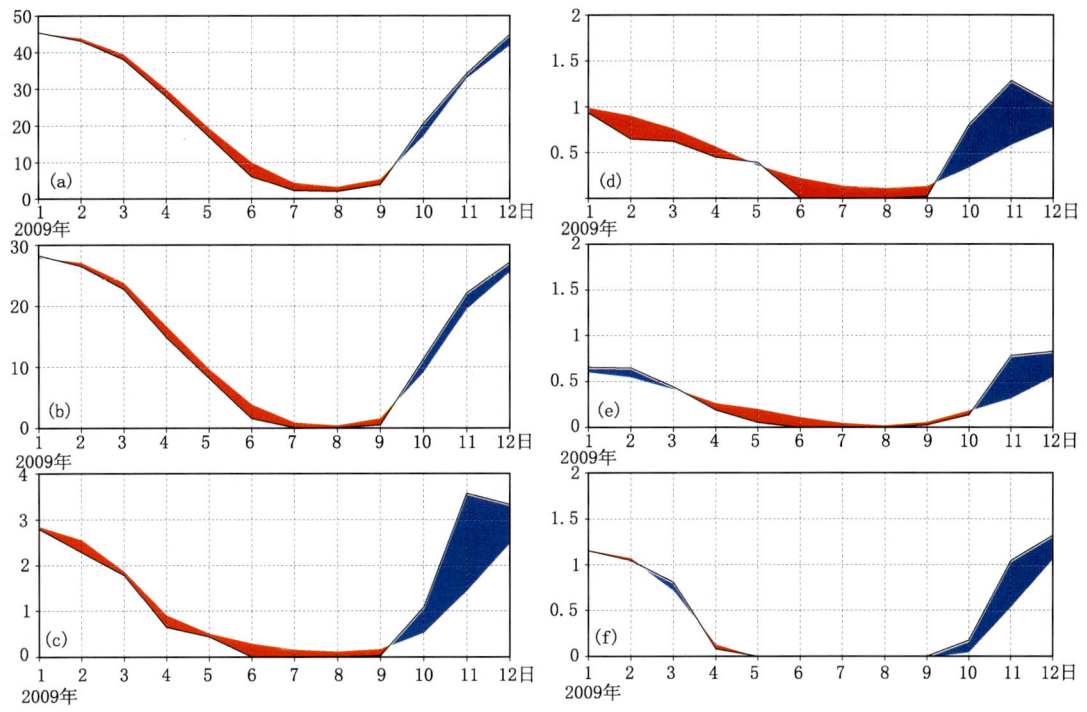

图 4.1 区域积雪面积指数(单位:10^6 km^2)
(a)北半球;(b)欧亚大陆;(c)中国;(d)青藏高原;(e)新疆北部;(f)东北地区
(红色表示积雪面积较常年同期偏小,蓝色表示偏大)

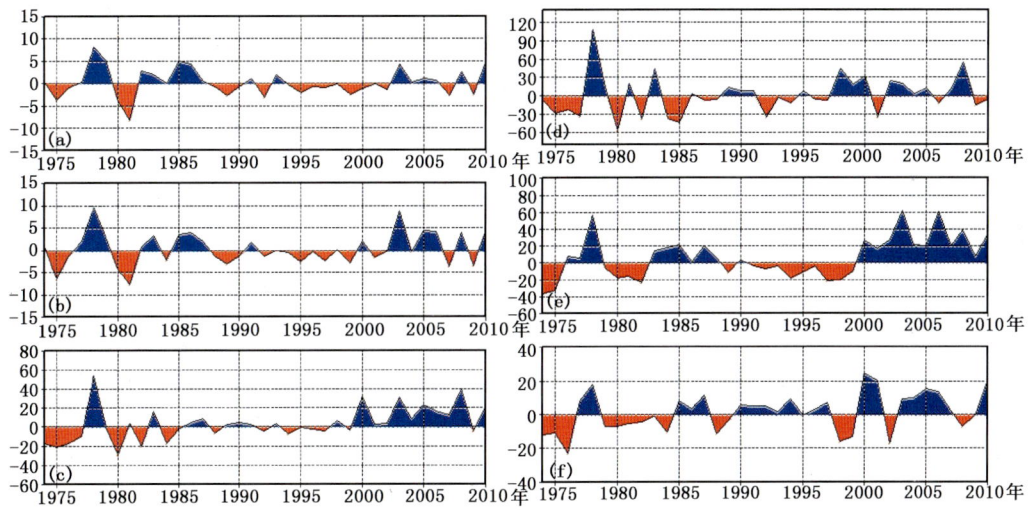

图 4.2 1973/1974—2009/2010 年冬季不同区域积雪面积距平百分率变化(%)
(a)北半球;(b)欧亚大陆;(c)中国;(d)青藏高原;(e)新疆北部;(f)东北地区
(红色表示积雪面积较常年同期偏小,蓝色表示偏大)

4.1.2 积雪日数

2008/2009 年冬季,北半球冬季积雪日数及距平分布(见图 4.3)表明,欧洲北部、45°N 以北的亚洲大部和 40°N 以北的北美大部积雪日数达 75 d 以上,中国新疆北部、青藏高原西部和东部局部、内蒙古东北部和东北东部积雪日数均达到 75 d 以上。欧洲西南部部分地区、中亚西部局部、中国天山附近和青海北部部分地区、青藏高原东部部分地区和中国东北地区局部和北美中部部分地区积雪日数较常年同期偏多 10~30 d,欧洲东南部局部、中亚大部、西亚北部、中国的青藏高原大部、东北地区和华北局部以及蒙古国部分地区积雪日数较常年偏少 10~30 d,局部偏少 30 d 以上。

2009 年春季,50°N 以北的亚洲北部、欧洲东北部和北美北部大部、青藏西部和东部局部积雪日数达 30 d 以上。青藏高原中部、加拿大中部部分地区积雪日数较常年同期偏多 10~30 d,中国西部边界、蒙古国西部、西亚北部、中亚东部、俄罗斯南部部分地区积雪日数较常年偏少 10~30 d,局部偏少 30 d 以上。

2009 年夏季,格陵兰积雪日 75 d 以上,亚洲北部局部、北美北部部分地区和喜马拉雅山西北部积雪日数为 15~30 d。中国西部边界附近地区、俄罗斯东北部部分地区、北美北部和西北局部积雪日数偏少 10~30 d,局部偏少 30 d 以上。

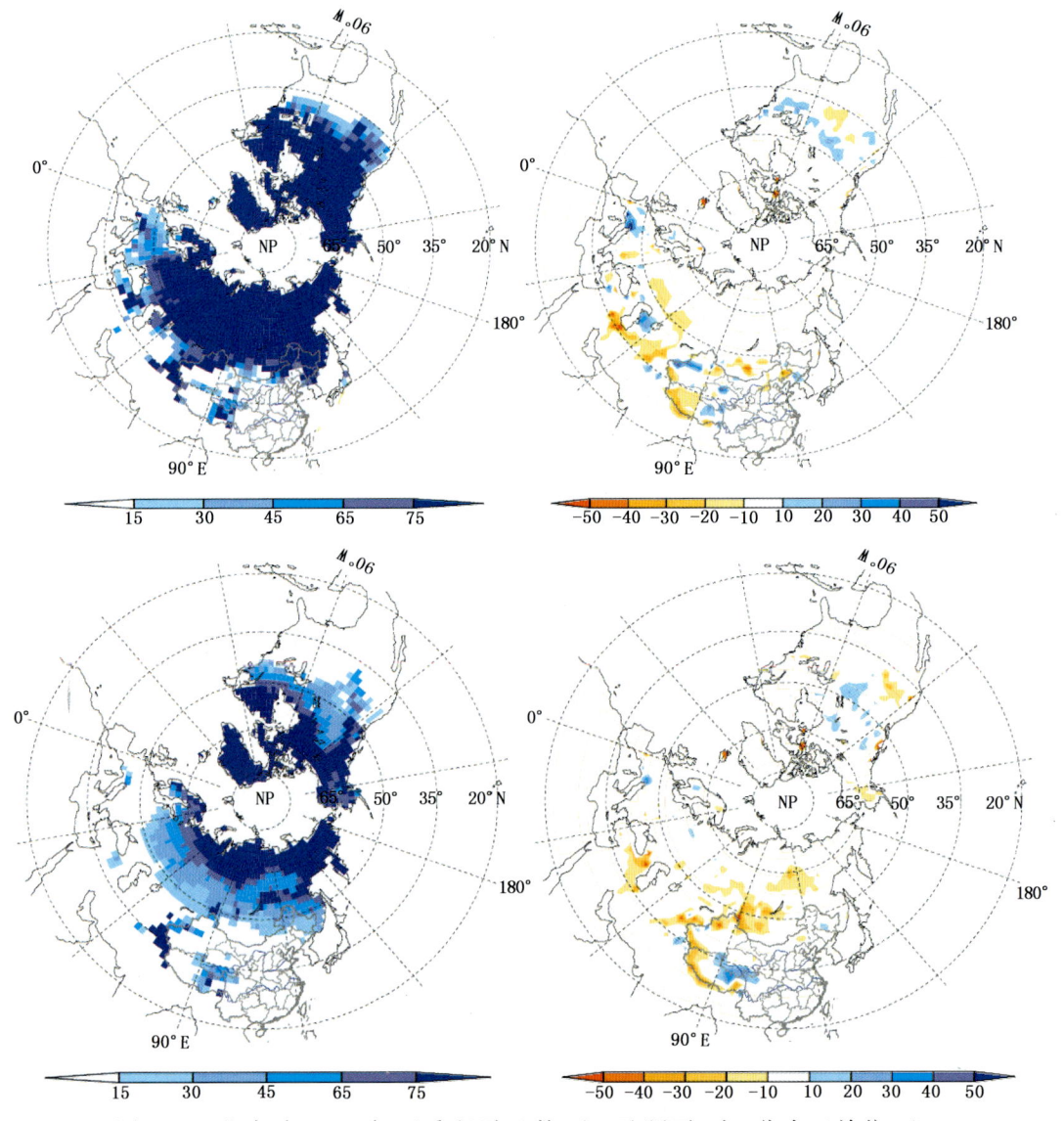

图 4.3　北半球 2009 年逐季积雪日数(左)及距平(右)分布（单位:d）

从上至下依次为冬季(2008.12—2009.2)、春季(2009.3—5)、夏季(2009.6—8)、秋季(2009.9—11)

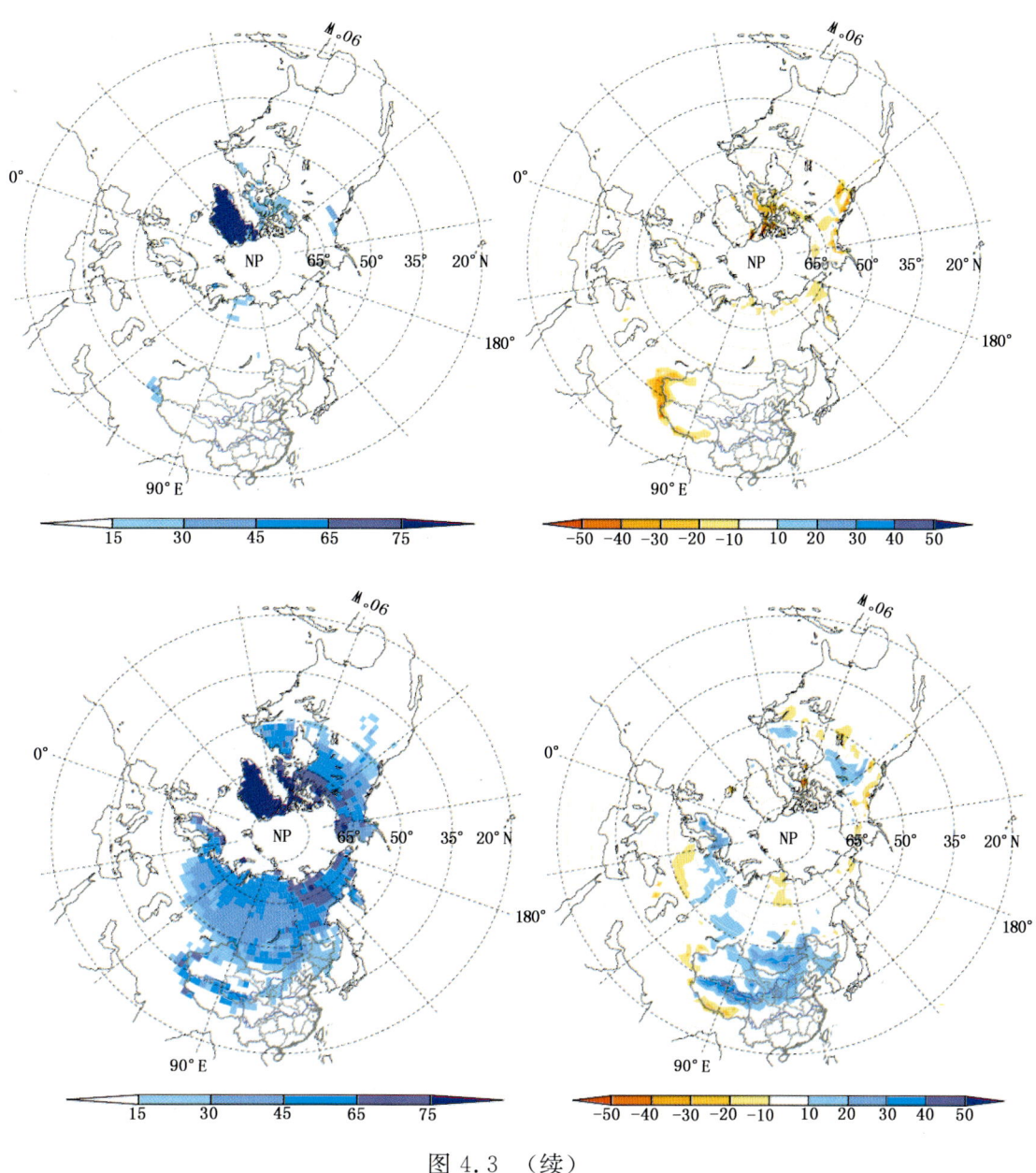

图 4.3 （续）

2009 年秋季，欧洲北部、亚洲北部、青藏高原西北部和东部、蒙古北部、55°N 以北的北美北部积雪日数达 30~60 d，俄罗斯东北部和北美北部部分地区积雪日数超过 60 d。中国的青藏高原西北部和东部、西北地区东部和北部、内蒙古中东部、华北西部和东北中部等地及蒙古国大部、北欧部分地区、俄罗斯西部部分地区、北美北部部分地区积雪日数较常年同期偏多 10~40 d；青藏高原南部、中亚局部、北美西北部局部地区偏少 10~30 d。

图 4.4 为北半球各月积雪日数及距平分布。

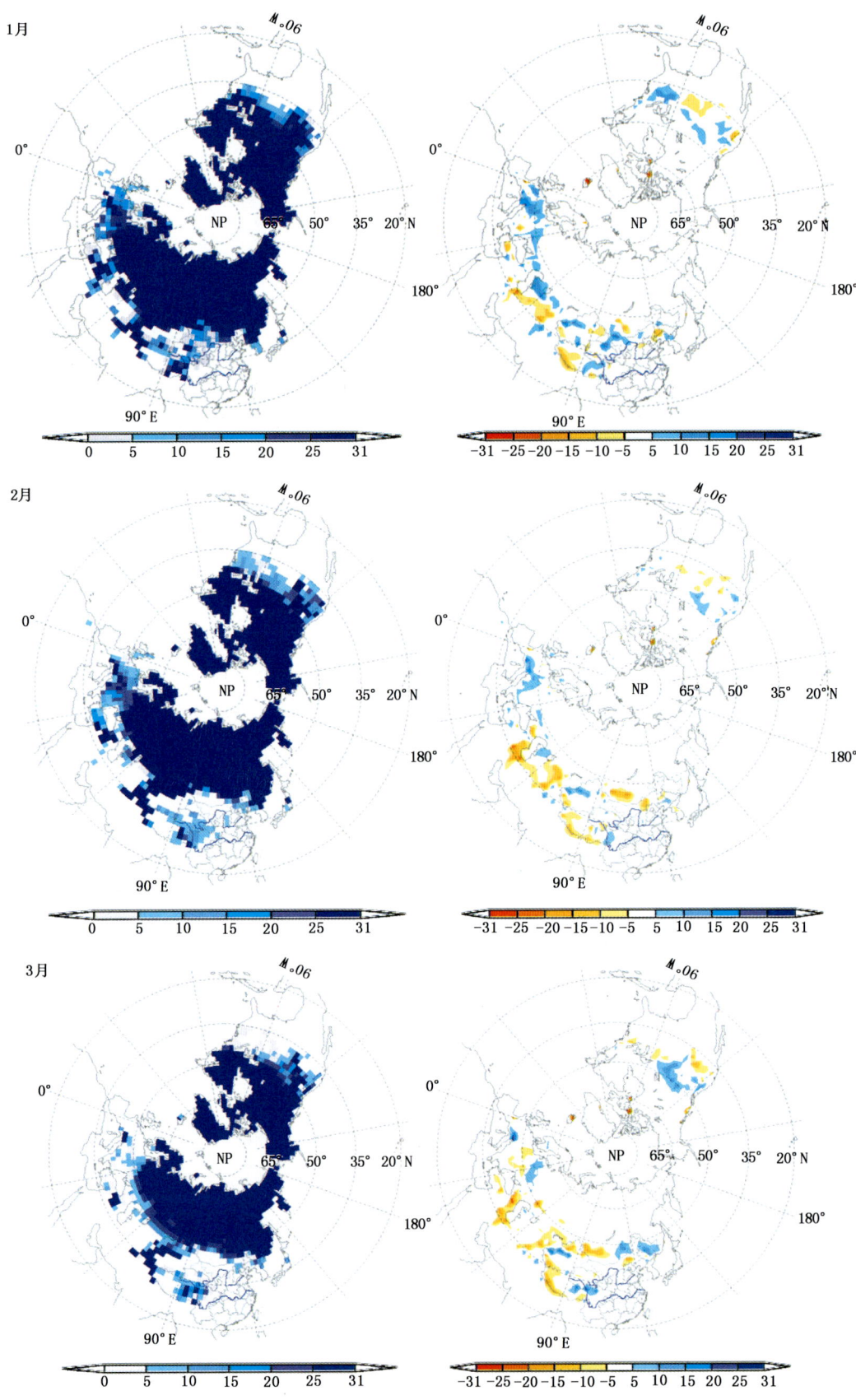

图 4.4 北半球 2009 年逐月积雪日数（左）及距平（右）分布（单位：d）

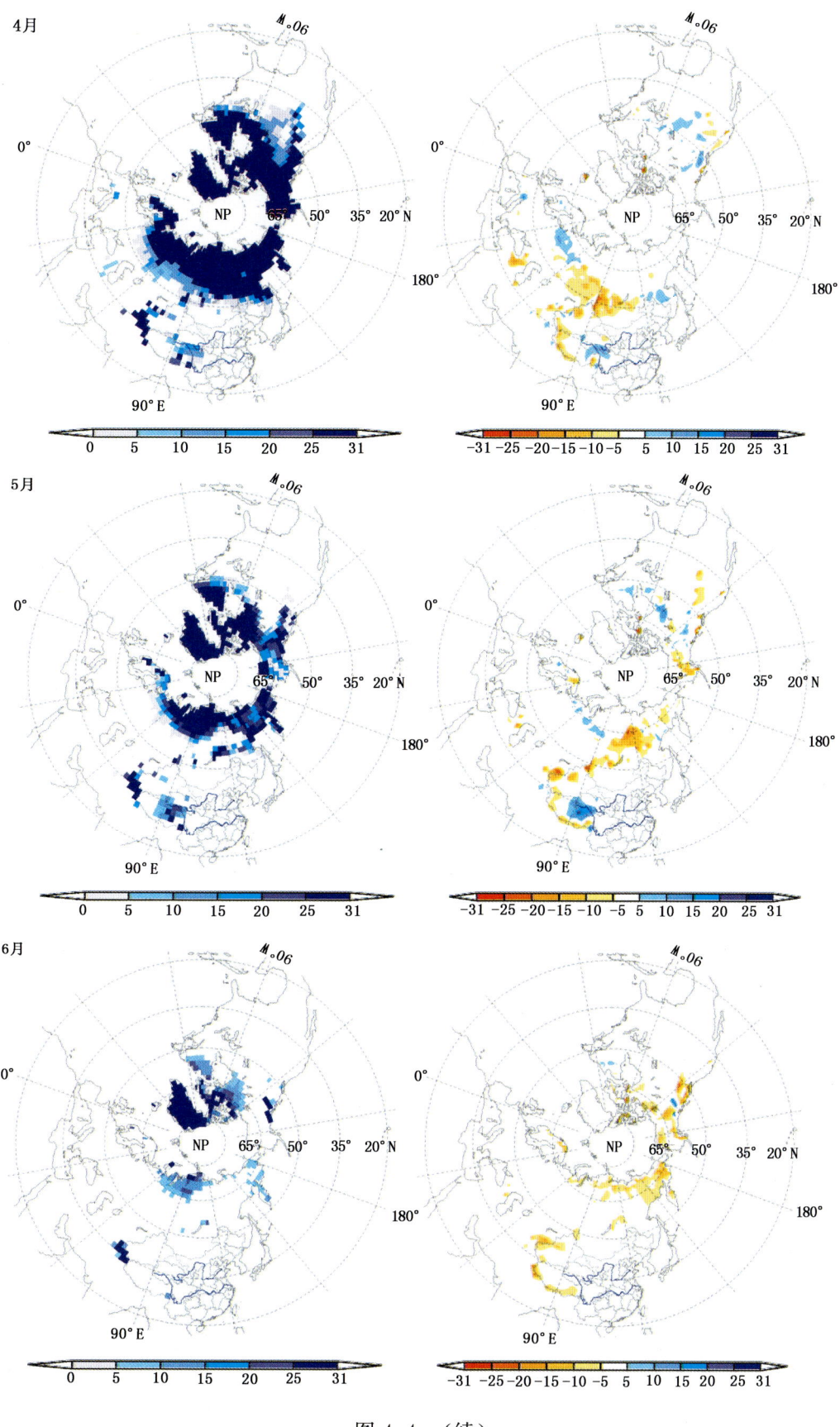

图 4.4 （续）

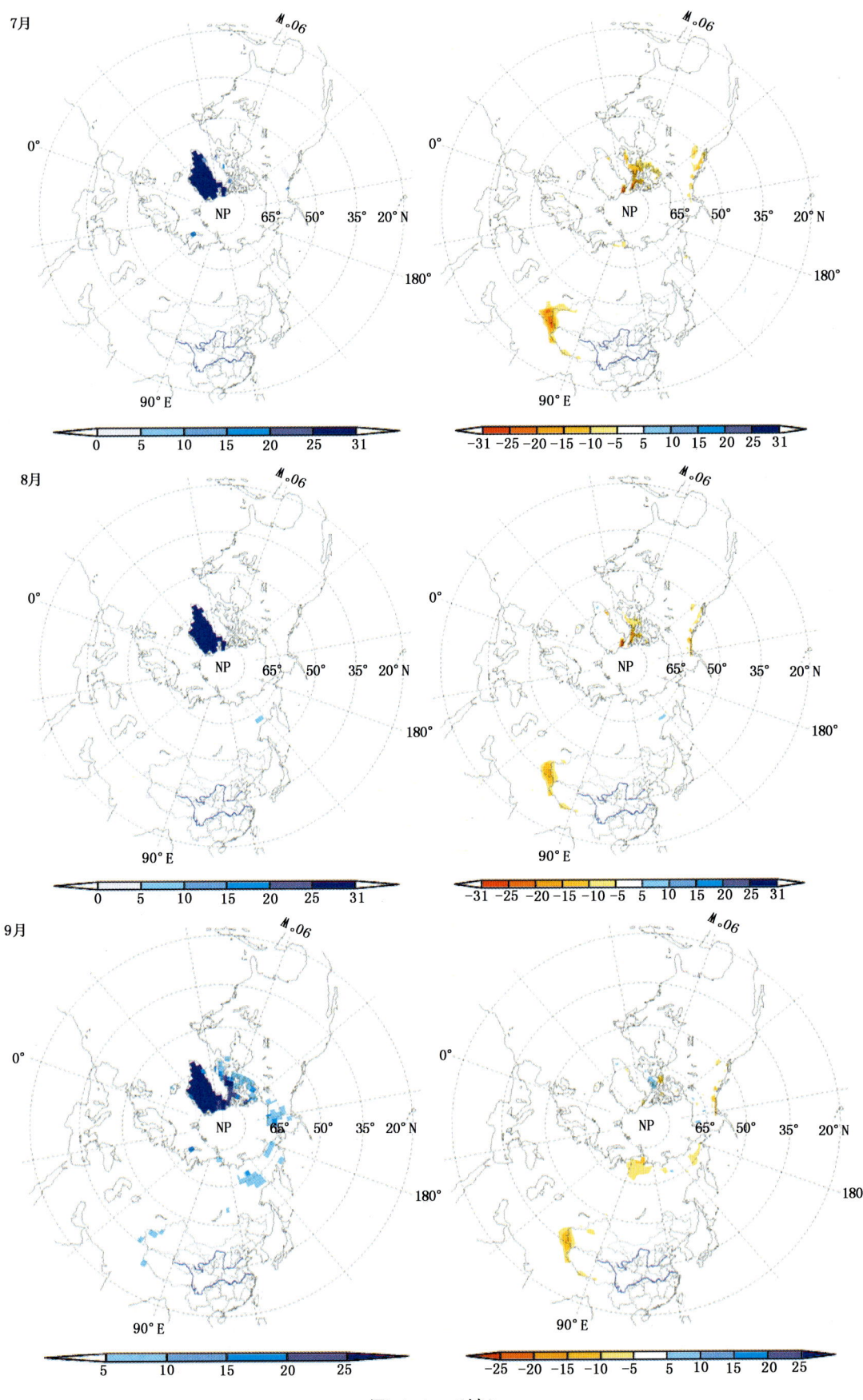

图 4.4 （续）

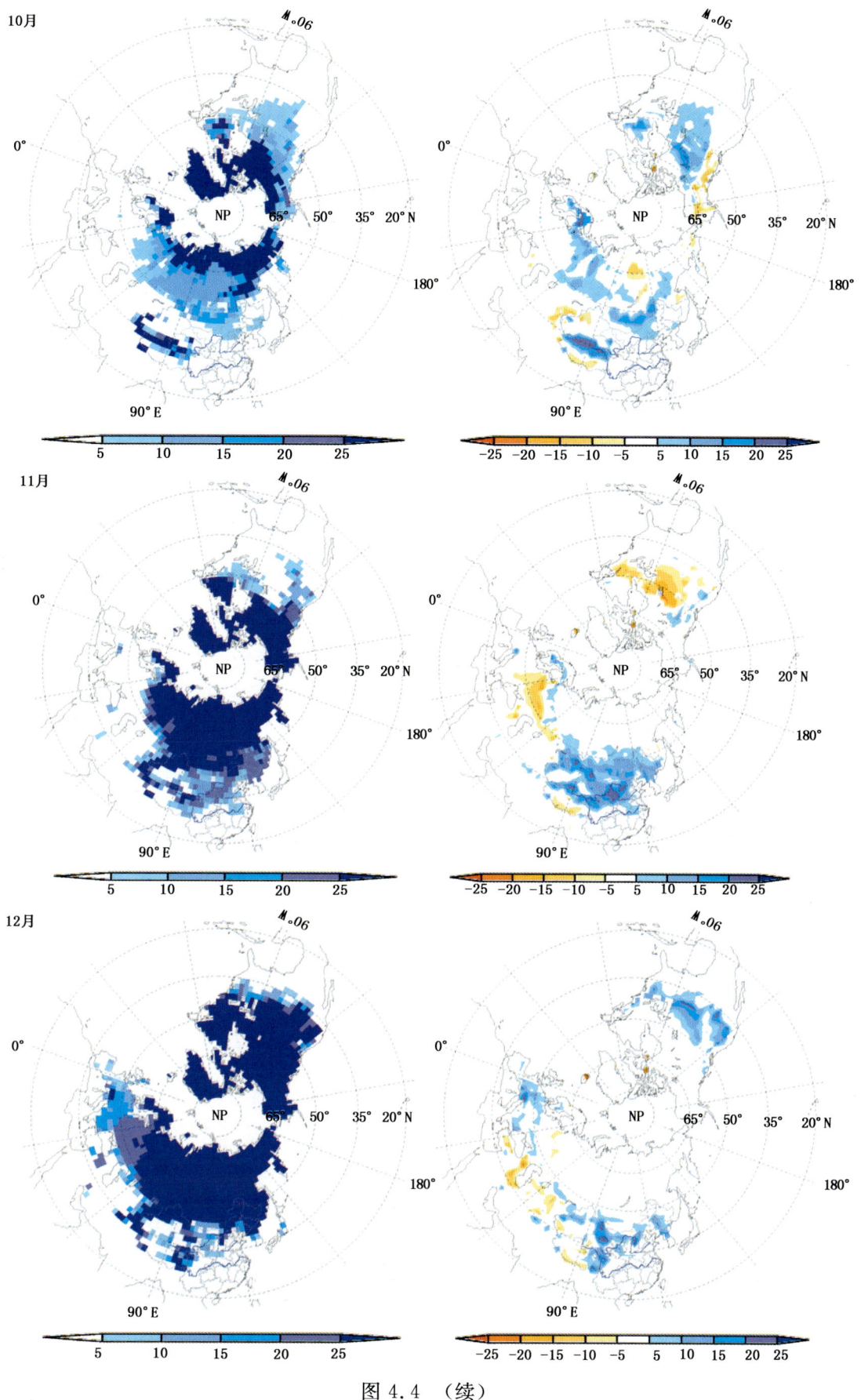

图 4.4 (续)

4.2 海冰监测

4.2.1 北极海冰

2009年12月,WMO发布消息指出,2009年融化季节北极海冰覆盖面积为5.36百万km^2,这是自1979年来的第三低值(仅高于2007年的4.28百万km^2和2008年的4.67百万km^2)。

逐季海冰监测(见图4.5)表明:2008/2009冬季(2008年12月至2009年2月),北冰洋及格陵兰附近海区、哈得逊湾等海域海冰密集度达到80%以上。距平场上,鄂霍次克海西部至日本海北部、新地岛附近海区、大西洋西北部部分海区偏低10%~50%。

2009年春季(3—5月),北冰洋及格陵兰附近海域海冰密集度达到80%以上。距平场上,鄂霍次克海西部至日本海北部、加拿大东北部沿海、哈得逊湾大部海区偏低10%~50%。

2009年夏季(6—8月):北冰洋及格陵兰附近海域、哈得逊湾大部海冰密集度达40%以上。距平场上,拉普捷夫海、东西伯利亚海和楚科奇海、格陵兰岛西北部海区海冰密集度偏低10%~30%,斯瓦尔巴群岛以北海区、哈得逊湾南部等区域海冰密集度偏高20%~40%。

2009年秋季(9—11月),北冰洋及格陵兰附近大部海域海冰密集度为40%以上;距平场上,新地岛东北部海区、拉普捷夫海、东西伯利亚海和楚科奇海海区海冰密集度偏低10%~50%。

图4.6为逐月北极海冰密集度及距平分布。

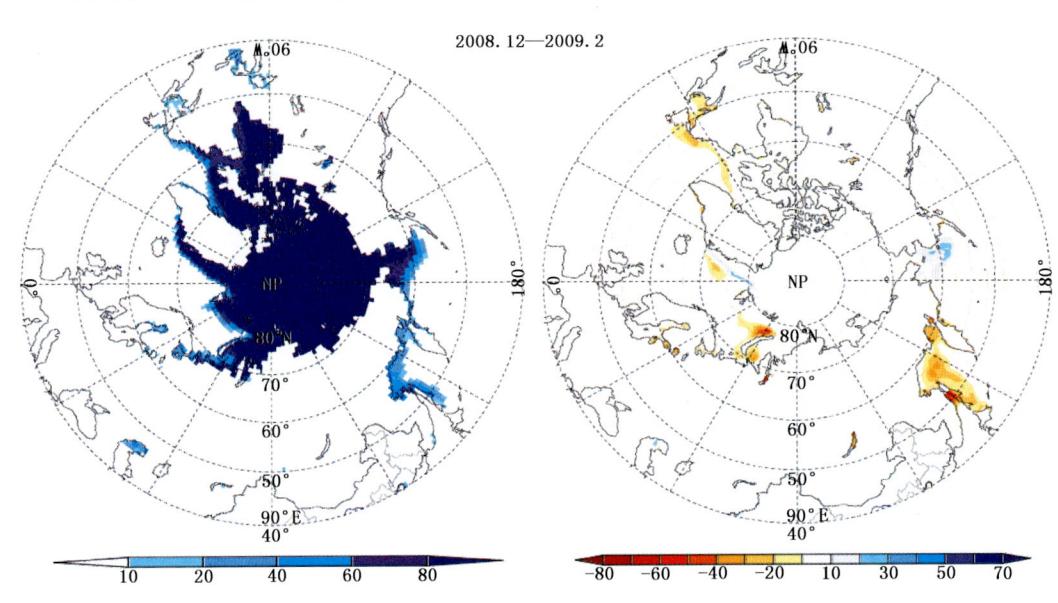

图4.5 北极逐季海冰密集度(%)及距平分布

第四章 冰雪监测

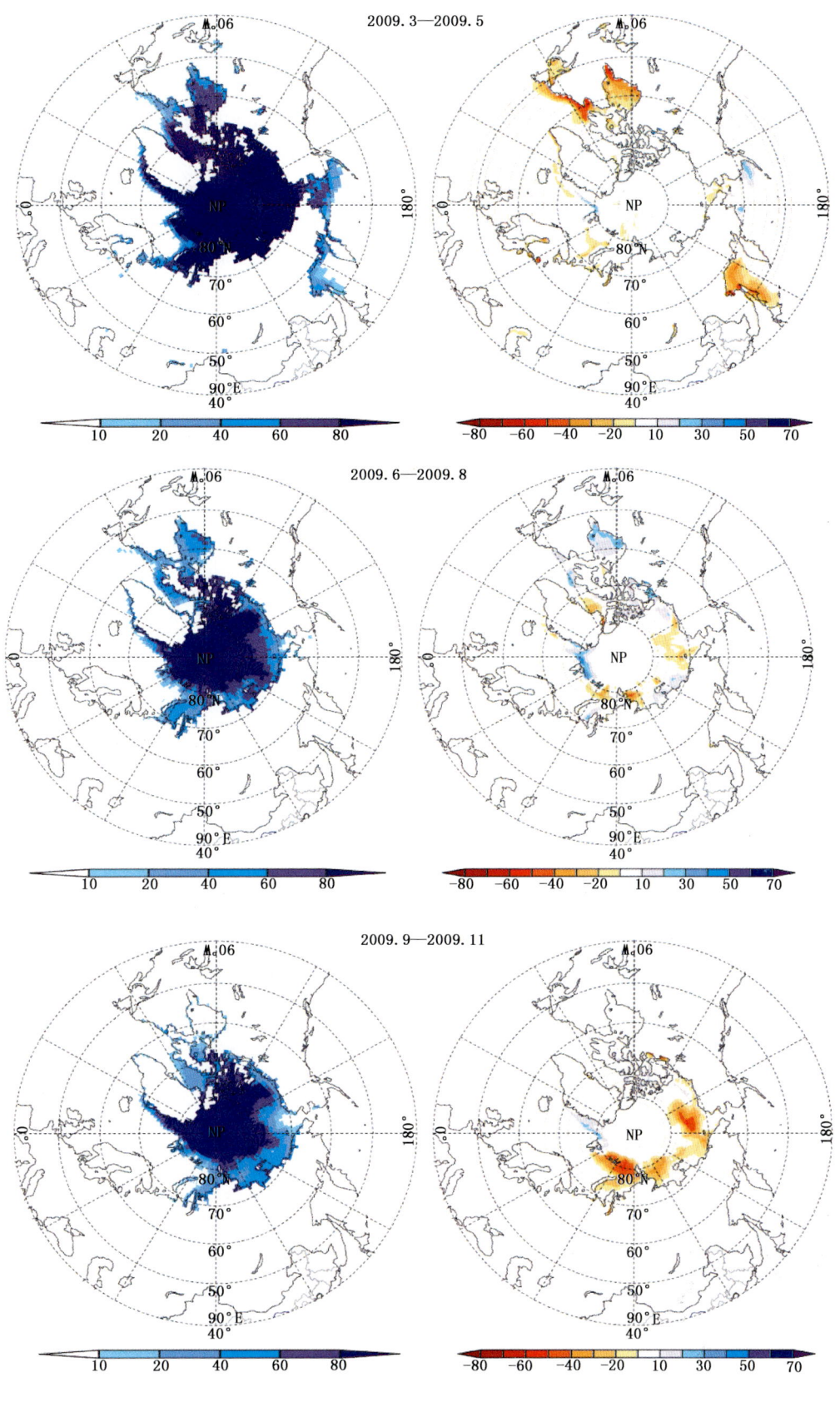

图 4.5 （续）

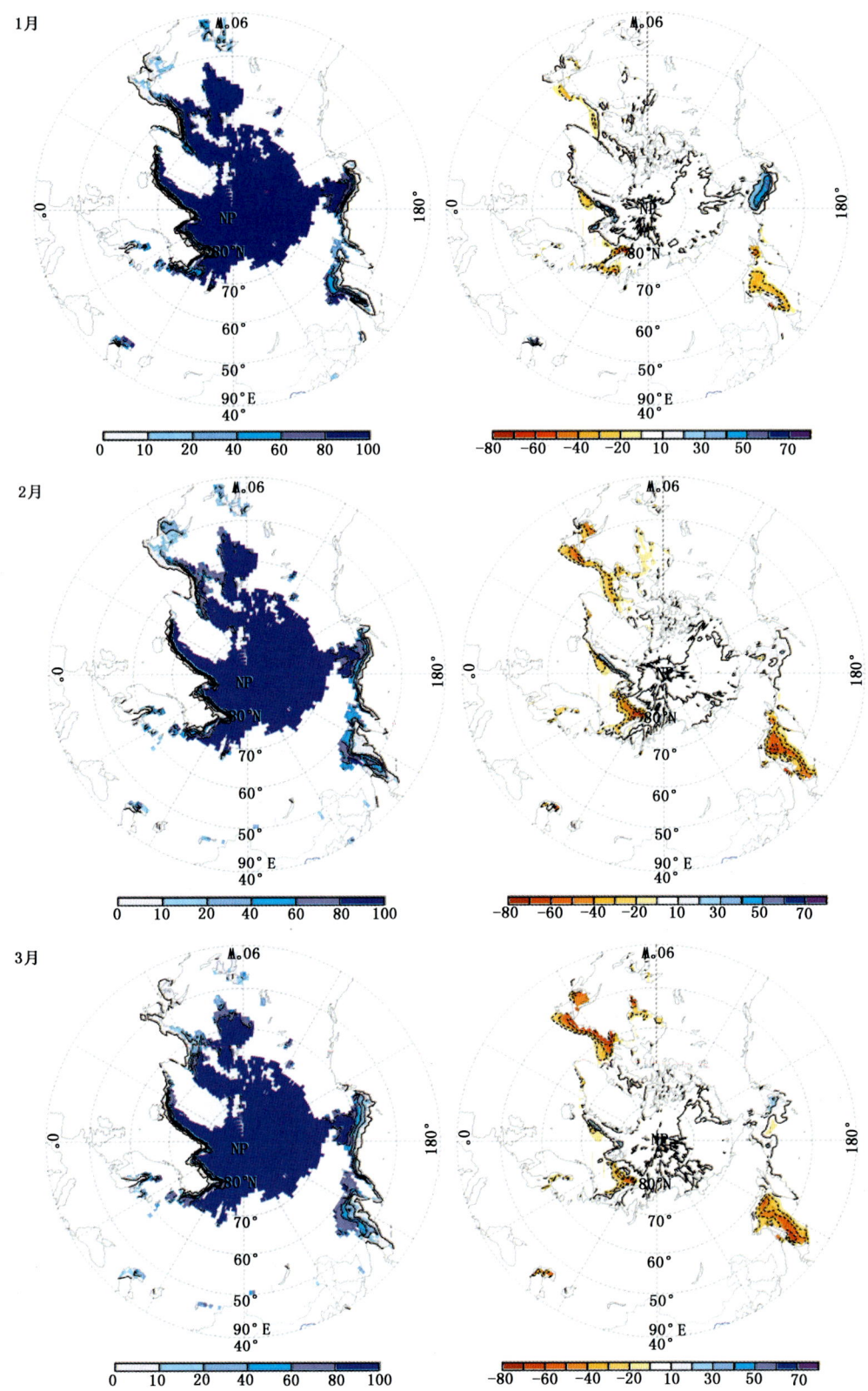

图 4.6 北极逐月海冰密集度（左）及距平（右）（单位：％）

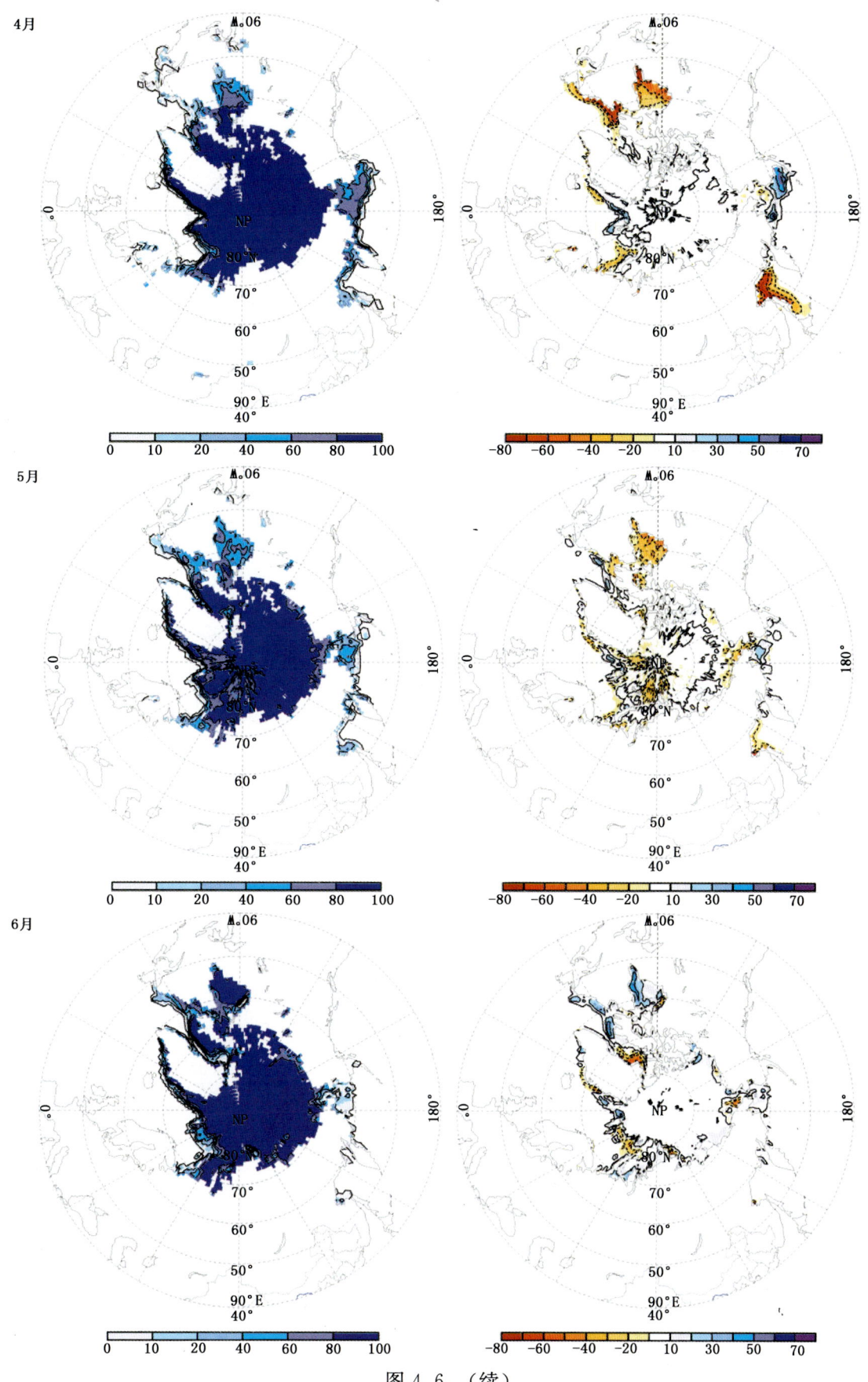

图 4.6 （续）

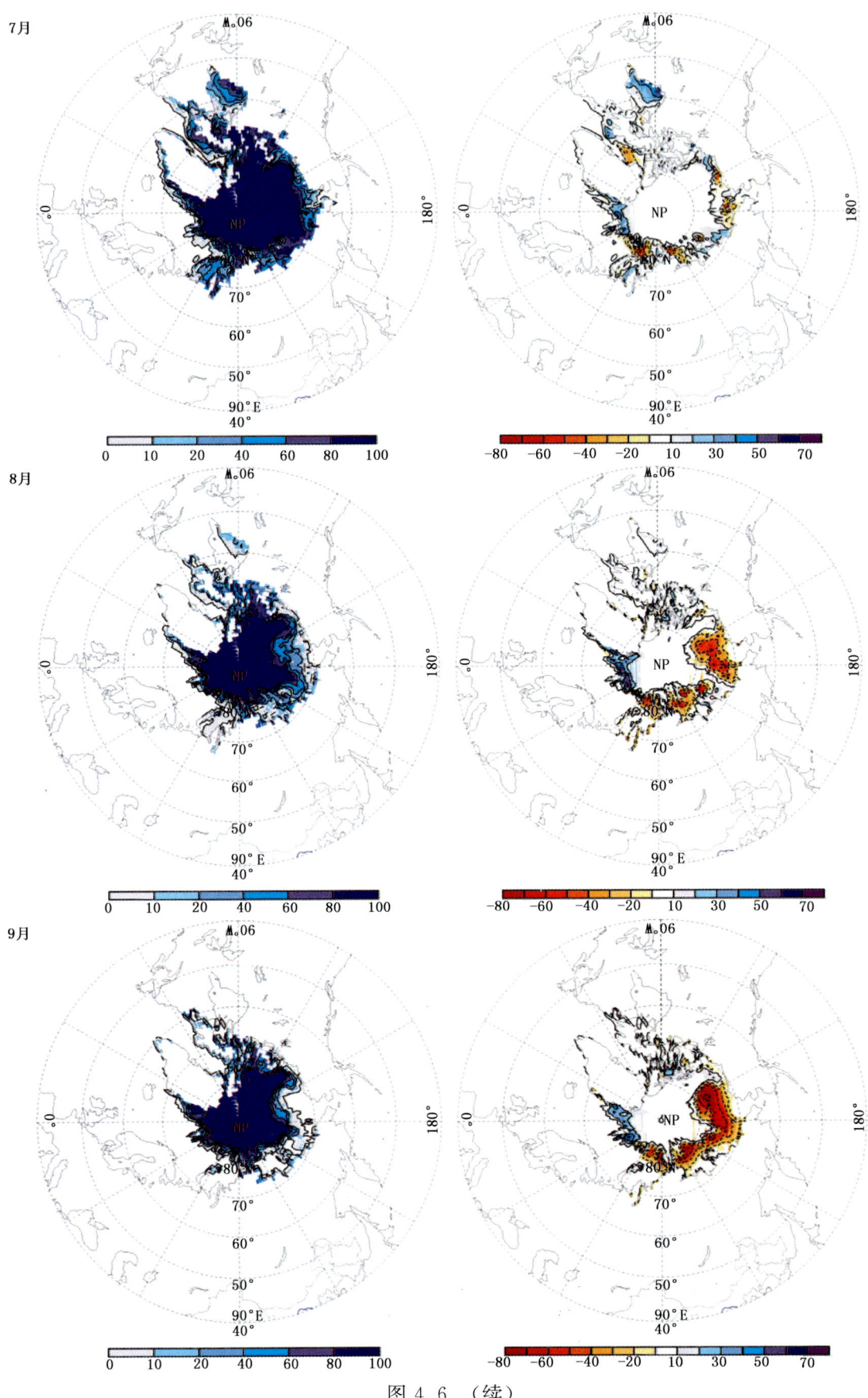

图 4.6 （续）

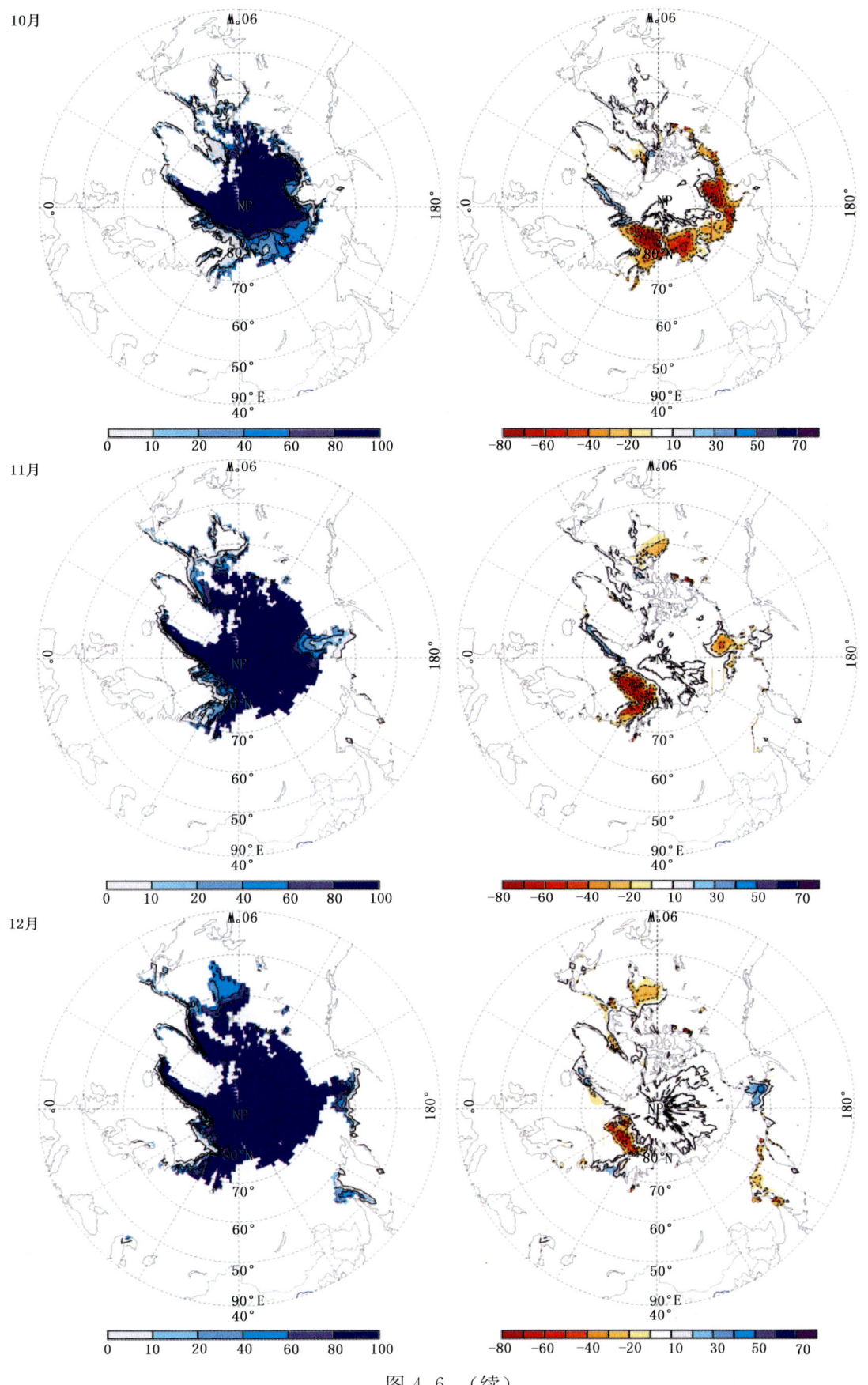

图 4.6 （续）

4.2.2 南极海冰

南极逐季海冰密集度监测(见图4.7)表明,2008年12月至2009年2月,南极附近海区海冰密集度为20%~80%,其中南极半岛东北部沿海海冰密集度达到80%以上。距平场上,南极半岛北部海区、别林斯高晋海、罗斯海部分海区海冰密集度较常年同期偏低10%~40%;威德尔海和南太平洋西南局部海区海冰密集度偏高10%~40%。

2009年3—5月,南极附近海区海冰密集度为60%~80%,其中威德尔海、罗斯海大部超过80%。距平场上,南大西洋部分海区、南太平洋西南部海冰密集度较常年同期偏高10%~40%,南极半岛附近部分海区海冰密集度偏低10%~40%。

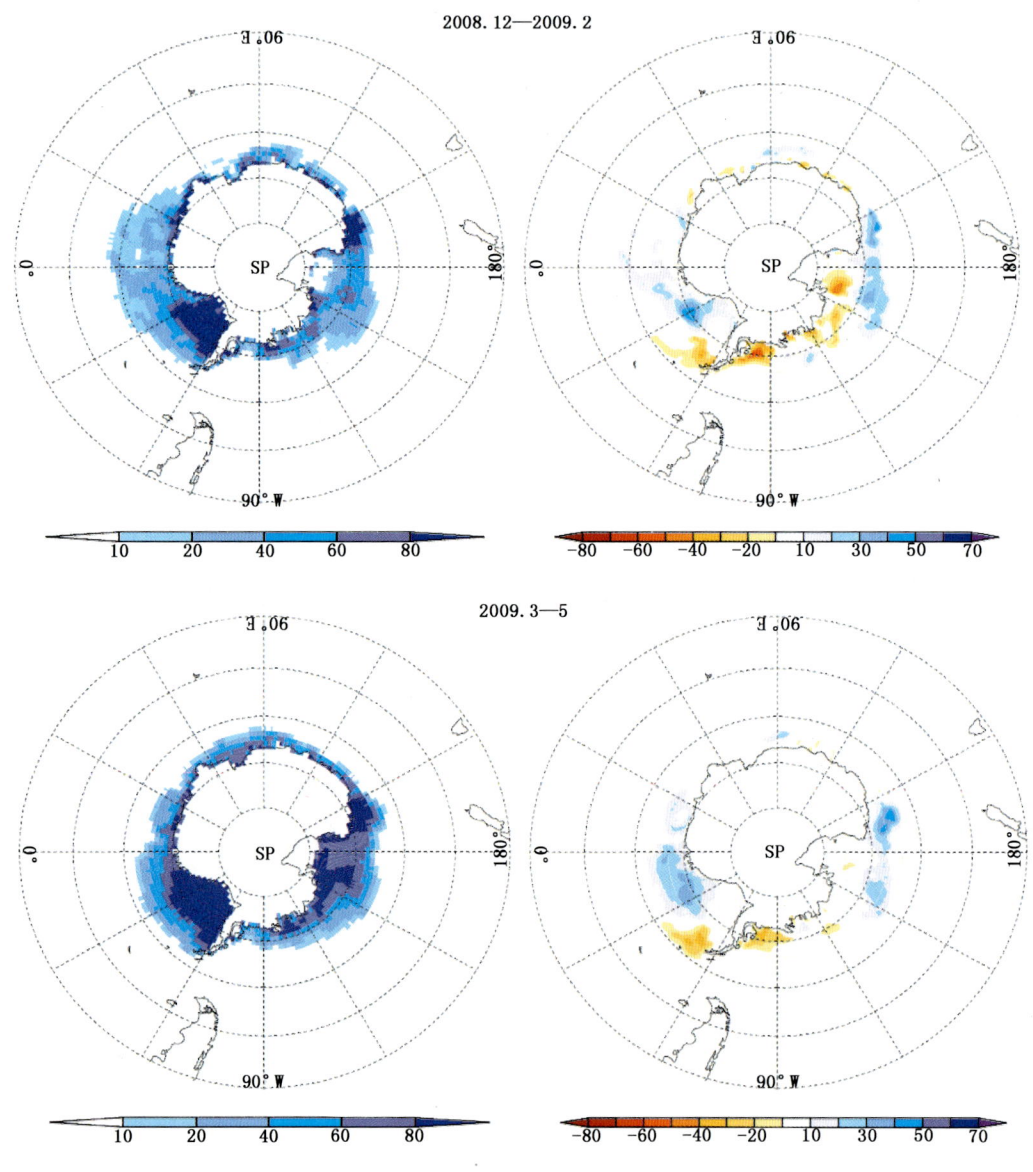

图4.7 南极逐季海冰密集度(左)及距平(右)(单位:%)

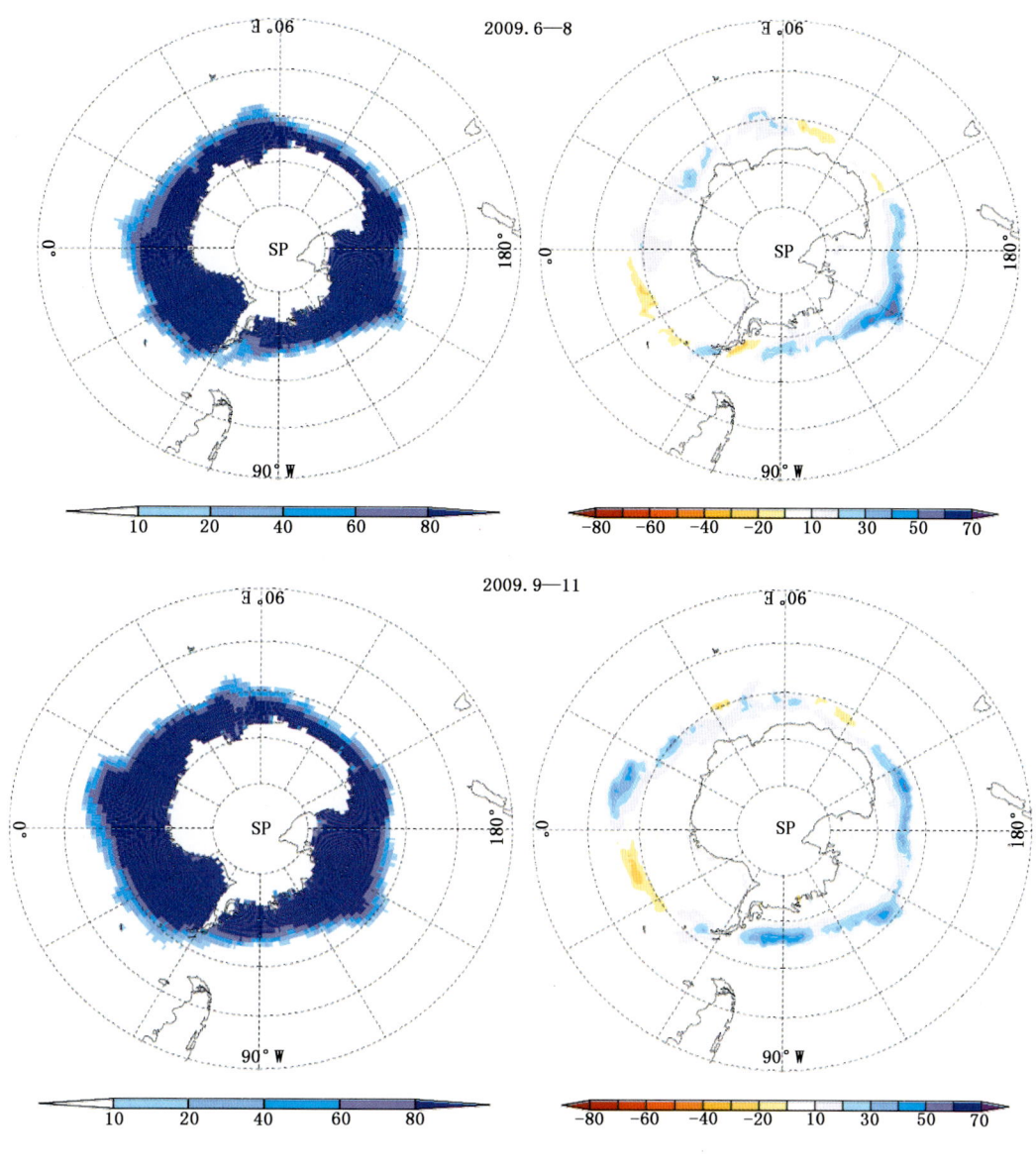

图 4.7 （续）

2009 年 6—8 月，南极海冰范围明显北扩，65°S 以南海区海冰密集度多为 80％以上，距平场上，65°S 附近的南太平洋和南印度洋部分海区、南大西洋西部局部海区海冰密集度偏高 10％～40％，南大西洋部中部和南太平洋西部局部海冰密集度偏低 10％～30％。

2009 年 9—11 月，海冰密集度达到 80％以上的范围北扩至 60°S 附近。距平场上，65°S 附近的南太平洋和南印度洋部分海区、55°S 附近的南大西洋海冰密集度偏高 10％～40％，南大西洋中部局部海冰密集度偏低 10％～30％。

图 4.8 为逐月南极海冰密集度及距平分布。

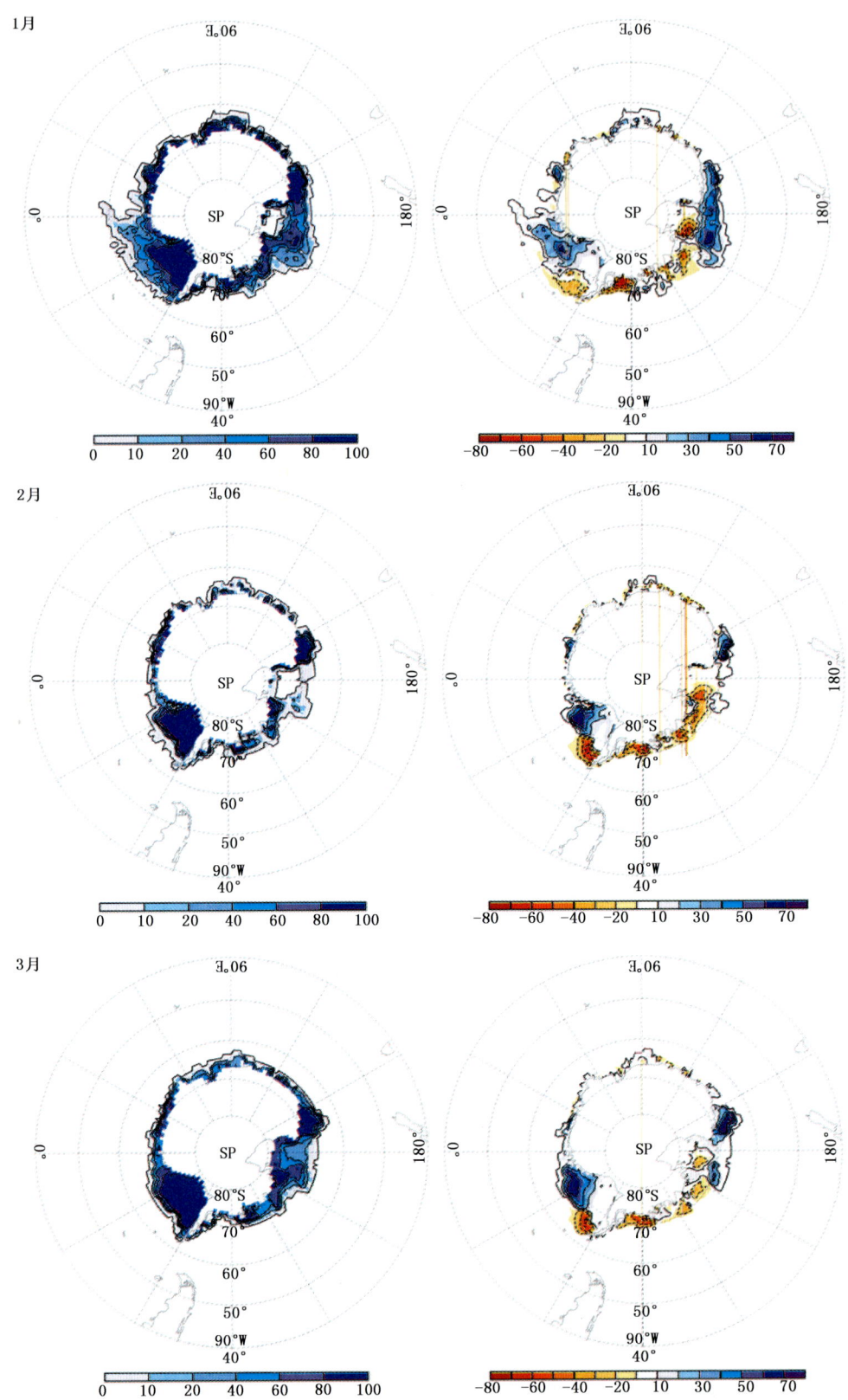

图 4.8 南半球逐月海冰密集度(左)及距平(右)(单位:%)

冰雪监测 第四章

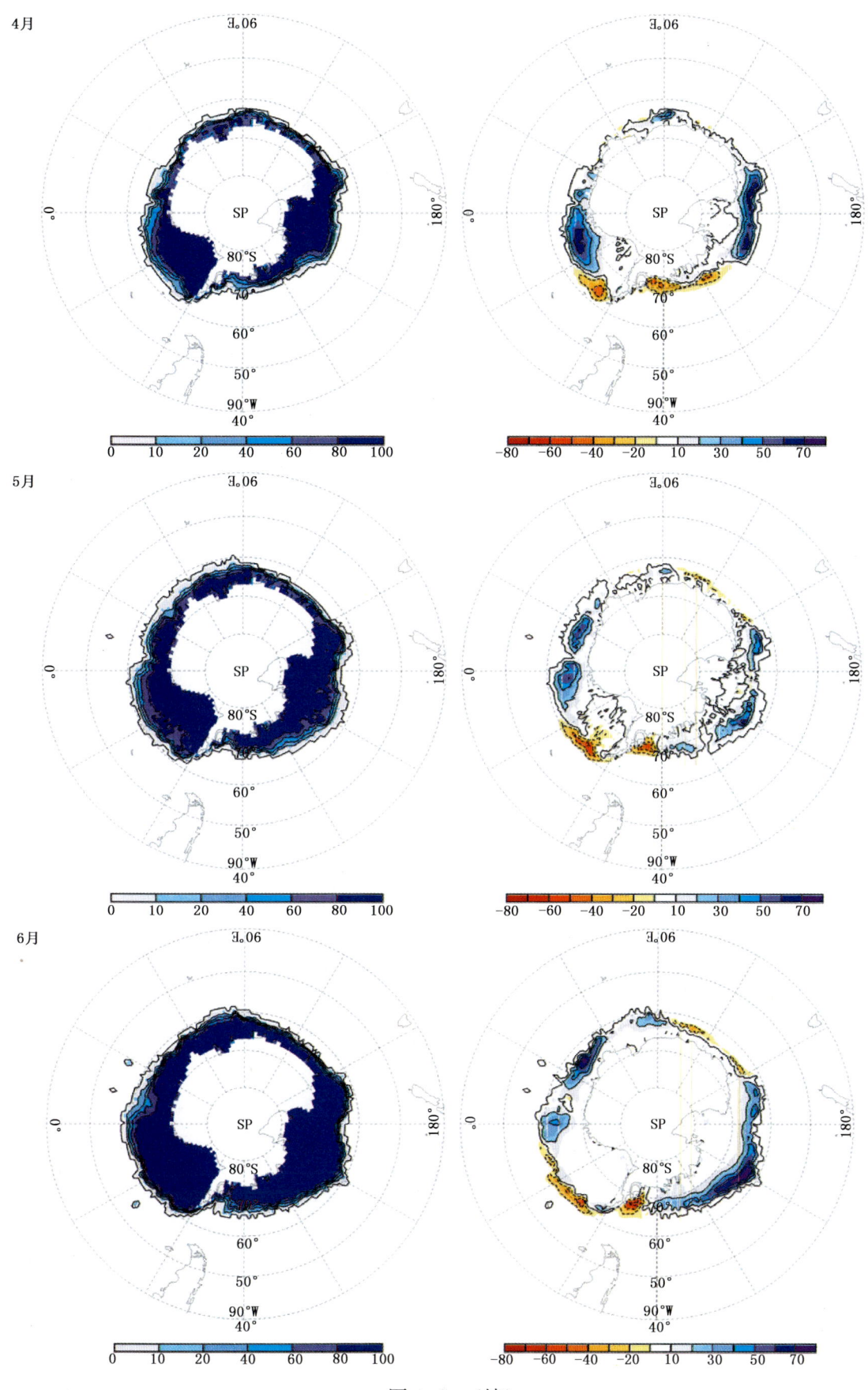

图 4.8 （续）

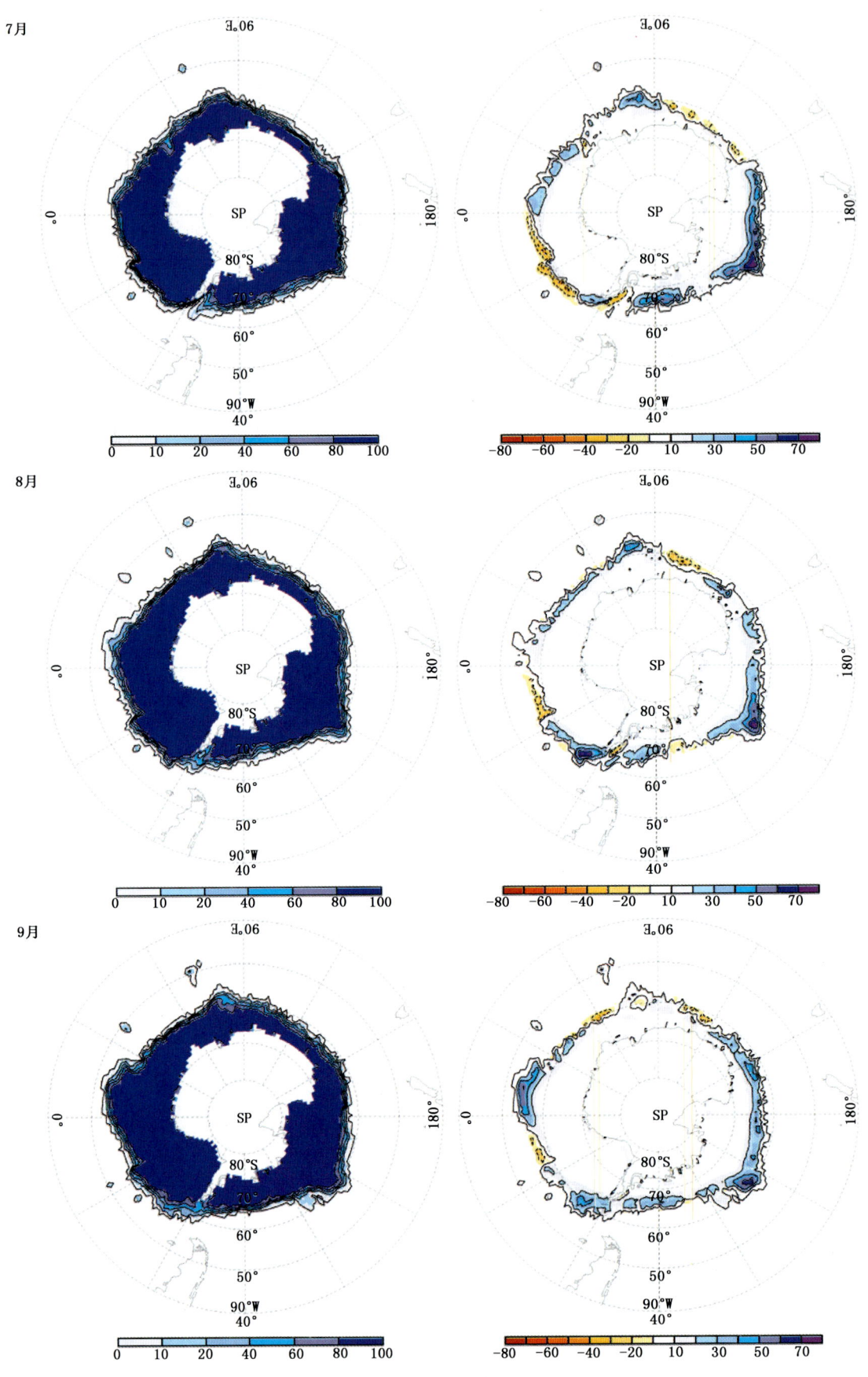

图 4.8 （续）

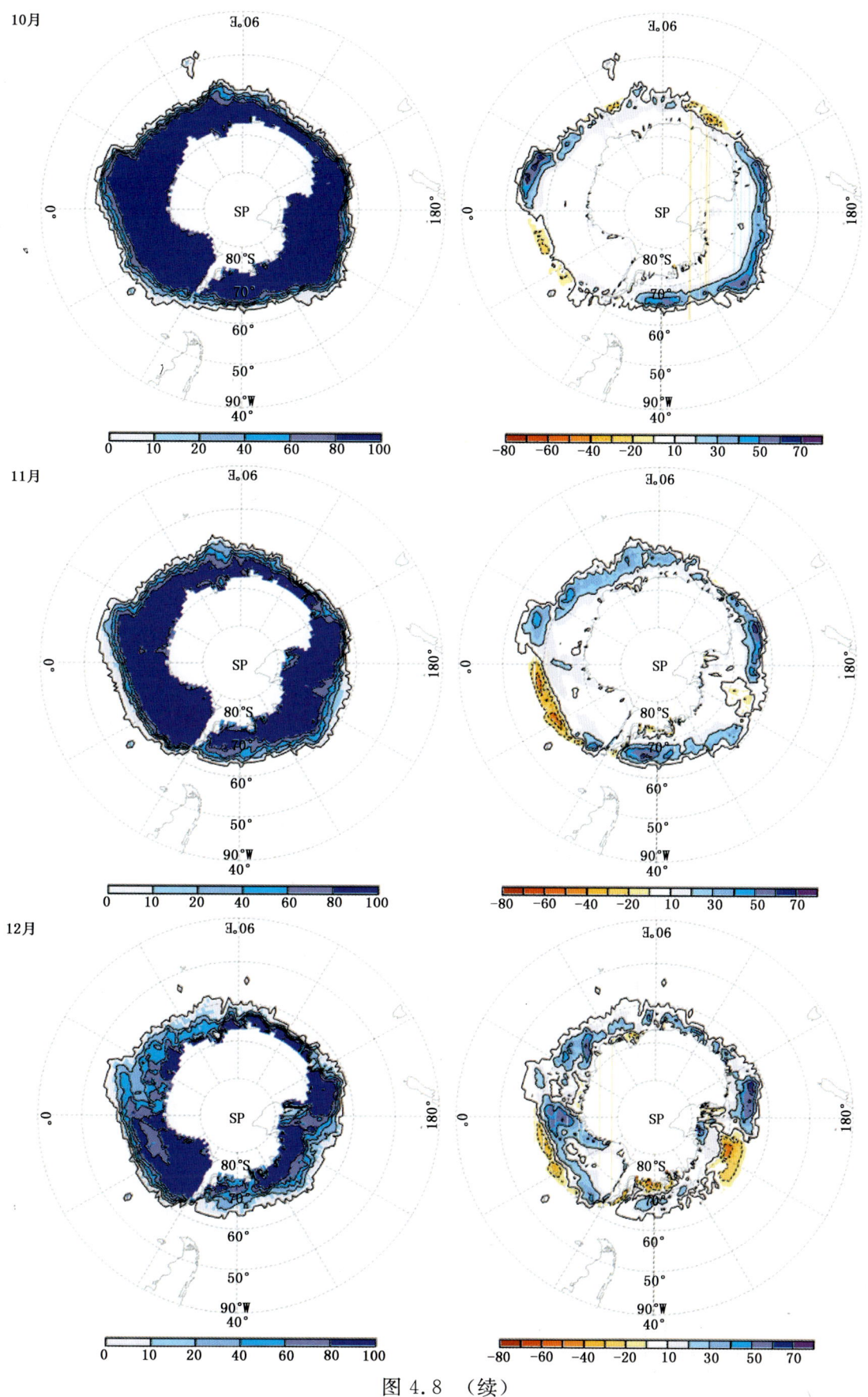

图 4.8 （续）

第五章　2009年主要气候事件成因分析

5.1　引　言

根据第1~4章对全球气候、大气环流、海洋、冰雪的监测信息,可以看出,2009年影响我国气候异常最突出的外强迫特征是2009年6月发生了一次中等强度El Nino事件;最突出的气候事件是干旱,干旱发生具有明显的区域性和阶段性特征,其中比较严重的事件是北方冬麦区罕见秋冬连旱、黑龙江和内蒙古严重春旱、南方大部罕见夏秋连旱;此外,初夏东北持续异常低温,夏季长江中下游梅雨异常偏弱、降水集中期明显偏晚,秋季北方降水异常偏多等事件也表现出明显的异常性。本章即针对2009年出现的主要气候事件的成因做初步的分析。

5.2　资料和方法

除了本公报监测部分使用的资料外,本章使用的资料还包括:国家气候中心气候应用服务室提供的1951—2009年干旱指数CI(张强等,2006)。

采用的方法有:(1)集合经验模态分解(EEMD)分析(Wu et al.,2009);(2)Morlet小波分析(魏凤英,2007);(3)Butterworth带通滤波器;(4)旋转经验正交模态分解REOF(魏凤英,2007);(5)印度夏季风指数分析,该指数由(40°~80°E,5°~15°N)和(70°~90°E,20°~30°N)的850 hPa纬向风的差值确定;(6)西太平洋夏季风指数分析,该指数由(100°~130°E,5°~15°N)和(110°~140°E,20°~30°N)的850 hPa纬向风的差值确定(Wang et al.,2001);(7)东北低涡强度指数分析,该指数由(115°~145°E,35°~60°N)范围内的500 hPa位势高度距平乘以(−1.0)确定和东北冷涡定义(刘宗秀等,2002)。

5.3　极端干旱事件成因分析

中国近52年来半干旱区呈变干趋势,而干旱区干旱化趋势有所缓和甚至相反(李新周等,2004)。在增暖背景下干旱化进程过程中的转折性变化和突变特征及人类活动的贡献仍然是今后关于北方干旱化形成机理研究和预测的关键科学问题(符淙斌等,2008)。1951—2009年我国干旱面积距平百分率的年际变化(图5.1)显示,2009年干旱面积列1999年、1988年、2001年、1986年、1963年后的第6位,较常年偏多4.57%。根据国家气候中心对干旱逐日监测资料的气候统计学分析,发现2009年主要发生了6次区域性干旱过程,而北方冬麦区秋冬连旱、黑龙江内蒙古春旱、南方大部夏秋连旱最具有代表性,下面重点分析造成这三次干旱的可能成因。

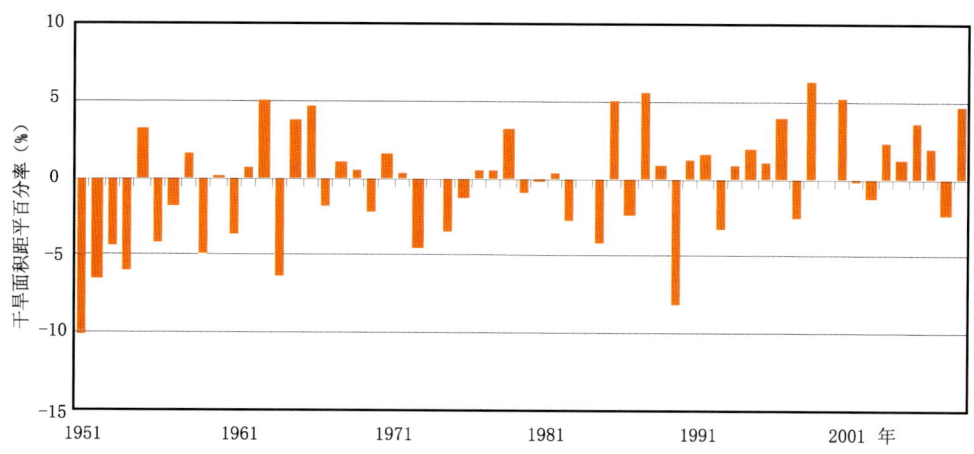

图 5.1　1951—2009 年我国干旱面积距平百分率年际变化

5.3.1　北方秋冬连旱影响及其成因分析

利用旋转正交经验函数(REOF)对2008年11月至2009年12月的逐日干旱指数 CI 进行统计分析,干旱空间分布和时间系数变化均表明,在京、冀、晋、豫、鲁、苏、皖、陕、甘的北方冬麦区(图5.2a)发生的干旱持续时间长、影响范围大,干旱严重时段出现在2008年12

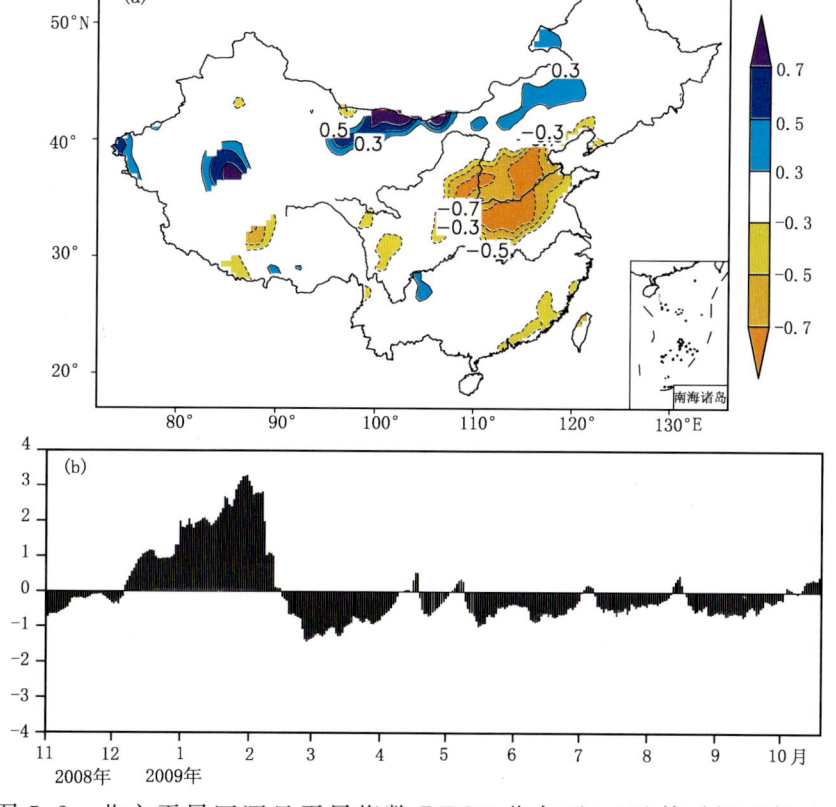

图 5.2　北方干旱区逐日干旱指数 REOF 分布型(a)及其时间系数(b)

月到 2009 年 2 月上旬(图 5.2b)。干旱区同期干旱面积距平百分率超过 30%,为 1951 年以来仅次于 1999 年的第 2 位,区域干旱严重。

图 5.3 为 2008 年 12 月和次年 1 月京、冀、晋、豫、鲁、苏、皖、陕、甘区域平均干旱指数 CI 与 700 hPa 水汽通量相关场(Gao et al.,2009,阴影区表示显著性检验分别达到 0.05 和 0.01 显著性水平的区域)。可以看出,北方地区的干旱与来自孟加拉湾和中南半岛的水汽输送不足有直接关系,主要表现为南支槽偏弱,西南水汽输送条件差。同期干旱日数与同期海表温度距平的相关分析也发现在 Nino 3.4 区为正高相关区,而 2008/2009 年冬季 Nino 3.4 区为正值,也有利于干旱事件发生。

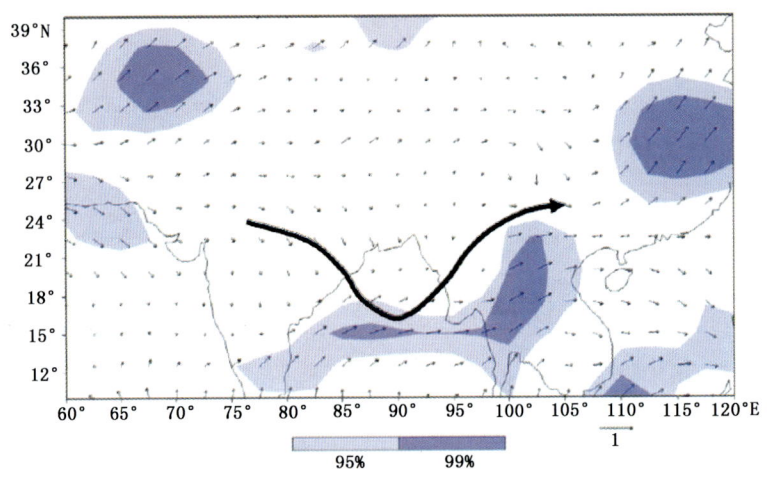

图 5.3　区域平均干旱指数与 700 hPa 水汽通量相关系数
(阴影区为 $\alpha=0.05$ 和 $\alpha=0.01$ 的显著性检验区)

北方旱区平均气温较常年同期偏高 0.7℃,加之无积雪覆盖,加速了土壤失墒,麦区出现不同厚度干土层,部分地区干土层达 5 cm 以上,严重地区出现土地干裂。

5.3.2　黑龙江内蒙古春旱成因分析

2009 年 4—5 月,黑龙江省平均降水量与历史同期相比偏少 3~4 成,内蒙古东北部降水量较常年同期偏少 5~8 成,部分地区偏少 8 成以上;此外,黑龙江大部地区气温较常年同期偏高 2~4℃,各地大风日数也明显多于常年同期。上述特征造成了严重干旱,影响春播。

利用旋转正交经验函数(REOF)对东北干旱区逐日干旱指数统计分析的空间分布型(图 5.4a)和时间系数(图 5.4b)显示,黑龙江和内蒙古东北部为相对独立的干旱区,干旱主要出现在 4 月下旬至 6 月上旬。土壤墒情监测表明,黑龙江省农区有 60 个县市土壤处于干旱状态,其中龙江、甘南、齐齐哈尔、鸡西等 14 个县市旱情严重。6 月上旬开始,内蒙古东北地区降水明显增多,呼伦贝尔市南部农区和兴安盟旱情基本解除。

2009 年 4 月 21 日至 6 月 5 日,黑龙江及内蒙古干旱面积距平百分率(图 5.5)的年际变化显示:2009 年春旱为 1951 年来最为严重的一次。

东北地区春季干旱发生阶段大气环流特征(图 5.6)分析表明:500 hPa 高度距平场

上,东北地区为正距平所覆盖,受弱高压脊控制,日本以南为负距平,西太平洋副热带高压脊线位置偏南;850 hPa水汽通量距平场上,4月下旬至6月上旬,东北地区水汽来源明显不足。

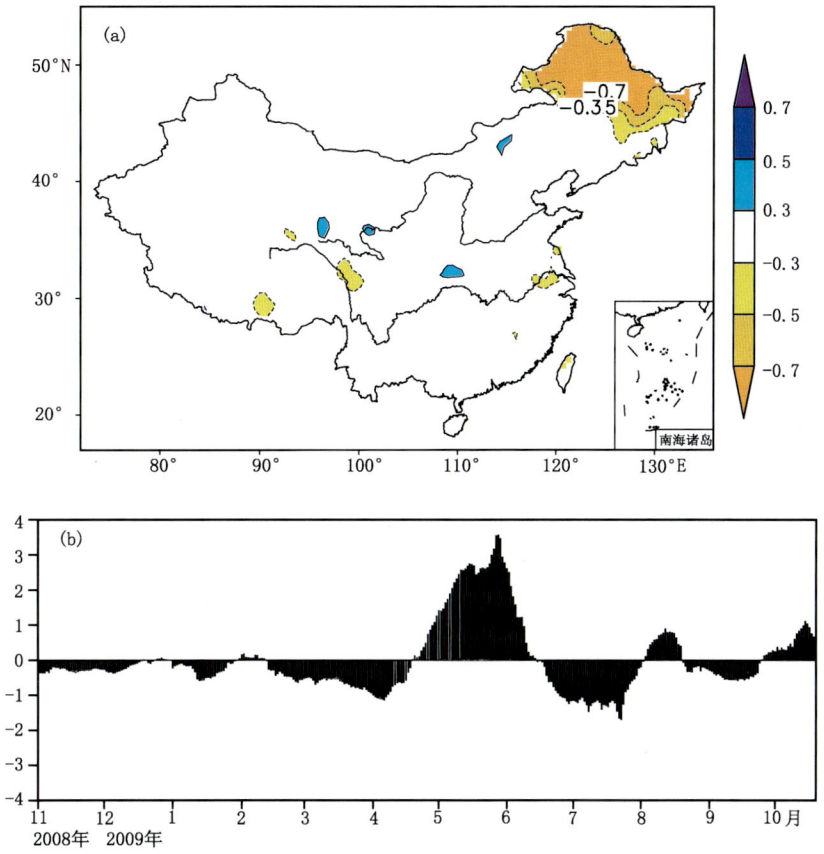

图5.4 东北干旱区逐日干旱指数REOF分布型(a)及其时间系数(b)

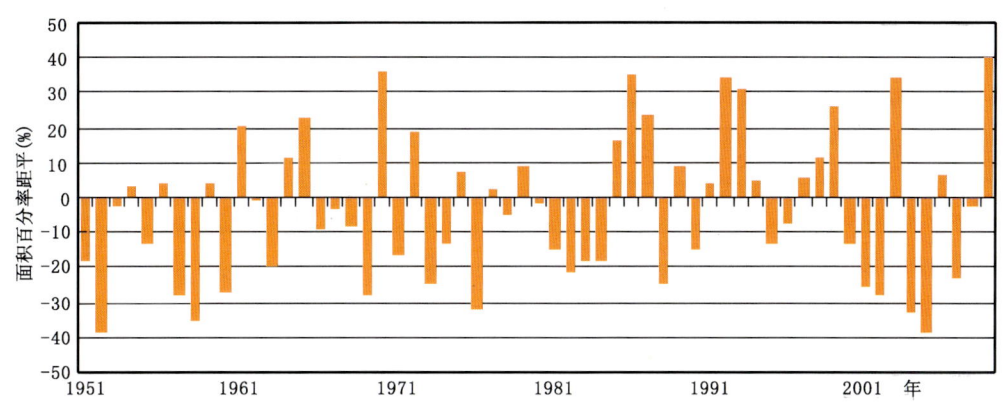

图5.5 1951—2009年黑龙江省干旱区域同期(4月21日至6月5日)干旱面积百分率年际变化

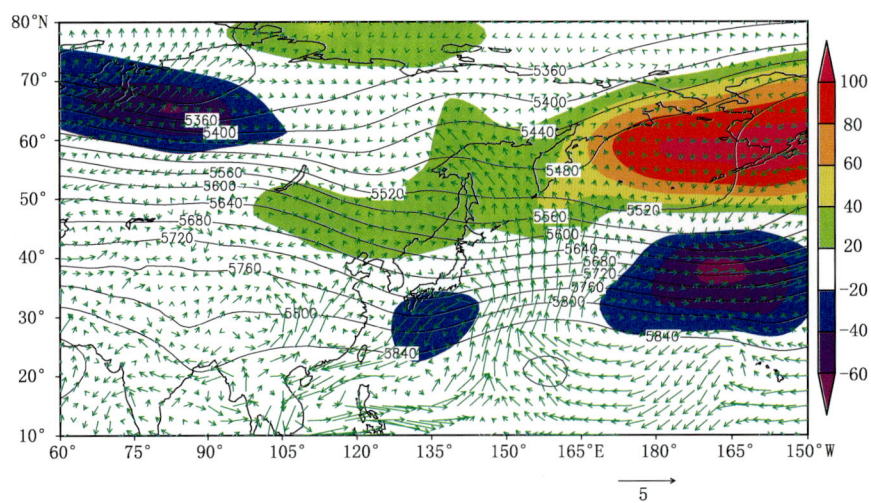

图 5.6 东北干旱阶段 500 hPa 高度场(单位:gpm)及距平(阴影区,单位:gpm)和 850 hPa 水汽通量距平(矢量单位:10^{-2} m·s^{-1})

5.3.3 南方夏秋连旱影响与成因分析

2009 年 8—11 月,我国南方大部地区降水量较常年同期明显偏少,湖南、江西、贵州、云南、广西、广东 6 省(区)区域平均降水量比常年同期偏少 3~4 成,持续干旱导致江西鄱阳湖比常年提前两个月进入枯水期。由 2009 年逐日干旱指数的统计分析给出的干旱区空间分布型(图 5.7a)和时间系数(图 5.7b)可见,南方干旱区主要集中在长江以南与华南之间。

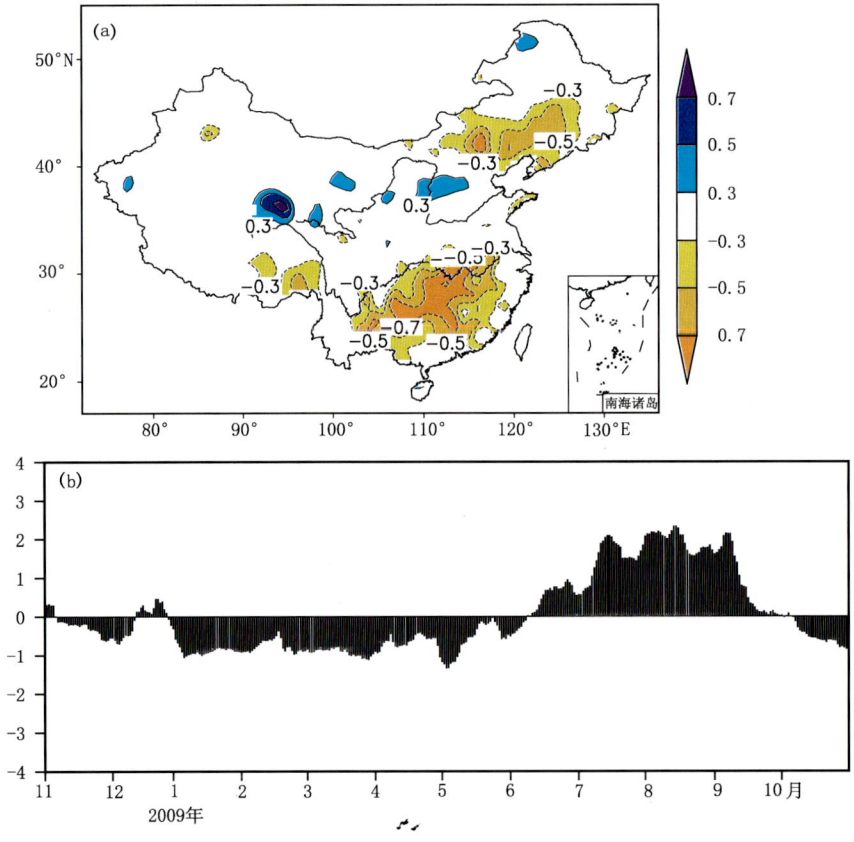

图 5.7 南方干旱区逐日干旱指数 REOF 分布型(a)及其时间系数(b)

第五章 2009 年主要气候事件成因分析

2009 年 8 月 10 日至 11 月 31 日南方干旱面积距平百分率显示,2009 年南方夏秋连旱为 1951 年来最为严重的旱灾。

南方干旱同期的环流场显示:500 hPa 高度(距平)场上,长江以南大部地区为高度正距平,被副热带高压系统控制(图 5.8),850 hPa 水汽输送通量的发散区位于江南至华南大部,导致来自北方的冷空气与来自南海和孟加拉湾的暖湿气流难以在江南和华南北部地区交汇,对流活动明显偏弱(图 5.9),从而造成我国南方地区出现持续高温少雨天气。同时,热带气旋登陆我国位置偏南且以西行为主,不能直接或间接给我国南方大部地区带来有效的降水,也是江南和华南北部地区降水持续偏少的原因之一。

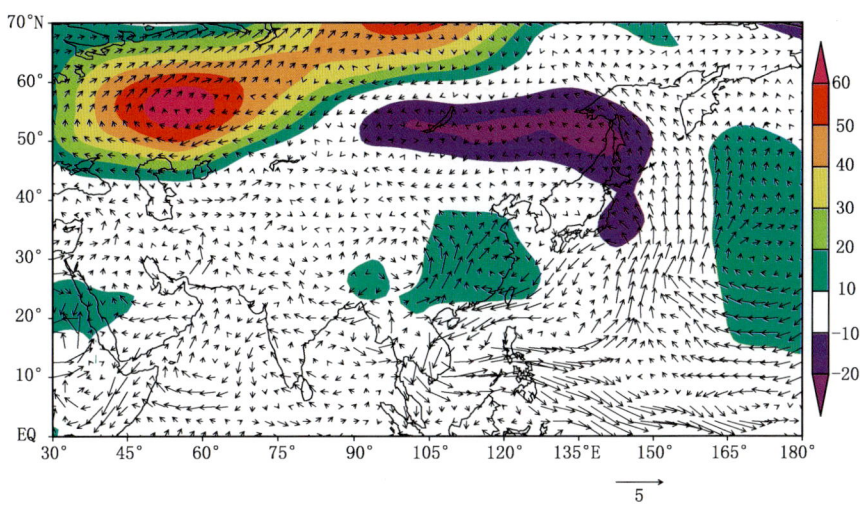

图 5.8 南方干旱阶段 500 hPa 高度距平场(阴影区,单位:gpm)
和 850 hPa 水汽通量距平(矢量单位:10^{-2} m·s^{-1})

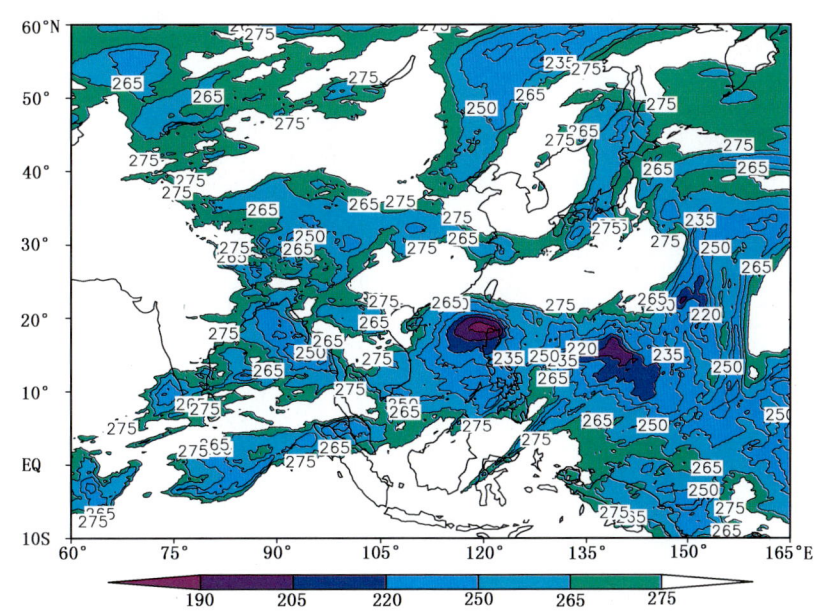

图 5.9 南方干旱阶段我国 FY-2C 卫星平均
黑体亮温反映的对流活动情况(单位:K)

5.4 2009年江淮梅雨异常的可能机理

2009年江淮地区梅雨季节内降水发生阶段性异常。根据110°~122.5°E平均850 hPa风矢量(图5.10a)的逐候演变结合长江中下游5站(上海、南京、芜湖、九江、汉口)及江淮地区36个代表站(梁 萍等,2010)的降水演变(图5.10b)可看出,自第30候(5月底)南海夏季风建立(南海地区出现偏西风)后开始北进,在第36候(6月底)左右,夏季风影响区域的北界(2 m/s经向风的最北位置)到达30°N附近,江淮地区随之出现降水过程;而在中高纬偏北风南压影响下,夏季风北界于第37候(7月初)南退,江淮降水过程结束;在第38~40候,伴随西太平洋副高北进(图略),夏季风北界迅速向北推进,到第40候推进到35°N。此后,经过1候的南退调整,在第41~42候(7月下旬)北界又从南向北跳至30°N,对江淮地区7月下旬出现的连阴雨产生影响;到8月初(43候),夏季风北界又南落至20°N以南,夏季风影响造成的连阴雨结束(此后的降水属台风影响降水)。在东亚夏季风影响下,江淮地区在6月底至7月初和7月下旬至8月初出现两次夏季风降水集中期。第一次降水集中期为梅

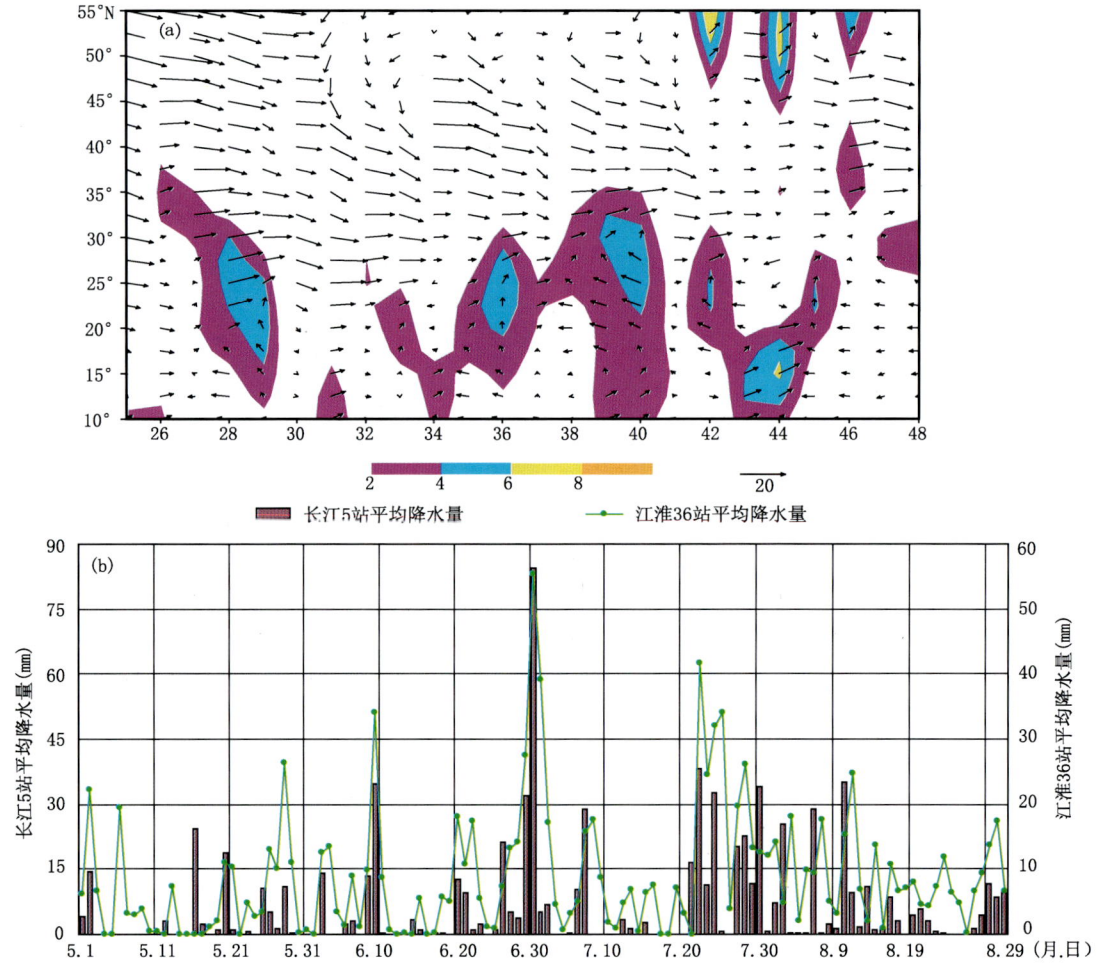

图5.10 (a)2009年5—8月逐候110°~122.5°E平均850 hPa风矢量(单位:m/s;阴影为大于2 m/s的经向风);(b)5个代表站(直方图)和江淮区域平均逐日降水量(单位:mm)

雨,持续时间短,国家气候中心业务用标准确定符合长江中下游5站梅雨标准的典型梅雨日仅3天(6月29、30日和7月1日,故划定为空梅)。第二次降水集中期持续性较第一次更为明显,7月23日至8月1日江淮区域降水具有范围大和持续时间长的特征,但根据西太平洋副高脊线位置,属于"倒黄梅"天气特征。第二次降水持续性强,降水强度大,但发生于气候平均状态的高温伏旱时段,表现为梅雨季节内降水异常的特征。以下对造成2009年梅雨季节内降水异常的大气环流特征做初步分析。

5.4.1 江淮梅雨异常的大尺度环流条件

2009年6月中旬至7月上旬,亚洲中高纬环流呈现出两槽一脊的形势,在巴尔喀什湖和中国东北—朝鲜半岛附近为槽区,贝加尔湖附近为脊区。同时,沿120°E的西太平洋副高脊线位于20°N左右(与通常的22°N左右相比偏南),而影响中国东部的偏南夏季风总体位于25°N以南。因此,江淮地区基本处于槽后脊前的偏北气流控制,不利于夏季风暖湿气流在江淮地区和北方冷空气汇合,造成江淮地区梅雨期降水较常年偏少,持续时间短。由于中高纬环流的经向度大,东北低涡异常发展;而在南亚地区上空850 hPa则呈现明显的偏东风异常,表明印度季风在该时期偏弱。在7月底至8月初,东北北部出现了高度正距平,东北低涡消失,东北地区为脊区;而东北脊区南侧—河套—淮河则为自巴尔喀什湖低槽中分裂出来的短波槽区;江南—华南—东海存在副高环流单体(为西太平洋副高主体断开所致);短波槽带来的偏北风以及副高环流单体西侧转向的偏南风在江淮地区形成辐合区,为江淮地区降水异常偏多提供了动力条件,有利于江淮降水的形成。

由图5.11可见,尽管印度夏季风在整个夏季(6—8月)以偏弱为主,但呈现出明显的阶段性变化。在6月中旬至7月上旬期间,印度夏季风异常弱,指数强度在0.0附近摆动;而在7月中旬之后,印度夏季风强度较前期明显增强。从异常水汽输送环流(图5.12)来看,前一阶段,由于印度夏季风异常偏弱,印度南部—热带印度洋出现偏东风异常水汽输送,不利于印度洋水汽输送至东亚;同时,印度夏季风的爆发与梅雨的开始有很好的前后对应关系(刘芸芸等,2008),印度夏季风自爆发(印度气象局网站发布为5月23日)后呈现异常偏弱特征,印度西南季风偏弱,导致孟加拉湾地区出现反气旋性异常环流,并与西太平洋地区的反气旋性异常环流相联结,由此带来的异常水汽输送主要在华南地区辐合,对江淮地区影响不明显,不利于该时段强降水的发生和梅雨过程的开始。在后一阶段,印度西南季风有所增强,带来的异常偏西风水汽输送与西太平洋异常反气旋西侧的偏南风水汽输送在中南半岛汇合,然后向北输送,有利于江淮地区出现异常降水。

在整个夏季,江淮区域降水量与西北太平洋夏季风强度呈负相关关系,相关系数超过0.10显著性检验水平。分析发现,西北太平洋夏季风可通过东亚异常对流和位势高度场的遥相关型分布影响江淮地区的异常降水。在6月中旬,西北太平洋夏季风偏强,不利于江淮流域对流活跃和入梅;6月底至7月初西北太平洋夏季风弱,长江沿江及其以南地区和日本南部的对流活跃,江淮流域降水增强;此后夏季风又转为偏强,利于集中降水过程结束(图5.13)。在7月中旬前期(7月3候),西北太平洋夏季风转弱,有利于第二阶段集中降水过程的出现。因此,西北太平洋夏季风强度的季节内变化对2009年江淮流域梅雨期和伏早期降水持续长短起重要作用。

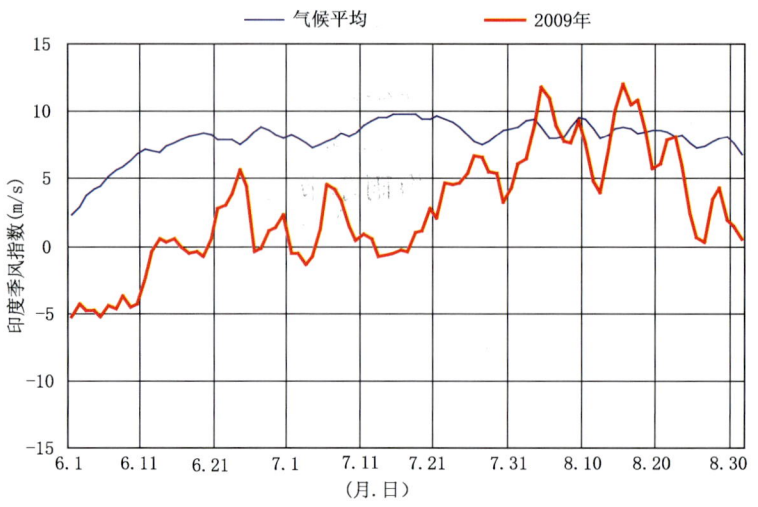

图 5.11　2009 年 6—8 月逐日印度夏季风强度（粗线）
演变（细线为 1971—2000 年气候平均）

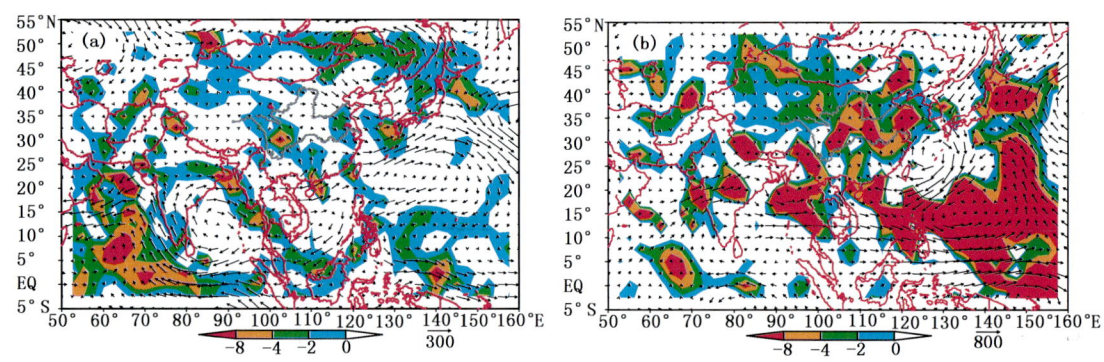

图 5.12　2009 年 6 月 11 日至 7 月 10 日（a）及 7 月 23 日至 8 月 1 日（b）的整层积分
水汽输送异常[矢量；单位：kg/(m·s)]及其散度[阴影；单位：10^{-6} kg/(m²·s)]

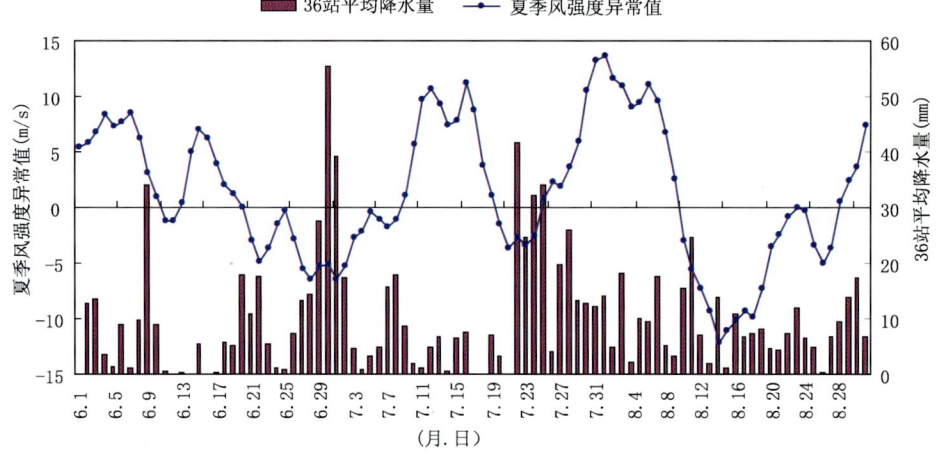

图 5.13　2009 年 6—8 月逐日西北太平洋夏季风强度异常（单位：m/s）
和江淮区域 36 站平均降水量（单位：mm）演变

大气环流形势分析表明，2009年夏季东北低涡存在明显的异常。6月中旬至8月中旬逐日的东北冷涡强度与西太平洋副高脊线位置存在显著的负相关，相关系数（－0.348）通过了0.01显著性检验水平。作为影响江淮梅雨的中高纬重要天气系统，东北低涡异常对梅雨异常经常产生影响。这次持续近2个月（6—7月下旬）的东北冷涡的异常演变与江淮梅雨的变化也有密切关系。由图5.14可见，6月11—25日（6月3～5候），东北冷涡偏强，特别是6月第5候异常偏强，不利于副高第一次北跳（跳过20°N），加之季风偏弱，使梅雨集中降水期（6月底至7月初）偏晚。在7月下旬前期，东北冷涡较前期（7月中旬）更偏强，导致北上后的副高又迅速南退，有利于南方偏南风异常水汽输送和北方偏北风异常水汽输送在梅雨区汇合，出现了明显的集中降水期。因此，第一段梅雨期，东北低涡偏强，但季风条件不具备，二者配合不好，不利于梅雨集中降水；而在第二段盛夏降水集中期，东北冷涡的作用与夏季风作用正好同相，结果导致了明显的降水。

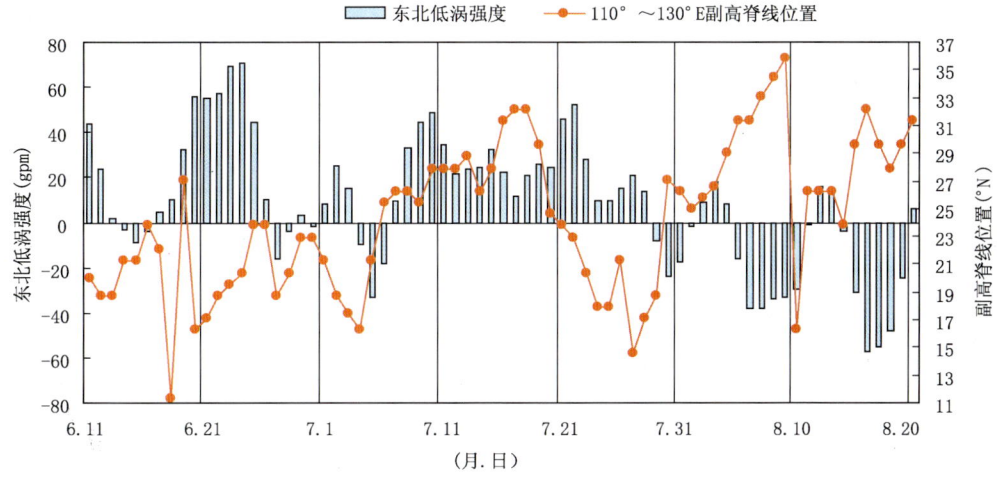

图5.14　逐日东北低涡强度（单位：gpm）和110°～130°E平均副高脊线位置（°N）

综合分析表明，江淮地区第一次梅雨降水集中期开始偏晚与印度夏季风偏弱、东北冷涡偏强密切相关；结束偏早与西北太平洋夏季风偏弱有关；降水总量偏少与东北冷涡偏强、夏季风水汽输送影响弱有关。关于第二次盛夏降水集中期，东北冷涡在其开始前期增强，造成副高南退，加强的印度季风与西太平洋的异常水汽输送在江淮地区与北方的异常水汽输送产生异常辐合，使异常降水明显增强且持续。

5.4.2　江淮梅雨异常的季节内振荡特征

江淮梅雨降水与季节内振荡有密切关系（丁一汇等，2004；王遵娅等，2008）。2009年夏季江淮梅雨也受到季节内振荡的影响，但主要影响的模态与正常年有明显不同。图5.15给出江淮区域36个代表站平均降水量及采用EEMD（集合经验正交模态分解）方法得到的3个季节内变化分量。3个季节内变化分量分别对应45天、25天、18天左右的准周期振荡。将各分量的方差与实际降水量的方差之比作为各分量对降水量变化的贡献，则45天、25天、18天左右的准周期振荡对实际降水量的贡献率分别为1.1%、8.8%、12.9%。从图中可看出，25天、18天左右的准周期振荡与实际降水量的演变相当一致，特别是峰、谷值位相与降水集中期和中断期非常吻合。因此，就梅雨区降水的季节内振荡而言，15～30天左右的低频振荡对 2009 年梅雨区降水呈现持续性异常的特征有重要贡献。对于 30~60 天（中心为 45 天左右）的低频振荡，其方差贡献率相对较小，且峰、谷值位相与降水集中期和中断期的一致性不如 15~30 天低频振荡，故对梅雨降水异常的贡献相对较小。

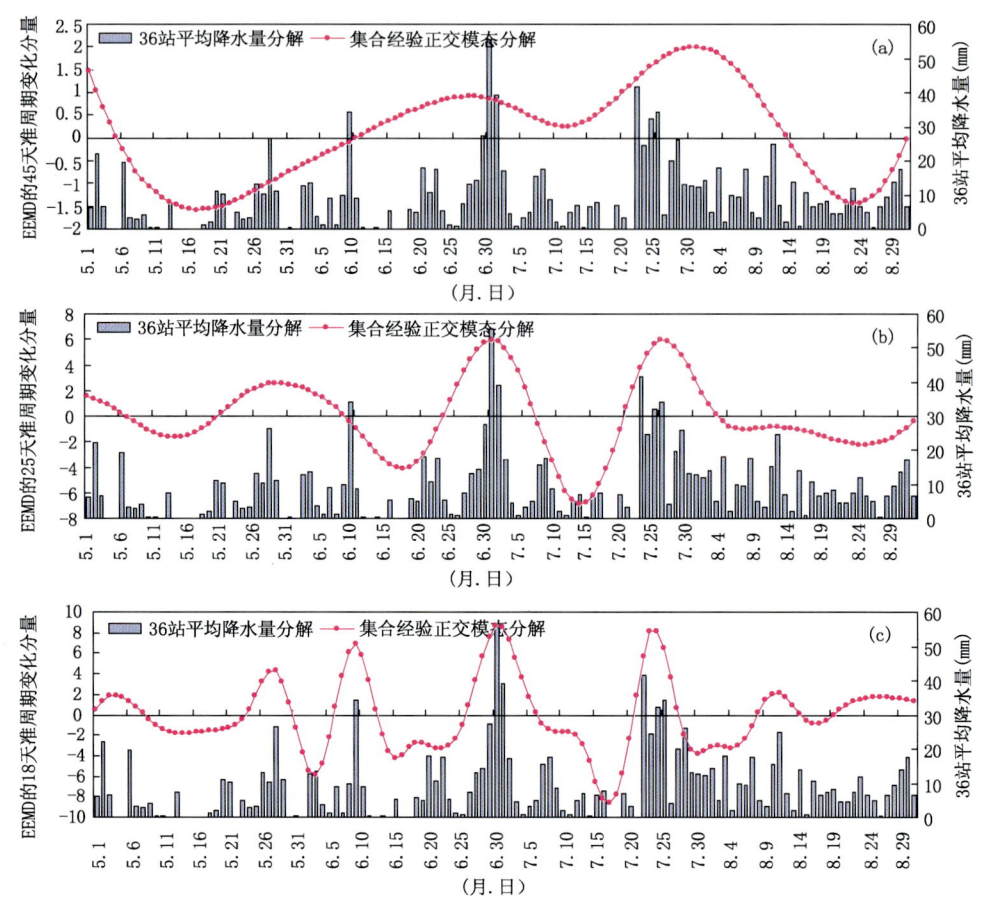

图 5.15　江淮代表站平均降水量的逐天演变（直方图）及 EEMD 分解的 3 个季节内变化分量
（曲线分别表示(a)45 天、(b)25 天、(c)18 天左右的准周期变化分量）（单位：mm）

从 15~30 天和 30~60 天低频分量的方差差异来看，江淮地区南侧的纬向水汽输送（图 5.16a）和其南、北侧经向水汽输送（图 5.16b）分别存在差异大值带，表明影响江淮地区的纬/经向水汽输送的 15~30 天低频振荡方差较 30~60 天低频振荡大，这与上述梅雨区降水季节内变化中 15~30 天低频振荡较 30~60 天更为重要相一致。

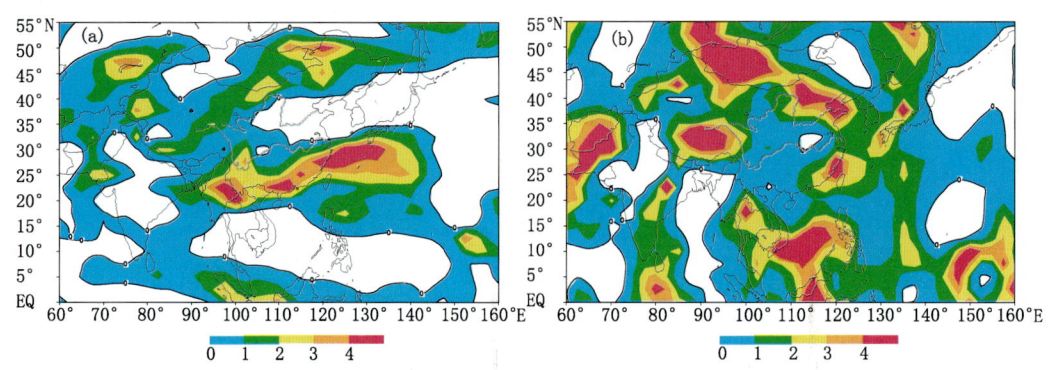

图 5.16　2009 年 5—8 月逐日水汽输送 15~30 天低频分量和 30~60 天低频分量的方差差异倍数
（a：纬向水汽输送分量；b：经向水汽输送分量）

江淮梅雨降水异常与水汽输送的季节内振荡密切相关。作为水汽输送的重要载体，夏季风的季节内振荡特征如何？对梅雨降水异常又有何影响？从5—8月逐日印度夏季风指数和西北太平洋夏季风指数的小波分析来看，通常热带地区存在的30～60天季节内振荡在2009年夏季仍较为明显；另一方面，西北太平洋夏季风强度还存在明显的15～30天的低频振荡，在6月底之后较30～60天低频振荡更为明显。进一步给出东亚地区（110°～120°E平均）的850 hPa纬向风和经向风的15～30天和30～60天低频振荡演变及传播，如图5.17a和5.17b可见，对于15～30天低频振荡，热带（南海）地区15～30天低频西南风向北传播，而北方（45°N附近）的低频东北风向南传播，二者于6月底至7月初和7月下旬在江淮地区（30°N附近）汇合，对集中降水产生影响。对第二次集中降水而言，来自热带地区的低频经、纬向风振幅均较第一次大，有利于第二次集中降水的持续维持。对于30～60天低频振荡，情况则大不相同。

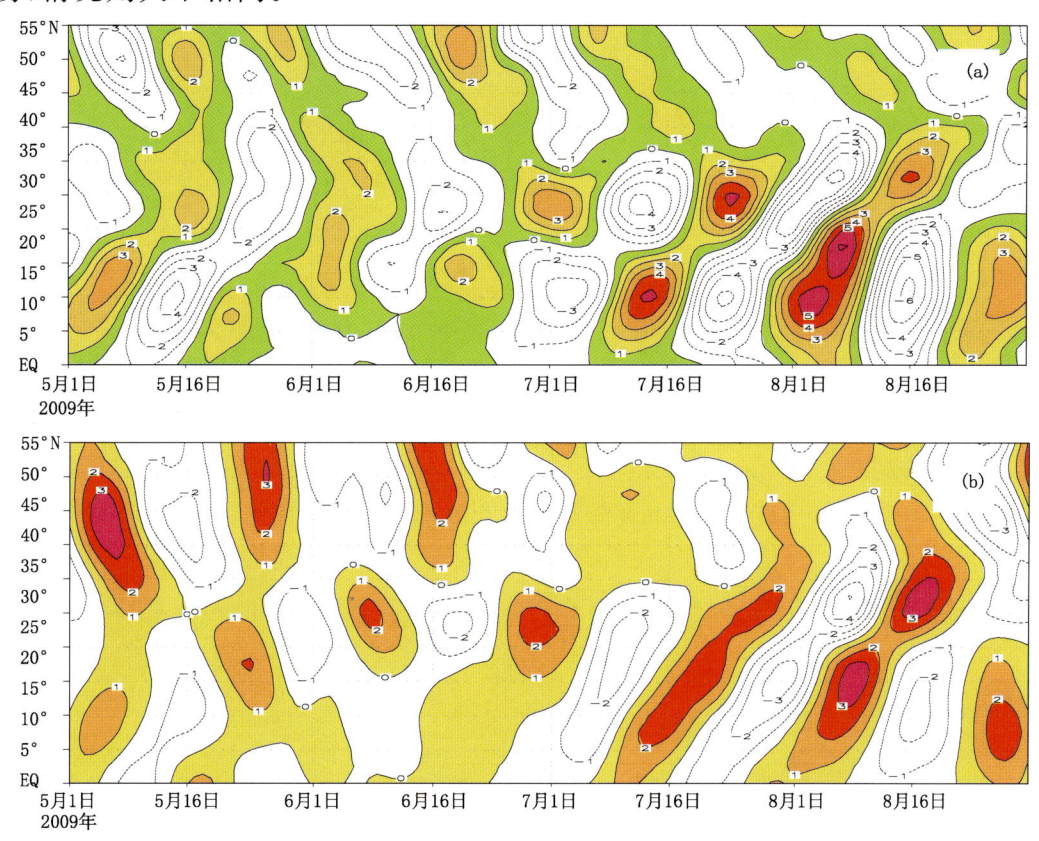

图 5.17　110°～120°E 平均的 850 hPa 纬向风（a）和经向风（b）15～30 天低频振荡（单位：m/s）

由上述夏季风低频振荡的特征分析可见：在2009年夏季（特别是6月底之后），热带夏季风呈现出15～30天低频振荡特征；热带夏季风15～30天低频振荡的北传，并与北方15～30天低频振荡的南传在江淮汇合，对江淮两次降水集中期有重要作用；30～60天低频振荡对第一次集中降水过程有一定影响，但作用不如15～30天的明显；第二次集中降水较第一次强且持续，这主要与热带地区北传的15～30天低频振荡增强有关。此外，西北太平洋夏季风的低频振荡对江淮集中降水的作用较印度夏季风更为重要。

5.5 东北初夏持续异常低温成因分析

2009年夏季东北地区天气气候特征异常,由国家气候中心极端天气监测公报可知:2009年6月黑龙江、吉林出现罕见持续低温阴雨天气,7月黑龙江低温阴雨天气持续,至8月内蒙古中东部、吉林西部、辽宁西部等地气象干旱严重。2009年夏季东北地区气候呈现由夏初的低温、阴雨天气随时间变化转为夏末的高温少雨,且其北部的黑龙江省与南部的辽宁省具有不同的气候变化异常特征。

利用孙力等(1994)东北冷涡定义,把出现在50°~60°N,40°~50°N以及35°~40°N范围的东北冷涡分别划分为北涡、中涡和南涡,对2009年夏季东北冷涡活动天数及活动类型进行统计分析。

由2009年夏季东北冷涡活动天数表(表5.1)及东北冷涡天气过程时间分布图(图5.18)可知:2009年夏季(6—8月)东北冷涡活动异常偏多,达52天之多,超过刘宗秀等(2002)利用冷涡天数均方差值计算的6—8月冷涡活动天数多寡标准的39天达13天,为典型冷涡活动多年。其中,6月冷涡异常偏多为24天,月内共有4次冷涡过程,平均过程天数达6天左右,最长的为6月中下旬19—26日的一次冷涡天气过程达8天以上。7月冷涡仍较活跃,为20天,7月15—23日的一次过程最长持续达9天。而8月仅有2次冷涡天气过程,均持续4天,少于历史平均。因此,2009年夏季东北冷涡异常偏多期集中在6月和7月,与黑龙江省、吉林省夏初低温、阴雨持续相对应;8月冷涡活动异常偏少,也与东北地区大部的少雨、干旱相对应。这表明东北冷涡的异常偏多、偏少与东北地区气温、降水异常具有密切关系。

表5.1 2009年夏季东北冷涡活动天数表

月份		6	7	8	总计
冷涡活动天数		24	20	8	52
冷涡类型	北涡	7	12	4	23
	中涡	17	8	4	29
	南涡	0	0	0	0

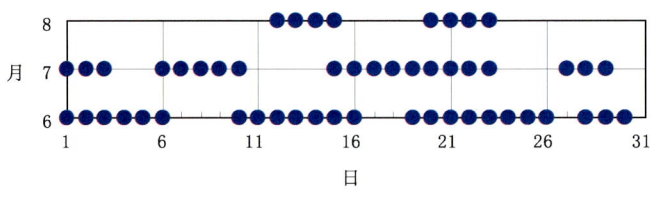

图5.18 2009年夏季东北冷涡天气过程时间分布图

由季内冷涡活动类型的划分统计可知:2009年夏季共有北涡活动23天,中涡活动29天,而南涡为0天,此种活动特征与东北地区中北部黑龙江省、吉林省和南部的辽宁省6月和7月份气候异常不同有密切关系。

5.6 El Niño 事件对秋季降水异常分布的可能影响

已有研究(刘永强等,1995;Zhang et al., 1999)显示,El Niño 对于我国秋季降水有显著的影响,在 El Niño 发生之后的秋季,我国南方地区的降水往往容易偏多。然而,在 2009 年的秋季则显示出与上述关系相反的异常情况。事实上,2009 年并不是唯一例外年,在 1969 年,1977 年,1991 年和 2006 年等 El Niño 年份,南方秋季降水总体上也呈现出偏少的特征,而在其他多数 El Niño 事件发生之后的秋季,南方降水则是偏多的。即同样在 El Niño 发生的情况下,秋季降水偏多和偏少的情况都可能发生,这意味着 El Niño 与秋季降水关系具有不确定性。

为了进一步分析调制 El Niño 与降水关系的主要因子,我们分别对东部型 El Niño(用 Nino 3 指数表示)、中部型 El Niño(用 EMI 指数表示,Ashok et al., 2007)和热带东、西太平洋 SSTA 之差(用 NWI 指数表示)这三种海温异常分布特征与秋季降水在 19 个 El Niño 年中的对应关系进行了分析。

5.6.1 El Niño 情况下我国秋季降水的差异及其与热带太平洋 SSTA 的关系

根据 Niño 3.4 指数的演变特征(Trenberth,1997),选出 1951—2009 年间的 19 个 El Niño 年,所选年份 El Niño 状态都在秋季以前出现,并在整个秋季一直维持。在这 19 年中,南方秋季降水有 11 年(1951,1953,1957,1963,1965,1972,1976,1982,1987,1997,2002)较常年同期偏多,8 年(1969,1977,1986,1991,1994,2004,2006,2009)较常年同期偏少。图 5.19a 和 5.19b 分别显示了多雨和少雨的 El Niño 年份热带海温异常的演变情况。在多雨年份,热带太平洋出现东正西负的海温异常分布,180° 以东为显著正异常,160°E 以西则为显著负异常,海温异常分布显示出与东部型 El Niño 较为相似的特征。而在少雨年,海温异常分布显示出完全不同的特征,显著异常主要在春季出现在日界线附近,在夏季和秋季略有加强东扩,而在东太平洋海温异常并不显著。这样的特征显示出中部型 El Niño 的主要特点。以上分析说明秋季降水的异常与 El Niño 的类型具有一定的关系,在东部型 El Niño 年份,降水容易偏多,而在中部型 El Niño 年份,降水可能会偏少。然而,根据 El Niño 的类型也还并不能很好地解释降水异常的差异,例如出现东部型 El Niño 的 1969 年降水偏少,而 2002 年是一次典型的中部型 El Niño 发生的年份,这一年降水则恰恰偏多。可见,El Niño 情况下秋季降水的差异可能还存在更直接的原因。从多雨年和少雨年海温异常的差异(图 5.19c)可以清楚地看到,显著异常主要出现在热带东太平洋(Nino 3 区)和 180°以西的热带西太平洋地区,这种海温异常主要反映了东部型 El Niño 的特征,然而不同的是,热带西太平洋的负海温异常在夏、秋季变得非常明显,其显著性甚至超过了东太平洋的海温异常,说明热带西太平洋 SSTA 可能也起到重要作用。总的来看,在 El Niño 年,当夏季热带东太平洋异常偏暖而西太平洋异常偏冷的特征明显,即东、西太平洋 SSTA 的差异明显时,秋季降水会偏多,反之,当东西 SSTA 的差异不显著甚至相反时,秋季降水则可能偏少。可见,热带东、西太平洋 SSTA 的正负差异对于秋季降水的变化可能有重要的影响。

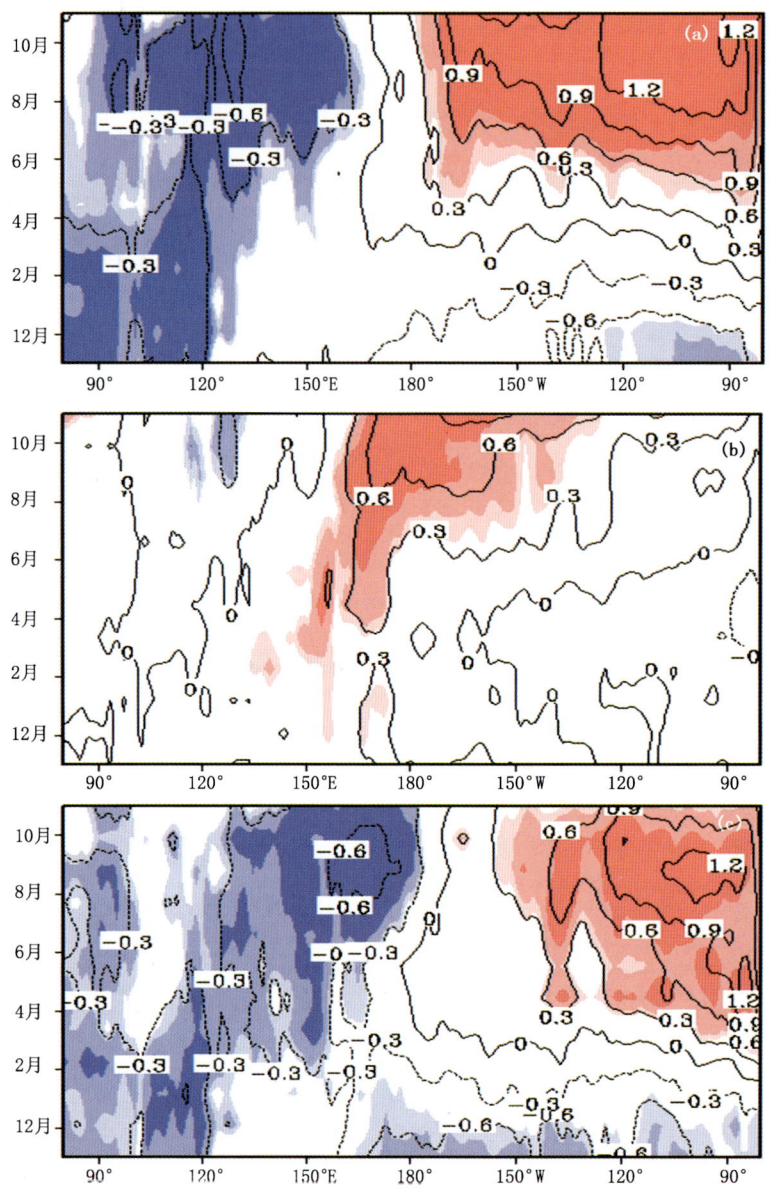

图 5.19　南方秋季降水（a）偏多、（b）偏少的 El Niño 年份热带地区（5°S～5°N）海温异常的逐月演变以及（c）降水偏多、偏少年份海温异常的差值，深、中、浅色阴影分别表示 0.01、0.05 和 0.10 的显著性水平

5.6.2　热带东、西太平洋 SSTA 差异对降水的重要作用

合成分析显示，El Niño 情况下秋季降水出现不同异常的现象与 El Niño 的不同类型有一定联系，同时，热带东、西太平洋 SSTA 的差异也可能是重要的原因。因此，为找出影响秋季降水异常的最重要因子，我们用散点图的形式直观地给出每一个 El Niño 年秋季降水和前期夏季热带海温状况的分布情况，并对不同海温状况与降水的关系加以比较。图 5.20 分别给出表示东部型 El Niño 的 Nino 3 指数、表示中部型 El Niño 的 EMI 指数以及表示热带太平洋东西 SSTA 差异的 NWI 指数与秋季南方降水的对应情况。

Nino 3 指数与秋季降水的分布（图 5.20a）图显示二者存在比较明显的线性关系。随着

Nino 3 指数的增大,降水也越容易出现偏多的异常情况。二者在这 19 年之中的相关系数为 0.51,达到了 0.05 显著性检验水平,说明东部型 El Niño 的海温异常会对降水产生比较显著的影响。0.51 的相关系数说明,Nino 3 区海温的变化可以解释降水变化方差的 25% 左右。

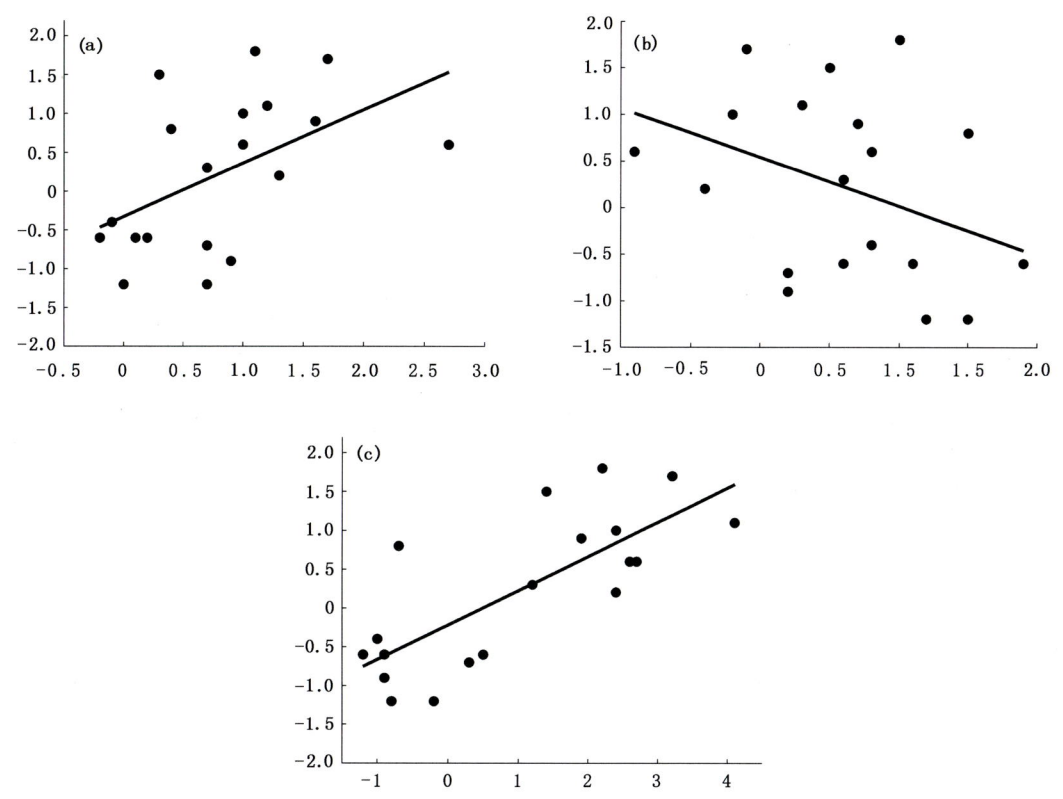

图 5.20　秋季降水与夏季(a)Nino 3 指数、(b)EMI 指数和(c)NWI 指数在 19 个 El Niño 年的散点图,横坐标表示海温指数,纵坐标表示南方秋季降水,图中实线表示海温指数对降水的一元线性拟合

与 Nino 3 指数相比,EMI 指数与秋季降水的分布(图 5.20b)显得较为离散,线性关系并不十分明显。计算显示,二者的相关系数是－0.39,刚刚达到 0.1 显著性检验水平。可见,中部型 El Niño 对降水的影响要明显弱于东部型 El Niño。

从表示热带太平洋东、西 SSTA 之差的指数 NWI 与秋季降水的散点分布图(图 5.20c)来看,二者的线性关系十分明显,各点较为均匀的分布在拟合曲线的两侧,随着海温指数的增大,降水也表现出明显增多的趋势。该海温指数与秋季降水的相关系数达到 0.76,远远超过 0.01 的显著性水平(0.58),说明东西 SSTA 之差对于降水的影响是非常显著的。而 0.76 的相关系数意味着海温的变化可以解释一半以上的方差,是 Nino 3 指数可以解释方差(25%)的 2 倍之多。从图中可以看到,NWI 大于 1 的年份共有 10 年,这 10 年都出现南方降水偏多的情况。而在 NWI 小于 1 的 9 年之中,多数(8 年)年份降水是偏少的。这意味着只有当东、西 SSTA 东正西负的差异明显地达到一定程度时,El Niño 才会使得南方降水偏多。反之,当东、西 SSTA 差异不明显时,El Niño 可能会使得南方降水偏少。这说明热带太平洋东、西 SSTA 之差是导致 El Niño 状况下降水出现不同异常的主要原因,它在 El

Niño对秋季降水的影响中起到明显的调制作用。

对2009年来说,虽然夏季海温状态显示出东部型的特征,但是由于西太平洋依然偏暖,导致东、西SSTA之差为负值(-0.9),因此,南方降水也出现异常偏少的情况。

5.6.3 热带东、西太平洋SSTA差异不同情况下的秋季异常环流特征

前面分析显示,当NWI大于1时,El Niño会引起南方降水偏多,当NWI小于1时,El Niño可能导致降水偏少。因此,我们按照东西SSTA差异指数大于1和小于1,将19年分为2组,分别对秋季对流层环流情况进行分析。当东、西热带太平洋SSTA差异明显(大于1)时(图5.21a),500hPa高度距平场上,西北太平洋有一个明显的正位势高度中心,相应的在850hPa风场上出现一个显著的反气旋,导致我国南方出现异常偏南风,有利于暖湿气流在南方汇合产生偏多的降水。而当热带东西太平洋SSTA差异不明显(小于1)时(图5.21b),西北太平洋地区出现负异常高度中心,以及相应的风场上弱的气旋式异常,导致我国南方弱的偏北风出现,在这种情况下,南方降水并不会异常偏多,甚至可能偏少。

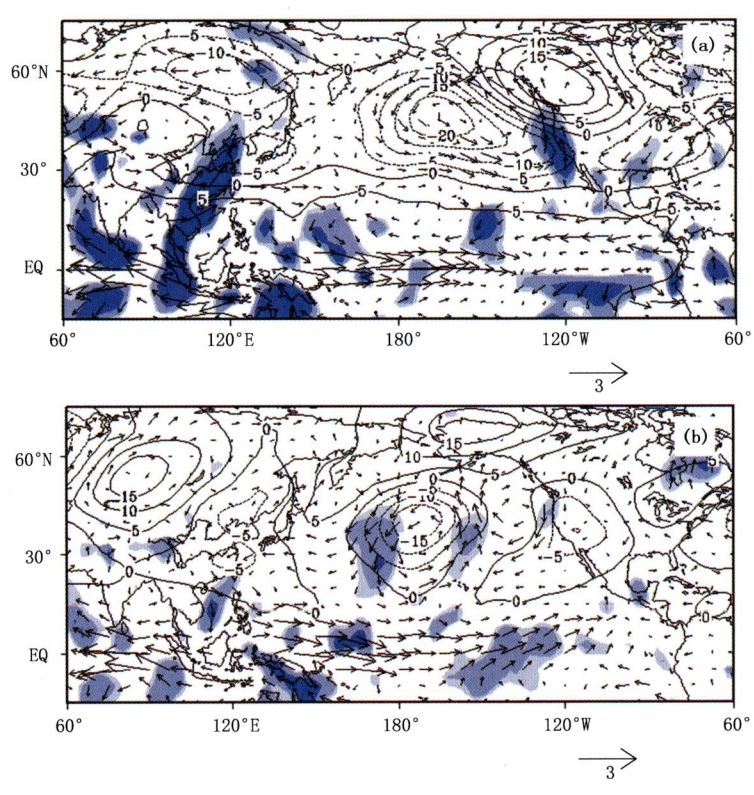

图5.21 NWI(a)大于1和(b)小于1的年份850 hPa风场和500 hPa高度场的合成,图中曲线表示500 hPa高度异常,矢量表示850 hPa风场,深、中、浅色阴影分别表示0.01、0.05和0.1的显著性水平

已有研究表明,El Niño会通过西太平洋地区的异常对流活动,使得秋季西北太平洋附近出现异常反气旋,从而影响到我国降水。图5.21显示,只有当热带太平洋东、西SSTA差异明显时(大于1个标准差),西北太平洋附近才会出现显著的反气旋,导致El Niño对我国秋季降水产生显著影响。而当东、西SSTA差异不明显(小于1个标准差)时,西北太平洋附近的异常反气旋不仅不会产生,相反的,还会出现一个弱的气旋式异常,从而使得秋季

降水偏少。

5.7 结论与讨论

　　2009年区域性、阶段性干旱成因分析结果表明：中国不同区域的气候干旱与大气内部动力过程持续作用直接相关联，三次干旱过程机理不尽相同，其共同点是水汽输送条件差，对流层为水汽辐散，对流活动弱。2009年的长江中下游地区为空梅，但江淮梅雨季节内降水的阶段性特征是很异常的，在7月下旬到8月初出现"倒黄梅"天气现象。分析表明：亚洲夏季风的异常变化是江淮区域两段梅雨降水期的环流背景；东北冷涡异常偏强且持续时间长，使得夏季风难以北进，导致第一段梅雨期开始偏晚；15～30天大气低频振荡是2009年梅雨降水异常的可能机制。

　　2009年夏季东北冷涡异常偏多期集中在6月和7月，与黑龙江省、吉林省夏初低温、阴雨持续相对应，8月冷涡活动异常偏少，也与东北地区大部的少雨、干旱相对应。表明东北冷涡的异常偏多、偏少与东北地区气温、降水异常具有密切关系。过去研究认为 El Niño 年我国南方地区秋季降水偏多，而本章分析显示 El Niño 与秋季南方降水的关系显示出不确定的特征，它受到热带东、西太平洋 SSTA 之差明显的调制作用。不同类型 El Niño 对降水的调制作用要明显弱于东、西 SSTA 之差的作用。当东、西 SSTA 之差明显时，西太平洋地区对流活动减弱，有利于西北太平洋反气旋的出现。

　　本章对2009年主要气候异常时间的成因分析仅是初步认识，还需要进行深入的机理研究。

参考文献

丁一汇,柳俊杰,孙颖等.东亚梅雨系统的天气—气候学研究.大气科学,2007,(6):1082-1101.

符淙斌,马柱国.全球变化与区域干旱化.大气科学,2008,32(4):752-760.

郭其蕴.东亚夏季风强度指数及其变化的分析.地理学报,1983,38(3):207-217.

郭艳君,李威,陈乾金.北半球积雪监测诊断业务系统.气象,2004,30(11):24-26.

极涡与气温长期预报课题协作组.描述极涡状态的物理及其气候特征的初步分析.长期天气预报论文集.北京:气象出版社,1990,151-154.

李小泉,许乃猷.欧亚500 hPa环流指数.中央气象局气象科学研究所论文集,1965,9.

李晓燕.ENSO事件指数与指标研究.气象学报,2000,58(1):102-109.

李新周,刘晓东,马柱国.近百年来全球主要干旱区的干旱化特征分析.干旱区研究,2004,21(2),97-103.

梁萍,丁一汇,何金海等.江淮区域梅雨的划分指标研究.大气科学,2010,34(2):418-428.

刘永强,丁一汇.ENSO事件对我国季节降水和温度的影响.大气科学,1995,19:200-208.

刘芸芸,丁一汇.印度夏季风的爆发与中国长江流域梅雨的遥相关.中国科学D辑,2008,38(6):763-775.

刘宗秀,廉毅,高枞亭等.东北冷涡持续活动时期的北半球500 hPa环流特征分析.大气科学,2005,26(3):361-372.

孙力,郑秀雅,王琪.东北冷涡的时空分布特征及其与东亚大型环流系统之间的关系.应用气象学报,1994,5(3):297-303.

王遵娅,丁一汇.夏季长江中下游旱涝年季节内振荡气候特征.应用气象学报,2008,19(6):710-715.

魏凤英.现代气候统计诊断与预测技术.北京:气象出版社,2007.

徐群.近八十年长江中-下游的梅雨.气象学报,1965,35(4):509-518.

张强,邹旭恺,肖风劲等.GB/T20481-2006,气象干旱等级.中华人民共和国国家标准.北京:中国标准出版社,2006,17.

赵汉光,张先恭.东亚季风和我国夏季雨带的关系.气象,1996,22(4):8-12.

朱艳峰.近55年南海夏季风爆发时间的确定及对2005年南海夏季风爆发早晚的预测.气候预测评论,2005,11:62-68.

Ashok K, Behera S K, Rao S A, Weng H, Yamagata T. El Nino Modoki and its possible teleconnection. *J. Geophys. Res*, 2007, **112**, C1107, doi:10.1029/2006JC003798.

Gao H, Yang S. 2009. A severe drought event in northern China in winter 2008—2009 and the possible influences of La Nina and Tibetan Plateau, *J. Geophys. Res.*, **114**, D24104, oi:10.1029/2009JD012430.

Peterson T C. Climate Change Indices. *WMO Bulletin*, 2005, **54**(2):83-86.

Reynolds R W, Rayner N A. Smith T M, Stokes D C, Wang W. An Improved In Situ and Satellite SST Analysis for Climate. *J. Climate*, 2002, **15**:609-1625.

Tibaldi S, Molteni F. On the operational predictability of blocking. *Tellus*, 1990, **42A**:343-365.

Trenberth K E. The definition of El Nino. *BAMS*, 1997, **78**:2771-2778.

Wang B, Wu R, Lan K M. Interannual variability of Asian summer monsoon: Contrast between the Indian and western North Pacific-East Asian monsoons. *J. Climate*, 2001, **14**:4073-4090.

Wu Z, Huang N E. Ensemble empirical mode decomposition: A noise-assisted data analysis method. *Adv. Adapt. Data Anal.*, 2009, **1**(1):1-41.

Xue F, Wang H J, He J H. Interannual variability of Mascarene high and Australian high and their influences on summer rainfall over East Asia. *Chinese Sci Bull*, 2003, **48**(5):492-497.

Zhang R, Sumi A, Kimoto M. A diagnostic study of the impact of El Nino on the precipitation in China. *Advances in Atmospheric Sciences*, 1999, **16**:229-241.